SYMBOLON
JAHRBUCH DER GESELLSCHAFT
FÜR WISSENSCHAFTLICHE SYMBOLFORSCHUNG
NEUE FOLGE
BAND 16

SYMBOLON

JAHRBUCH DER GESELLSCHAFT FÜR
WISSENSCHAFTLICHE SYMBOLFORSCHUNG

Neue Folge, Band 16

Signaturen des Lebens: Bilder und Zeichen von Kosmos und Bios und Symbole des Alltags – Alltag der Symbole

Herausgegeben von
HERMANN JUNG
und
MICHAEL A. RAPPENGLÜCK

PETER LANG
Frankfurt am Main · Berlin · Bern · Bruxelles · New York · Oxford · Wien

Bibliografische Information der Deutschen Nationalbibliothek
Die Deutsche Nationalbibliothek verzeichnet diese Publikation in der Deutschen Nationalbibliografie; detaillierte bibliografische Daten sind im Internet über <http://www.d-nb.de> abrufbar.

Symbolon: Jahrbuch der Gesellschaft für wissenschaftliche Symbolforschung. - Bd. 1 -. - Frankfurt am Main; Berlin; Bern; Bruxelles; New York; Oxford; Wien: Lang, 1960-. - 25 cm
Erscheint ca. zweijährl. - Früher im Verl. Schwabe, Basel, Stuttgart, danach im Verl. Wienand, Köln, danach im Verl. Brill, Köln
ISSN 0082-0660

Signaturen des Lebens: Bilder und Zeichen von Kosmos und Bios und Symbole des Alltags – Alltag der Symbole / hrsg. von Hermann Jung und Michael A. Rappenglück - Frankfurt am Main; Berlin; Bern; Bruxelles; New York; Oxford; Wien: Lang 2007
(Symbolon; N.F., Bd. 16)
ISBN 978-3-631-56230-7

ISSN 0082-0660
ISBN 978-3-631-56230-7

www.peterlang.de

INHALT

VORWORT DER HERAUSGEBER

Der Umstand, daß Band 16 des Jahrbuchs SYMBOLON erst mit beträchtlicher zeitlicher Verzögerung erscheinen kann, hat unterschiedliche Gründe, die nicht zuletzt in einer Neuformierung des Vorstandes der Gesellschaft, in letztlich erfolgreichen Verlagsverhandlungen und in beruflichen Arbeitsbelastungen der Herausgeber liegen. Umso mehr freut es uns, den Lesern jetzt den neuen Band in die Hände geben zu können. Er dokumentiert Vorträge und Workshops der Jahrestagungen 2001 in Landau/Pfalz und 2002 in Kassel-Wilhelmshöhe, bringt weiterhin einen externen Beitrag von Werner Boresch sowie eine Reihe von Buchbesprechungen.

„Signaturen des Lebens – Bilder und Zeichen von Kosmos und Bios“, so lautete die Thematik der Landauer Tagung unter der Leitung des damaligen 1. Vorsitzenden Dr. h. c. Botho Herrmann. Im Anschluß und im Einvernehmen mit dem Kulturwissenschaftler Hartmut Böhme ist der Mensch, so Botho Herrmann in seiner Einführung, „ein Zoon, ein *natürliches* Lebewesen wie alle Kreatur, aber er ist auch ein Zeichen hervorbringendes Wesen in einem ‚offenen, unbestimmten [...] Horizont' [...], erfahren wir einerseits eine grundlegende Abhängigkeit von Natur und andererseits eine steigende Macht der durch Wissenschaft und Technik bewirkten Umgestaltung natürlicher Umwelten und sozialer Lebensverhältnisse.“ Böhmes These geht von der völligen Unverzichtbarkeit der Kulturwissenschaften aus, „um den Horizont des menschlichen Lebens in seiner unreduzierten Weite offen, selbstreflektiert und entscheidbar zu halten.“

Dieser Sinnhaftigkeit gehen die einzelnen Beiträge nach. Aus der Sicht des Altphilologen erläutert Paul Barié den antiken *locus amoenus* und das Wunsch- und Traumland Arkadien als Symbolraum von Leben und Umwelt. Kurt Egger befaßt sich als Biologe mit ökologischen Problemen der sogenannten Entwicklungsländer, die sich mit humanökologische Sinn- und Orientierungssuche im Ziel der Erneuerung traditioneller Agrarkulturen überlagern. In Michael A. Rappenglücks (englischsprachigem) Beitrag geht es um die Urgeschichte der Himmelskunde und paläo-astronomische Aspekte bei der Untersuchung und symbolischen Deutung der Felsbilder von Lascaux. Marianne Beuchert gibt als praktizierende Gärtnerin und Autorin ebenso überraschende wie anregende Einblicke in das Symbolverständnis von Pflanzen in Geschichte und Gegenwart. Die Diskussionsergebnisse zweier Workshops kommentieren und reflektieren ihre jeweiligen Leiter Dirk Hülst („Zeichen – Code – Symbol. Eine Begriffsklärung“) und Stefan Wieczorek („Ökologie im Spiel – Brettspiele als symbolische Lebenswelten“). Gerhard Deny meditiert aus philosophischer Sicht „über Bäume“, ein Thema, das nahezu alle Beiträge zu einer realen wie symbolorientierten Mitte zusammenführt.

Die immer wieder gestellt Frage, wie gegenwärtig, wie vertraut oder fremd uns Symbole, Symbolik, symbolische und rituelle Handlungen sind, stand im Zentrum der Tagung 2002 in Kassel-Wilhelmshöhe. In allen Lebensbereichen, im Privaten wie in der breiten Öffentlichkeit, scheinen Symbole allgegenwärtig. Wir können sie nach Martin

Buber am Leibe und auch im Geiste erfahren. In ihrer Verbindung mit dem Alltag gehen sie zum ersten oft ins Unbewußte, ins Unreflektierte ein als *Alltag der Symbole*. Sie werden zum zweiten aber ebenso als bewußt wahrgenommene, historisch vermittelte *Symbole des Alltags* verstanden und gedeutet. Und drittens sind *Symbole im Alltag* im Sinne von Symbolisierungen genormter Lebensabläufe anzusehen, die auf ein Anderes, auf eine geschichtliche oder geistige Ebene verweisen.

Diese drei Ebenen spiegeln sich in unterschiedlicher Weise und ebenso unterschiedlicher Intensität in den hier abgedruckten Vorträgen. Ernst Emrich plädiert aus persönlicher Überzeugung für eine bewußt erlebte und nachvollzogene Fest- und Feierkultur im „klassischen Rhythmus". „In einer Zeit, die für sich in Anspruch nimmt, durch das Stichwort ‚Erlebnis' geprägt zu sein, und unter Zeitgenossen, die von einem ‚event' zum nächsten eilen, scheint es sehr wohl angebracht, dem Fest und dem Feiern besonderes Augenmerk zu schenken." Der Medienexperte Franz-Josef Röll demonstriert am Spielfilm und an Strategien der Werbung den oft gezielten Einsatz von Mythen und Symbolen. „Die Medien machen (Sinn-)Angebote, die be- oder unbewußt wirken können. In den symbolisch aufgeladenen Bildern der Werbung (Medien) sind Motive eingebunden, die an Gefühle der Geborgenheit und der Verlassenheit erinnern. Sie eröffnen Orientierungsmöglichkeiten, sind gestaltete Formen gegen Sinnlosigkeit und bieten Konstitutionshorizonte an." Katharina Liebsch geht im Zusammenhang mit „Politischen Symbolen" und „Symbolischer Politik" insbesondere auf Rolle, Funktion und Wirkung der Symbolisierung von Geschlecht im Christentum, im Islam und im Judentum ein. „Die Ordnung der Geschlechter wird am Beispiel sexueller Reinheit, außerehelicher Enthaltsamkeit und der Geschlechterdifferenz festgemacht. Das Thema wird politisiert, aus der Privatheit in die Öffentlichkeit gebracht und zu einer Frage von grundlegenden Alternativen zwischen einer ‚wahren' oder ‚falschen' Lebensführung stilisiert." Diese grundlegenden Erörterungen spezifiziert Bärbel Beinhauer-Köhler mit exemplarischen Analysen und Deutungen von Werbung im Islam mit einem Bestand „spezifischer Zeichen und Symbole", „der von modernen Betrachtern als ‚islamisch' gedeutet wird und sich daher dazu eignet, um religiöse Bezüge herzustellen. Insofern ist die Werbung eine ideale Quelle, um ein islamisches visuelles Alltagsbewußtsein überhaupt zu erfassen."

Als Theologe beschäftigt sich Botho Herrmann, ausgehend vom dem Phänomen der *Civil-Religion* in den USA, mit Riten und Symbolhandlungen im Judentum und Christentum sowie in einer „säkularen", auch „multikulturellen" Gesellschaft", so mit der „Passahfeier als Gründungsritual des Volkes Israel", mit „Trauerritualen zwischen Zwang und Lösung", mit der Problematik des Schächtens bis hin zur Ritualisierung des Nationalstolzes im Fußball oder der Staatsvergötzung. Herrmann sieht freilich auch Gefahren im verflachenden, unkritischen Umgang mit den Riten, „denn sie können auch einem falschen Interesse dienen. [...] Tragende Riten sind Fähren zum anderen Ufer. Je aussagekräftiger sie sind, desto besser geben sie Orientierung zur Wesensbestimmung unseres eigenen Daseins." Der material- und inhaltsreiche Beitrag von Werner Boresch vervollständig auf dem Gebiet der Musik die Palette der Alltagssymbolisierungen. Die Symbolkraft von Chorälen, insbesondere Texte und Weisen von Martin Luther wie „Ein feste Burg ist unser Gott“, werden im Deutschland des 19. Jahrhunderts bei nationalen Festen, etwa dem bekannten Wartburg-Fest, eingesetzt, aber auch in zahlreichen Kompositionen der Zeit von Felix Mendelssohn Bartholdy und Louis Spohr bis hin zu Richard Wagner, Johannes Brahms und Max Reger. Boresch geht bei seinen kommentierenden Analysen auch auf die wichtige Rolle der den Chorälen zugrundeliegenden Texte ein und bezieht zudem außerdeutsche Erscheinungen wie den Hussiten-Choral bei Friedrich Smetana mit ein. „Der Choral vermag als symbolisch auf ‚deutsche Kultur', auf Stereotypen wie ‚deutsche Frömmigkeit' oder ‚deutsche Sitte' etc. zu verweisen. Dies konnte auch außerhalb Deutschlands so verstanden werden.“

Wir wünschen dem neuen Band eine interessierte, kritische Leserschaft.

Hermann Jung — Michael A. Rappenglück

Tagung 2001, Landau:
Signaturen des Lebens.
Bilder und Zeichen von Kosmos und Bios

PAUL BARIÉ

Ästhetik und Ökologie

Zur Wahrnehmung der Umwelt als Symbolraum

„Alles schenkender, vielbesungener, alle empfangender Apfelgarten"

Anakreon, um 550 v. Chr.

1. Vorüberlegungen

Das Thema Ästhetik und Ökologie zeigt viele Facetten[1] und könnte zum Beispiel ausschließlich am Werk und am Kunstbegriff von Joseph Beuys durchgeführt werden, etwa über sein Projekt „Stadtverwaldung"; sehr nahe am Thema liegt auch die Arte povera, eine Richtung der modernen Kunst, die ausschließlich mit Naturmaterialien, mit Hölzern, Blättern und Baumrinde, mit verschiedenen Erden und mit Fundstücken jeder Art, ihre Gegenstände formt und sie dann bisweilen mit Absicht der freien Natur und den Elementen aussetzt, also den Anspruch zurückweist, dem Werk Dauer zu verleihen, und bewußt im Blick auf Vergänglichkeit produziert, eine Einstellung zur Kunst, die dem Horazischen Prinzip des *aere perennius* („dauerhafter als Erz" zu schaffen) zuwiderläuft und – kunsthistorisch und mentalitätsgeschichtlich betrachtet – überhaupt erst in der zweiten Hälfte des 20. Jahrhunderts möglich und denkbar wurde. Dieser Aspekt meines Themas, die ökologische Verträglichkeit des Kunstwerks im Blick auf seine Vergänglichkeit, soll wenigstens als Stichwort hier anklingen. Die ästhetische Versöhnung von Natur und Kunst, von Landschaft und Artefakt stellt aber der Figurenpark dar – ein Gestaltungskonzept, das bis in die römische Villen-Kultur zurückreicht. Gelungene Beispiele in unserer Zeit sind das Freilichtmuseum der Fondation Maeght in Saint-Paul de Vence, der Skulpturenpark von Lousiana nördlich von Kopenhagen oder auch Hombroich in der Nähe von Köln-Neuss. Auf einer von dem Flüßchen Erft umströmten Insel ist dort in einer Park-, Auen- und Terrassenlandschaft ein in Deutschland einzigartiges Natur- und Kunst-Ensemble entstanden, vergleichbar dem Garten von Claude Monet in Giverny. Hombroich, eine arkadische Landschaft am Niederrhein, ist einer der wenigen großangelegten Versuche, Kunstwerke in ein vielfältiges, den natürlichen Gegebenheiten eingepasstes Biotop mit blühenden Wiesen, kleinen Teichen, mit Wald-, Sumpf- und Moorlandschaften zu integrieren.

Auf verschlungenen Wegen durch unterschiedliche Vegetations- und Landschaftszonen stößt man neben Plastiken und Assemblagen unter freiem Himmel auf etwa ein Dutzend kubenartiger Klinkerbauten, die allein durch großflächige Glasdächer und Fensterfronten Licht bekommen. Die Kunstwerke sind darin dem natürlichen Tageslicht, der

Luft und den Jahreszeiten ausgesetzt, was ein Landschafts- und Kunsterlebnis ganz eigener Art ermöglicht.

Der Skulpturenpark kann idealtypisch zeigen, wie ein Ausschnitt aus einer Kulturlandschaft zusammen mit Kunstwerken und Objekten, die mit den natürlichen Gegebenheiten harmonieren oder kontrastieren, ein beziehungsreiches Ganze bilden, wie eine Synthese von Ästhetik und Ökologie beispielhaft zu realisieren ist; im dänischen Lousiana steht eine der großen Plastiken von Henry Moore im Freien zwischen majestätisch hohen alten Bäumen auf einer sich sanft zum Meer hin neigenden Anhöhe.

In einer Parklandschaft bilden Plastiken, die nach einem Wort von Schelling „die höchste Berührung des Lebens mit dem Tod" darstellen, einen spannungsreichen Kontrast zu ihrer lebendigen Umgebung, der Antagonismus Natur versus Kunst wird hier in ungewöhnlicher Weise sichtbar – und verliert gleichzeitig an Schärfe, denn Kunstwerke sind im Freien den Kräften der Natur, dem Verwittern und Vermoosen, ausgesetzt; sie werden Teil der natürlichen Umgebung und gehen so, mindestens prinzipiell, allmählich selber wieder in Natur über – Signaturen des Lebendigen in einem Ambiente mit menschlichem Gesicht.

„Umwelt als Symbol-Raum": Kunstwerke, in eine Garten- oder Parklandschaft integriert, sind visualisierte Symbole: Sie machen es möglich, ästhetische Botschaften behutsam und zweckfrei in einem naturnahen Ambiente zu vermitteln.

Aus Gründen, die ihre Plausibilität durch meine Ausführungen gewinnen mögen, werde ich im Folgenden, in thematischer Engführung des im Untertitel gewählten Begriffs Umwelt, die naturnah geformte Landschaft, genauer: das Erlebnis solcher Landschaften und ihre Konstitution als Symbolraum, in den Mittelpunkt meiner Überlegungen stellen.

Hier sind erste Vorbehalte angebracht, was in diesem Kontext die Verwendung des Begriffs ‚natürlich' betrifft. Sicher sind arten- und abwechslungsreich gegliederte Landschaften, wie man so sagt, eine Augenweide und auch ‚natürlicher' als die üblichen ausgeräumten und flurbereinigten Flächen. Doch ist andererseits jeder blühende Bauerngarten in seiner bunten Pracht und chaotischen Vielfalt alles andere als Natur pur, sondern ein wohldurchdachtes, zumindest intuitiv durchformtes kunstvolles Produkt menschlicher Planung, sowohl ein *opus secundum naturam* als auch ein *opus contra naturam,* bedarf es doch vielfältiger vorbereitender Maßnahmen und absichtsvoller Eingriffe, um ökologisch und ästhetisch überzeugende Biotope zustande zu bringen; und so spricht man zurecht in diesem Zusammenhang von naturnah und nicht von natürlich: *sentire cum natura.*

So könnte man in Abwandlung einer theologischen Formel die optimale Vorgehensweise bezeichnen: „Mit der Natur einfühlsam mitzugehen" –, ist dabei ein wohlüberlegter und im Wortsinn humaner Akt und weit entfernt von naturwüchsiger Wildnis. Was wir, zumindest in unseren Breiten, Natur zu nennen pflegen, ist immer schon Kunst, Kultur, Produkt menschlichen Ingeniums, auch so genannte Naturäpfel oder Tafeltrauben sind Resultat kunstvoller Züchtung und Pflege, und wenn man dabei den Naturbegriff anwenden will, muß man schon im Sinne Rudolf Steiners oder auch bereits der antiken Stoa davon ausgehen, daß der Mensch das von der Natur um ihn herum bereitgestellte Potenzial zu einer dem Menschen entsprechenden und ihm dienenden – und diesen anthropozentrischen Aspekt darf man nie vergessen hinzuzufügen, denn die Natur selber hat nichts von dem köstlich duftenden Tafelobst, sondern der es konsumierende Mensch – ; daß also der Mensch in der Natur angelegte Möglichkeiten zu einer ihm selber dienenden Vollendung bringen könne, indem er aus Gräsern die Getreidesorten und aus Wildlingen Fruchtbäume herauszüchtet, dieser anthropozentrische Vorbehalt, daß Natur durch uns und für uns zu ihrer Vollendung kommen möge, ist eine weltanschauliche Vorentscheidung, die man teilen kann oder auch nicht. Ich selbst habe eher Bedenken, die, wie man neuerdings sagt: anthropische Prämisse – daß eben letzten Endes doch alles immer wieder auf den Menschen zulaufe – als ökologische Norm zu setzen; schließlich hat das ökologische System einige Millionen Jahre ohne den Menschen seine Stabilität bewiesen und ist alles andere als auf den Menschen angewiesen.

Schließlich ist auch die historische Perspektive des Themas, überhaupt der angerissenen Problematik, bedenkenswert, und sie zu berücksichtigen, liegt mir von Profession und Neigung her nahe, nämlich die klassischen Autoren der Antike zu befragen, die ja zum ersten Mal die Antithese *ars – natura* formulierten und sich auf das Naturgemäße als normative Instanz beriefen. Historische Anamnese, der Appell an das kulturelle Gedächtnis, an das, was wir Tradition nennen, sollte uns, die wir immer noch im „Späthorizont“ (Wolfgang Pannenberg) der antiken Kulturen leben, zumindest nachdenklich machen und die Frag-Würdigkeit unserer eigenen Positionen verdeutlichen. Die klassische Antike war es schließlich auch, die mit dem Topos vom *locus amoenus*, dem „Lustort“ oder „lieblichen Ort“, eine imaginative Lösung fand, um Kunst und Natur, Ästhetik und Ökologie, Landschaft und Seele zu versöhnen.

2. Begriffsgeschichtliche Überlegungen[2]

2.1. Ökologie

Ernst Haeckel, der den Begriff 1866 in die Biologie eingeführt hat, bezeichnet damit „die gesamte Wissenschaft von den Beziehungen des Organismus zur umgebenden Außenwelt“. Dazu gehören die Existenzbedingungen der Lebewesen: Licht, Temperatur, Wasser, Bodenbeschaffenheit, Nahrung und Feinde; dazu gehört dann auch das, was Haeckel „die Ökonomie des Natur-Ganzen“ nennt, und die Wechselwirkung zwischen Umwelt (Milieu) und Lebewesen, einschließlich der vom Menschen bewirkten Veränderungen der Biosphäre durch den Verbrauch von Energie und Rohstoffen, Verschmutzung von Luft, Wasser und Boden. Gedanken über die Zusammenhänge von Tier und Umwelt finden sich schon in der *Historia animalium* des Aristoteles, über die Pflanzenwelt in Theophrasts *Historia plantarum*, als erste Schrift über die humane Umwelt darf der dem Hippokrates zugeschriebene Traktat *Über Luft-, Wasser- und Bodenverhältnisse* gelten.

2.2. Ökonomie

Im Gegensatz zu Ökologie ist der Begriff Ökonomie in der Bedeutung: Verwaltung des Hauses, Hauswirtschaft, aber auch übertragen auf den Staat, also Staatshaushalt, ein genuin griechischer Terminus und seit Platon vielfältig belegt. Es meint den Haushalt des Mannes oder Ehepaares von Stand samt Sklaven und Gesinde, aber auch normativ: die geordnete Einrichtung und Verwaltung eines solchen OIKOS. Kluge Haushaltsführung gilt als eine Kunst, deren Beherrschung Aristoteles und Xenophon eine Tugend nennen. Für die aristotelische Tradition stellt die Ökonomik neben Ethik und Politik den dritten Teil der praktischen Philosophie dar; der zweite Bestandteil des Wortes -nomie verweist übrigens auf Verteilung, Organisation und Verwaltung im Sinne einer ‚distributiven' Gerechtigkeit, auch und gerade im Blick auf Nachhaltigkeit des Wirtschaftens, was für die Antike noch selbstverständlich war. Insofern deckt sich der antike Begriff der Ökonomie teilweise mit dem semantischen Feld der von uns heute so bezeichneten Ökologie: Ökonomie, Haushaltung schließt eigentlich immer schon Ökologie ein: das Wissen um die Zusammenhänge und Wechselwirkungen des ‚gesunden', und das heißt für die Antike immer auch: des naturgemäßen Haushaltens.

Beiden Begriffen, Ökologie und Ökonomie, ist der Bestandteil OIKOS gemeinsam, was bereits auf eine symbolische Ebene verweist: auf die Behaustheit des Menschen in seiner Umwelt. Die semantische Schnittstelle zwischen Ökonomie und Ökologie ist also der OIKOS, in beiden Disziplinen geht es um die Art und Weise, wie der Mensch sich ‚haushälterisch' so in seiner Welt einrichtet, daß er sich als ‚behaust' erlebt und seine Existenz dauerhaft gewährleistet ist.

2.3. Ästhetik

Der Begriff geht auf griech. αἴσθησις [aisthesis] zurück, womit die Wahrnehmung der Wirklichkeit durch die menschlichen Sinnesorgane bezeichnet wird. Die philosophische Reflexion darüber, was Wahrnehmung sei, wie sie zustande komme und auf welchen Gegenstandsbereich sie sich richte, setzt bei den Vorsokratikern ein und spielt dann in der platonischen und aristotelischen Philosophie eine herausragende Rolle.

Ästhetik, abgeleitet von einem griechischen Adjektiv, das die Fähigkeit bezeichnet, die Dinge wahrzunehmen, ist nichts anderes als die Kunst der Wahrnehmung, speziell der Wahrnehmung des Schönen in Natur und Menschenwelt; und αἰσθητικός [aisthetikos] heißt der Mensch, der ein Sensorium dafür besitzt. Daß ich Ästhetik und Ökologie durch die Copula „und" verknüpfe, die beiden Begriffe sozusagen aufeinander reagieren lasse, setzt stillschweigend voraus, daß der ökologisch sensibilisierte Blick auf die Umwelt ästhetische Qualitäten freisetzt und entsprechende Werterlebnisse einschließt: Eine artenreiche und vielfältig gegliederte, in die natürlichen Umwelt-Gegebenheiten eingepasste Kulturlandschaft besitzt ihre eigene Ästhetik, vermag das Gefühl einer tiefen Befriedigung, ja geradezu Glücksmomente auszulösen, die aber ihrerseits bereits einem ganz bestimmten Blick, und, damit verbunden, einer speziellen Ethik: einer Weltsicht und Lebenshaltung entsprechen.

Die Frage: Was empfinde ich als schön?, ist entscheidend von subjektiven und von kollektiven, soziokulturell bestimmten Vorverständnissen geprägt, wo auch Kindheitserinnerungen, verschüttete Sehnsüchte, unbewußte Wünsche und vielfältige assoziative Verknüpfungen ins Spiel der Imagination kommen. Der Akt der Wahrnehmung, die Aisthesis, ist ja nicht einfach pure Perzeption, sondern stets auch und gleichzeitig Mit-Wahrnehmung des Ich und seine Selbstkonstitution im Vorgang der Wahrnehmung der Außenwelt; und genau da, in der Apperzeption, wird die Symbolseite der Aisthesis aktiviert und ihre tiefe Humanität deutlich – ich komme darauf zurück.

Halten wir fest, daß Ästhetik als die Kunst der Wahrnehmung immer auch eine ethische Komponente einschließt, die allein schon durch den menschlichen Blick und durch sein Urteil entsteht. Ästhetik hat es ja primär mit der Wahrnehmung des Schönen zu tun – daß es auch eine Ästhetik des Häßlichen gibt, ist nur scheinbar ein Widerspruch –, und dieses Schöne hat stets auch moralische Qualitäten, es ist ja nicht in den Dingen, sondern erst das Resultat der Wahrnehmung der Dinge durch ein wertendes Ich, ein Humanum also und ein Produkt der Begutachtung. Die ästhetische Wahrnehmung der Umwelt ist so von vornherein schon ein symbolträchtiger Akt, ohne daß da immer auch gleich die Konturen einzelner Symbole versprachlicht werden müßten, zum Beispiel einer bestimmten Blume oder eines speziellen Baumes; ich spreche daher mit Absicht im Zusammenhang mit der ästhetischen Wahrnehmung der Umwelt nicht von Symbolen, sondern von einem Symbolraum, der sich konstituiert, indem sich der Mensch darin ‚ergeht'. Die ästhetische Zuwendung zur Natur ist darüber hinaus nur vorstellbar als ein Akt der Freiheit, auch der Freiheit von ökonomischen Zwängen: – Wer sich auf einem kärglichen Äckerchen mühsam genug abrackert, wird kaum dessen herbe Schönheit wahrnehmen –, und außerdem ist der ästhetische Akt stets mit einem, wenn auch milden Herrschaftsanspruch über die Natur verbunden, der sich auch in die Vorstellung kleiden kann, daß erst der Mensch die Natur zu ihrem eigentlichen Telos führe, indem er zum Beispiel den unscheinbaren Wildapfel in die köstliche Vielfalt eßbarer Apfelsorten verwandelt habe. Auf jeden Fall bleibt festzuhalten: Der ästhetische Blick bestimmt Rahmen und Konturen der angeschauten Landschaft und setzt Maßstäbe durch das Apriori der Vorstellungen, die den Blick auf die Umwelt vorab, nämlich vor dem eigentlichen Akt der Wahrnehmung, bereits steuern und determinieren.

2.4. Umwelt

Die Verhaltenslehre Jakob von Uexkulls hat den Begriff im Sinne einer Umwelt-Gebundenheit der Lebewesen theoretisch begründet, für die philosophische Anthropologie bilden Umweltgebundenheit des Menschen einerseits und seine Welt-Offenheit andererseits ein antagonistisches Paar.

Loka, das alte Sanskrit-Wort für Welt, hängt etymologisch mit lat. *lucus* zusammen, was eigentlich die Lichtung bedeutet, wobei es verlockend ist, sich auf ein etymologisierendes Spiel einzulassen und Welt-Erfahrung als Lichtung zu begreifen, als Öffnung und ‚Aufklärung' des Raumes, wodurch er zum Lebens-Raum wird, in dem sich menschliches Dasein gleichsam ‚lichtet' und bewußt entfaltet. Umweltgebundenheit und Weltoffenheit durch ‚Lichtung' einer als dumpf empfundenen Welt-Enge: So erweist sich der Mensch als beides, als Wesen der Immanenz, in seiner Gebundenheit an den Lebensraum, und der Transzendenz, insofern die Welt für den Menschen kein Gefängnis ist oder ein festgelegtes Biotop, sondern sieh öffnen läßt ins Unabsehbare, wo es uns gelingen mag, im Sinne des Hesse-Wortes „heiter Raum um Raum zu durchschreiten" – wir müßten nur verdeutlichend hinzufügen, daß der Mensch den Raum als Raum bildet, daß er ihn erst zum Raume macht, indem er sich, imaginativ oder real, darin ergeht. Umwelt in einem weiteren Sinn des Wortes haben Mensch und Tier gemeinsam, Umwelt als symbolisch besetzten Ort hat wohl der Mensch allein; Symbolraum meint, daß wir das Ambiente, in dem wir leben, mit unseren Gefühlen und Empfindungen erfüllen und umgestalten, mit unseren Erinnerungen, Erlebnissen, Wünschen und Sehnsüchten; all das gibt dem Lebensraum und den Gegenständen darin eine Aura des Bedeutsamen, einen Zuwachs an Signifikation, der weit über die biologischen Gegebenheiten und Bedürfnisse hinausgeht.

Ein persönliches Erlebnis mag das konkretisieren. Bei einem Aufenthalt in Ludwigshafen suchte ich nach mehr als einem halben Jahrhundert zum ersten Mal wieder die Parkinsel auf, eine Wiesen- und Parklandschaft, die vom Rhein und einem zum Hafen umgebauten ehemaligen Altrheinarm gebildet wird. Beim Herumwandern in dieser idyllischen Landschaft tauchten sukzessive, aber mit zunehmender Deutlichkeit und dann geradezu gestalthaft Bilder meiner Kindheit vor mir auf, ausgelöst durch einen nicht näher deutbaren Blütenduft: Frühsommer 1942, ein Junge an der Hand seines Vaters, der Geruch des Rheins, der von den bemoosten Steinen der Uferböschung aufsteigt, das Tuten einer Schiffstrompete, das tuckernde Geräusch eines voll beladenen, langsam flußaufwärts fahrenden Rheinschiffs; die Flußlandschaft meiner Kindheit, sie erfüllt mich mit Freude und Wehmut. Ich denke an meinen längst verstorbenen Vater, mein roter Tretroller fällt mir ein, die geheimnisvollen schwarzen Deckel im Wasserschutzgebiet, die erste Strophe eines Kinderliedes ist plötzlich wieder gegenwärtig, die Erinnerung an einen Kinderfreund, an die Bomben, die 1943 auf unser Haus fielen, all das schloß sich zusammen zu einem Bild voller Zeichen und Hinweise. Die Präsenz der Landschaft gewann für mich eine unabsehbare zeitliche Tiefendimension, und erst allmählich gelang es mir, mich von der Magie des Ortes zu lösen, zurückzufinden ins Hier und Heute. Ein Stück Umwelt war so für mich überraschend zum Symbolraum geworden, und indem ich den beglückend-schmerzlichen Bilderstrom, der mich überflutete, zuließ und ihn gleichzeitig reflektierte, ist mir in dieser eher beiläufigen und für mich selbst unerwarteten Situation ein Humanum passiert, eine symbolische Aufladung des Ortes, die in dieser Zusammensetzung und Intensität einmalig war und nur von mir zustande gebracht werden konnte, weil von den wenigen Menschen, die an diesem Frühsommernachmittag auf der Ludwigshafener Parkinsel spazieren gingen, nur ich diese spezielle Anamnese durchmachen und den Genius loci in dieser sehr individuellen Bedeutsamkeit erleben konnte. Damit komme ich zu meinem Thema im engerer Sinn:

3. Umwelt als Symbolraum

Landschaft ist umgrenzter Raum. Sie hat stets einen Rahmen, einen ab- und einsehbaren Horizont, der sie konstituiert, während Natur keinen Ausschnitt kennt, sondern ein Kontinuum darstellt, mit harten und kontrastreichen oder weichen Übergängen; dagegen sind Garten und Park allein schon dadurch Kunstprodukte, daß sie einen ‚natürlichen' (oder halbwegs natürlichen) Rahmen haben: Hocke, Einzäunung, Mauer, Wasserlauf; aber auch der vom Künstler oder Fotografen für ein Landschaftsbild gewählte Ausschnitt ist ein solcher Rahmen. Der Rahmen erst macht Umwelt zur Landschaft, der Blick durch diesen ‚Rahmen' macht Landschaft zum Bild und damit zum Humanum, Landschaft ist stets ein von mir gewählter und wahrgenommener Ausschnitt aus dem Kontinuum der Umwelt. Sie ist nicht nur ein Wahrnehmungs-, sondern stets auch ein Fühl- und Erinnerungsraum, ja die Landschaft ist selber eine symbolische Form im Sinne Ernst Cassirers, steht sie doch als Ausschnitt für ein imaginiertes Ganzes. Claude Levy-Strauss deutet in den *Tristes Tropiques* sogar die Möglichkeit an, daß in einer völlig unvertrauten und erfahrungsmäßig nicht einordbaren Landschaft im Innern Brasiliens seine Apperzeptionsfähigkeit plötzlich versagte, weil er die Fremdheit als total erlebte, so daß keine Einfühlung, auch kein Symbolbezug mehr möglich schien. Landschaft als humane Umwelt: Das suggeriert den *homo erectus,* der, indem er sich um die eigene Achse drehen kann, die Welt um sich herum wahrnimmt, einen Wahrnehmungsraum um sich herum herstellt, der vom Rundhorizont umgrenzt ist. Schon die antike Reflexion hat das erfaßt, wenn sie von den Tieren sagt, daß sie, weil „zur Erde geneigt", im Grunde ‚vor sich hinleben', da ihnen eben dieses Besondere des Menschen fehle, der den Raum um sich herum kreisen lassen kann, so daß sein Blick eigentlich immer schon die Landschaft gleich einem Tableau abtastet und vor sich hinstellt oder, bei entsprechender Drehung, auch neben sich oder hinter sich lassen kann. Im Akt der Wahrnehmung, der Perzeption, kann er so zugleich sich selbst mit dazu wahrnehmen, was die philosophische Psychologie als Apperzeption bezeichnet, und was wohl eines der wenigen, dem Menschen im Unterschied zum Tier verbleibenden Unterscheidungsmerkmale ausmachen dürfte. Indem der Mensch die Welt als Raum um sich herum konstituiert, der so zum Teil seiner Selbstwahrnehmung wird, lädt er diesen Um-Raum fast zwangsläufig auch symbolisch auf, wodurch das Welt-Bild zum Teil des Selbst-Bildes wird. Diese sanfte Dominanz des Menschen über die Welt, eine Herrschaft, welche allein durch den auswählenden und ordnenden, kurz: den ästhetischen Blick des Menschen zustande kommt, der so das Raum-Kontinuum selektiv zur Landschaft umformt, kann man sich verdeutlichen, wenn man die Landschaftsbilder der französischen Impressionisten ansieht, die etwas so Vertrautes und Tröstliches auf den heutigen Betrachter ausstrahlen, das Humanum als Ingredienz einer verhaltenen Schönheit, die, gerade weil sie die Landschaft nicht einfach abbildet, sondern durchformt und gestaltet, uns so berührt und diese tiefe Sehnsucht nach der paradiesischen Landschaft auszulösen vermag.

4. Exempla classica

Ich greife im Folgenden drei exemplarische Bezüge des Menschen zu seiner Umwelt heraus: die Landschaft als identitätsstiftenden Lebensraum, als erotischen Erlebnisraum und als Raum poetischer und philosophischer Inspiration. Für die genannten drei Bereiche gilt in der Antike die Beschreibungsform als *locus amoenus,* als „lieblichen Ort“.

4.1. Landschaft als Heimat – Preislied auf die attische Landschaft: Sophokles, Ödipus auf Kolonos, 668-706.

Die naturnah gestaltete, geschichtlich und mythisch überformte Umwelt als identitätsstiftende Signatur von Heimat zeigt ein berühmtes Chorlied aus dem zweiten Ödipusdrama des Sophokles. *Ödipus auf Kolonos* ist ein Mysterienspiel, das wir dem 90-jährigen Dichter verdanken.

Nachdem Ödipus durch eigenes, unerbittliches Nachforschen herausgefunden hat, daß er selbst es war, der seinen Vater getötet und seine Mutter geheiratet hat, blendet er sich und zieht mit seiner Tochter Antigone nach Athen, um dort im heiligen Hain der Erinnyen oder Eumeniden Erlösung von seinem Schicksal zu finden. Und so betreten nun die beiden Schutzflehenden den Kolonos-Hügel im Norden von Athen, und sie betreten dabei im Zentrum Attikas einen numinosen Ort, wo Natur und Kultur und die göttlichen Mächte sich wie in einem Fokus zusammenschließen, natürliches Wachstum, menschliche Kulturleistung und das Walten des Göttlichen sich spürbar durchdringen, ein Loblied des greisen Dichters auf seine Heimat und ein herausragendes Beispiel für die Vorstellung von der Umwelt als Heimat, als Lebens- und als Symbolraum. Der (zudem verkürzte) Übersetzungsversuch vermag allerdings den ungemein dichten und hochpoetischen Text nur beschränkt wiederzugeben:[3]

> „Fremder, zu dem herrlichen Lebensraum hier
> im Land der prachtvollen Pferde bist du gekommen:
> zum kalkhellen Hügel Kolonos, wo
> die Nachtigall klagt und singt,
> wo sie stets am liebsten verweilt,
> in der grünenden Waldschlucht,
> im weinfarbenen Efeu wohnt,
> im unbetretbaren Haine der Götter,
> der in der Fülle des Laubs und der Früchte
> vor Sonnenglut und Stürmen
> geschützt bleibt, wo freudetrunken

Dionysos einherzieht,
mit den göttlichen Mädchen umherschweifend.
Hier, benetzt von des Himmels Tau,
blühen Tag für Tag traubenförmig die holden Narzissen
zum uralten Kranz für die beiden
Großen Göttinnen. Goldfarben strahlt
ringsum Krokus, und, nimmer ermüdend,
nie versiegen die Quellen
des Kephisos: Sie spenden uns
Wasser. Allzeit, Tag um Tag,
eilends die Fluren befruchtend, berieselt er
mit ungetrübten Fluten
breit sich dehnenden Boden; auch
Musenreigen verschmähen ihn nicht
und auch nicht Aphrodite, die Göttin mit den goldenen Zügeln.
Und noch etwas Einzigartiges gibt es: [...]
Es ist DER BAUM, der unzerstörbare, aus sich selbst gewachsene,
den sogar des Feindes Speere scheuen,
der hier blüht, voller Kraft, in diesem Lande,
Jugend nährend, in silbrigem Laube schimmernd: der Ölbaum,
den niemand [...] mit frevelnder Hand zu schänden wagt,
denn allzeit behält ihn im Blick
der Beschützer Zeus und Athene, die Göttin mit den strahlenden Augen."

Was in den antiken Texten das Numinose der Landschaft ausmacht, die naturreligiöse Selbstverständlichkeit, mit der die Landschaft als Epiphanie-Raum des Göttlichen gesehen wurde oder doch als ein Ort, wo sich mythische Reminiszenzen einstellten, das ist für uns heute als symbolische Dimension der Landschaft greifbar: An die Stelle der kollektiven Erinnerungen des Mythos treten für den säkularisierten Menschen von heute die archetypischen Bilder der Seele und die individuellen Erinnerungen, die von einer Landschaft evoziert werden; ich habe das an der Park- und Auenlandschaft von Ludwigshafen zu zeigen versucht, die für Momente mit der mythennahen Phase des eigenen Lebens, der Kindheit, synchronisiert schien.

Ich komme noch einmal, vor dem Hintergrund der beiden Landschaften, der individuell erlebten aktuellen und der im Mythos wurzelnden antiken, auf den Begriff „Symbolraum" zurück. Damit die Umwelt als ein solcher wahrgenommen werden kann, muß dieser Um-Raum in einer Weise strukturiert sein, die es ermöglicht, ihn überhaupt symbolisch zu besetzen. Das gelingt offenbar nur dann, wenn sich Erinnerungen, die sich symbolisch konstellieren, an ihn heften können. Das ist aber nur schwer möglich in monotonen und gleichförmigen Räumen, denn nur an der Differenz, an nuancierten Unterschieden und Irregularitäten, können Erinnerungen aktiviert werden und sozusagen andocken, Erinnerungen, die sich dann zu Symbolen verdichten lassen. Erinnerung bedarf eben der Stütze durch die Differenz, die Abwechslung, den kleinen oder großen Unterschied; nur so wird Identifizierung vermittels des eindeutig Unverwechselbaren möglich. In einer ‚homogenisierten' Umwelt stellt sich rasch visuelle Langeweile ein, eine sensorische Deprivation mangels überraschender Aus-Blicke in eine kontrastreiche Umgebung. Der Mensch als Augenwesen ist offenbar auf eine abwechslungsreich gestaltete

Umwelt angelegt und angewiesen, die das Unregelmäßig-Einmalige und Überraschende einschließt. Sind die Spuren des Lebens nicht mehr sichtbar, werden auch mögliche Erinnerungen überdeckt, weil sie an keiner Differenz zu sich selber kommen; symbolische Projektionen prallen von gleichförmig gemachten, ausgeräumten Landschaften ab. Vermutlich ist nur ein vielfältig gegliederter Lebensraum human. Scheinbares Paradox: Nur Vielfalt bietet Eindeutigkeit der Bezugnahme, nur am Unverwechselbaren können Erinnerungen konstellieren, kann Naturbezug zum Selbstbezug werden. Landschaft stellt sich so für uns als eine Form der Anschauung dar, in welcher der Betrachter sein Verhältnis zur Natur und zu sich selbst ästhetisch reflektiert. Wie zwanglos das bisweilen geschieht, mag ein Blick auf Vergils *Bucolica* zeigen. Die erste Ekloge schließt mit zwei Versen, die den Einbruch der Dunkelheit in einer italischen Hirten-Landschaft evozieren: „et iam summa procul villarum culmina fumant maioresque cadunt altis de montibus umbrae."

Da steigt also bei dem sich neigenden Tag aus den fernen Hütten der Rauch auf, „und" – fährt der Dichter fort – „länger fallen bereits von hohen Bergen die Schatten."

Nur durch Apperzeption, über die Spiegelung der Landschaft in einem wahrnehmenden Ich, wird sie als bukolisch empfunden, und nur auf diese apperzeptive Weise der Wahrnehmung gelingt es dem Dichter, die beiden optischen Phänomene miteinander zu einem einheitlichen Stimmungs-Bild zu verknüpfen: den aufsteigenden Rauch aus den fernen Hütten, der die Heimkehr und ein frugales ländliches Mahl ganz wörtlich genommen in Aussicht stellt, und die fallenden Schatten des sich neigenden Tages, gleichsam das Natursignal, dem das Kultursignal der rauchenden Kamine korrespondiert; ein Mahl freilich, das, weil am bäuerlichhäuslichen Herd zubereitet, gerade *nicht* die Mahlzeit der bei ihren Herden die Nacht verbringenden Hirten ist; was ihrer harrt, ist in den unmittelbar vorausgehenden Versen ausgesprochen:

> „‚Hier kannst du die Nacht über mit mir ruhen
> auf frisch aufgeschichtetem Laub; wir haben hier milde Äpfel
> und weiche Kastanien und eine Fülle gepresster Milch':
> sunt nobis mitia poma
> castaneaeque molles et pressi copia lactis."

Das Thema Ästhetik und Ökologie läßt sich so am einfachsten am Beispiel der Landschaft vorführen: Landschaft als kulturell überformte Natur. Den emotionalen und mythischen Hintergrund bildet dabei immer die Sehnsucht nach dem Heilen, nach dem Paradies; ja Paradies ist wohl der älteste Begriff für das, was wir Kulturlandschaft nennen, und es hat auch die andere Signatur der Landschaft: Es grenzt sich ab von der Ödnis und Wildnis des Außen, wo eben Dornen und Disteln wachsen und Bodenbestellung nur mühsam, in postparadiesischer Zeit und im Schweiße des Angesichtes, möglich ist. Das Paradies ist ja nicht einfach Natur, auch nicht naturbelassenes Biotop. Im zweiten Schöpfungsbericht der *Genesis* heißt es ausdrücklich, daß Gott diesen Obstgarten gepflanzt, eigenhändig angelegt hat; der Garten Eden ist ein Kulturprodukt, freilich von Gottes und nicht von des Menschen Hand. Und so ist unsere tiefste Garten- und Landschafts-Sehnsucht immer auch ein Stück Heimweh nach dem Paradies. Umwelt haben Mensch und Tier, Umwelt als Symbolraum hat nur der Mensch, und der erste mythennahe Landschafts-Symbolraum ist das Paradies; daß es auch in postparadiesischer Zeit nicht völlig verloren gehe, ist unsere Hoffnung.

4.2. Landschaft als erotischer Erlebnis-Raum

Der *locus amoenus,* „der liebliche Ort" oder „Lust-Ort", ist in seiner rhetorisch-poetischen Eigenständigkeit erstmals von Ernst Robert Curtius erkannt und beschrieben worden.[4] Von der Antike bis ins 16. Jh. liefert er den Beschreibungsmodus für praktisch alle Naturschilderungen. Curtius charakterisiert ihn als einen schönen, beschatteten Naturausschnitt, seine Minimalausstattung besteht aus einem oder mehreren Bäumen, einer Wiese und einem Quell oder Bach; Vogelgesang, Blumen und ein Windhauch können dazukommen.

Das von Curtius angeführte Exemplum stammt von Petron (*Satyricon* 131); es übertreibt in parodistischer Absicht, veranschaulicht aber dadurch überdeutlich den Topos vom *locus amoenus.* Hier die Übersetzung von Curtius:

> „Die bewegliche Platane hatte sommerlichen Schatten ausgegossen
> wie auch der beerengeschmückte Lorbeer, die bebenden Zypressen
> und die beschnittenen Pinien mit ihrem wogenden Scheitel.
> Zwischen diesen Bäumen plätscherte ein schäumender Bach
> und überspülte die Kiesel mit klagendem Naß.
> Der Ort war zur Liebe gemacht: Möge die Nachtigall es bezeugen, die die Wälder liebt,
> und die Schwalbe, die der Stadt vertraut. Beide flatterten über Rasen und zarte
> Veilchen und verschönten den Ort mit ihrem Gesang."

*Dignus amore locus – „*Der Ort war zur Liebe gemacht": Hier kommen wir zur Wesensbestimmung des *locus amoenus* als dem Ort erotischer (und poetischer) Inspiration; deshalb sind die Liebenden und die Dichter die eigentlichen Nutznießer der „Lust-Orte". Hier finden nun nicht selten eigentümliche semantische Vertauschungen und Substitutionen statt zwischen Landschaft und Mensch, in deren Gefolge gelegentlich auch die Geliebte in absichtsvoller Uneindeutigkeit selber zum *locus amoenus* werden kann und zum ‚Lustort' am ‚Ort der Lust'. In einem Essay[5] geht der Züricher Gräzist und Religionswissenschaftler Walter Burkert den erotischen und sexuellen Konnotationen des Topos vom *locus amoenus* nach und stellt die merkwürdige Tatsache heraus, „daß im Begriff von ‚Garten' und ‚Wiese' reale, kultisch gebundene Anlagen, mythologische Phantasie und bloße Metaphorik fast verwirrend ineinander greifen."[6] In diesem Zusammenhang teilt er eine Anekdote mit: Ein deutsches Schulkind soll im Religionsunterricht gesagt haben, Adam und Eva seien aus dem Paradies vertrieben worden, „weil sie den Rasen betreten haben." Die Autorität des Polizeistaates mit der allgegenwärtigen amtlich gestelzten Aufschrift „Das Betreten des Rasens ist verboten" werde, so Burkert, hier ins Metaphysische verlängert und dabei ad absurdum geführt. „Ob freilich“, fügt er hinzu, „dieses Kind die Antinomie zwischen dem Lustvoll-Vegetabilischen und einer Verbotsethik nicht im Grunde doch richtig erfaßt hat, dies zu entscheiden bleibt, je nach Einstellung zu Mythos, Symbolik und Tiefenpsychologie, uns Interpreten überlassen.“ Der Paradiesgarten ist nun in der Tat der *locus amoenus* schlechthin, er ist auch der ökologisch optimale Lebensraum für den Menschen, und er bleibt, auch nach dem Sündenfall, der utopische Horizont für jede Ortsbestimmung des Menschen. Darüber hinaus ist er das für die Begegnung von Mann und Frau ideale Biotop; in ihm spielt sich auch das Drama der ersten Sünde ab, die im Pflücken der verbotenen Frucht bestand und zum Verlust dieses idealen Lebensraumes führte.

In der Geschichte vom Sündenfall ergeht sich Gott als der Herr des Biotops im Garten Eden. In der griechischen Mythologie ist der Garten der Götter der Ort, an dem sie Hochzeit feiern. Das gilt auch umgekehrt: Weil Götter sich umarmen, wird der Ort ihrer Liebesvereinigung zu einem *locus amoenus*: Die Ilias erzählt im 14. Gesang, wie sich der Gipfel des Ida, als Zeus und Hera sich lieben, in eine blühende Wiese verwandelt:[7]

> „Also sprach der Kronide und schloß in die Arme die Gattin. Unter ihnen ließ die heilige Erde eine blühende Wiese wachsen: tauigen Lotusklee, Krokus und Hyazinthen, üppig und zart, die vom Boden in die Höhe drängten. Darauf lagerten sie.“

Hier ist es nicht der ‚Lustort‘, der eine erotische Situation oder Ver-Führung ermöglicht, vielmehr kommt der *locus amoenus* erst durch die Liebesvereinigung des göttlichen Paares zustande; der ΙΕΡΟΣ ΓΑΜΟΣ [hieros gamos, die Heilige Hochzeit] verwandelt einen Berggipfel in einen „lieblichen Ort“, die Liebesumarmung der beiden Götter ‚animiert‘ gleichsam die Natur, die spontan auf das θειον πραγμα [theion pragma] – „die göttlich Sache“ nannten die Griechen den Liebesakt – reagiert und sich üppig zu entfalten beginnt.

Der griechische Dichter Ibykos (um 525 v. Chr.), fahrender Sänger und Schöpfer erotischer Chorlieder, evoziert in einem Fragment[8] den „unberührten Garten der Jungfrauen“ mit Quittenbäumen und Weinreben „als kontrastierenden Hintergrund zum rastlosen Eros, der das Ich des Dichters treibt.“[9]

Es war schließlich Alberto Giacometti, in dessen Plastiken und Skulpturen-Ensembles die Vorstellung vom rastlos ausschreitenden Mann und der pflanzenhaft in sich beruhenden Frau einen modernen künstlerischen Ausdruck fand.[10] Aber schon die Nymphe Daphne immobilisierte sich auf der Flucht vor ihrem Verfolger Apollo in einem Lorbeerbaum.

In dem angeführten Ibykos-Fragment kontrastiert das Weibliche als das im Vegetabilen Beruhende mit der Umtriebigkeit des männlichen Eros. Das mag uns zurückführen zu Odysseus, dem Prototyp des umtriebig Umherschweifenden, der immer wieder bei Frauen Station macht – und Station heißt Haltepunkt –, ob bei Kirke, bei Kalypso oder bei Nausikaa, bis er schließlich bei Penelope die endgültige Verankerung seines Daseins wiederfindet.[11]

Mythen-logisch konsequent gehört ein kultischer Garten oder Park zum Heiligtum der Liebesgöttin, die deshalb auch „Aphrodite in den Gärten“ heißen kann: In einem solchen *locus amoenus* erwartet Sappho die Ankunft ihrer Göttin, der Aphrodite:[12]

„Komm zu mir aus Kreta hierher, zu diesem heiligem Tempel, wo dir ein lieblicher Hain ist von Apfelbäumen und Altäre, duftend von Weihrauch.
Darin rauscht kühles Wasser
durch die Apfelzweige,
von Rosen ist der ganze Ort
beschattet, und von zitternden Blättern
rinnt tiefer Schlaf herab.
Darin prangt eine rossenährende Wiese
mit Frühlingsblumen,
und mild wehen die Winde ...
Dort nimm jetzt, Kypris, die Kränze entgegen,
in goldenen Bechern
kredenze üppig den mit Frohsinn vermischten Nektar.“

Im *Hohelied* ist der *locus amoenus* ganz in die Frau hineinprojiziert; nicht nur wird sie in der Imagination ihres Geliebten als Garten erlebt, sie erlebt sich auch selber so:[13]

(Er) „Ein verschlossener Garten ist meine Schwester Braut: ‚*hortus conclusus soro mea sponsa*‘ – ein verschlossener Garten, ein versiegelter Quell.
Ein Lustgarten sproßt aus dir, Granatbäume mit köstlichen Früchten [...]
Die Quelle des Gartens bist du, ein Brunnen lebendigen Wassers“ [...]

Und sie erwidert ihm:
„Mein Geliebter komme in seinen Garten und esse von den köstlichen Früchten.“

Die unbetretene Wiese ist aber nicht nur Signatur mädchenhafter Unschuld; auch der Jüngling Hippolytos pflückt in der Eingangsszene des gleichnamigen euripideischen Dramas der jungfräulichen Artemis, der er sein Leben geweiht hat, von einer unbetretbaren Wiese – unbetretbar für die Nicht-Reinen – Blumen, die er zum Kranz für seine Göttin windet:[14]

„Dir bring ich, Herrin, diesen frisch geflochtnen Kranz
zum Schmuck, gewunden auf der unberührten Flur,
wo nie der Hirt die Herden auf die Weide führt,
wo nie die Sense mähte und die Biene nur
auf heiligen Auen über Frühlingsblumen schwärmt:
Da wohnt die Unschuld [die Göttin Aidôs], tränkt die Flur mit Quellentau. [...]
Mir ward von allen Menschen ja die Huld gewährt,
bei dir zu weilen und im Zwiegespräch mit dir
dein Wort zu hören, seh ich auch dein Auge nicht:
Laß mich mein Leben enden, wie ich es begann.“

Zu dieser Stelle bemerkt Burkert: „Die Schilderung des Ortes, der Blumen, der Bienen, der alles überwachenden ‚Scheu‘ ist so suggestiv und in sich geschlossen, daß die antiken Interpreten dies alles als Allegorie für Hippolytos selbst auffaßten, der sein Lied oder aber sich selbst als ‚Kranz' der Göttin darbringe."[15]

Das Wesen des Hippolytos, das Paradox des jungfräulichen Jägers, spiegelt sich im Bild der „unbetretbaren Wiese", der *locus amoenus* als der Ort einer sublimierten Lust: der ‚Hingabe' des keuschen Jünglings an die keusche Göttin.

Exkurs zu ΑΙΔΩΣ [Aidôs]

Unserer Vorstellung von der „Ehrfurcht vor dem Leben" oder der „Bewahrung der Schöpfung" entspricht am ehesten der altgriechische Wert-Begriff ΑΙΔΩΣ, den man gewöhnlich, aber nur sehr unzureichend, mit „Scham" oder „Scheu" übersetzt, er meint aber nicht die Scham über etwas, dessen man sich zu schämen hätte, und nicht einmal so sehr das individuelle Schamgefühl, obwohl auch diese Bedeutungsnuance anklingt: Bei Herodot heißt es, daß eine Frau, wenn sie sich nackt den Blicken eines Dritten aussetzt, mit ihren Kleidern zugleich auch ihre Aidôs ablege, sondern eine Ehrfurcht und scheue Zurückhaltung angesichts des Numinosen, der jede Zudringlichkeit fremd ist. Aidôs offenbart sich so als eine Gottheit, die den Menschen unaufdringlich ergreift, vor allem angesichts des Zaubers einer von Menschenhand und Profitgier nicht entweihten Natur. Ja Artemis, die Göttin der Feld- und Gebirgseinsamkeit, heißt selber auf einem berühmten Vasenbild Aidôs und ist αἰδοῖος [aidoios]: ehrfurchts- und achtungsgebietend; um sie scharen sich die anmutigen Gestalten der Nymphen, die Baum-, Quell- und Bergnymphen, die selber Epiphanie-Formen der Artemis darstellen, und jede von ihnen könnte auch für sich genommen Aidôs heißen, denn jede ist ein Numen: Repräsentanz des Göttlichen in der Natur und Beschützerin eines numinosen Naturbereichs. Und wer sie dabei unterstützt, und mit Aidôs, mit Behutsamkeit und Zartgefühl, den Manifestationen des Göttlichen in der Natur begegnet, dem schenken die Nymphen ihr Wohlwollen und nicht selten sogar ihre Liebe.

So stützte einmal der junge Rhoikos – er stammt aus Knidos, der Aphrodite-Stadt in Karien – voll Mitgefühl einen Baum ab, der zu stürzen drohte; die darin wohnende Hamadryade (Baumnymphe) gewährte ihm aus Dankbarkeit für die Rettung ihres Baums eine Bitte. Da bat er um ihre Liebe, die sie ihm bereitwillig schenkte, und die Biene wurde zur Liebesbotin zwischen den beiden.[16]

Ein Lustort besonderer Art ist auch die Insel der Kalypso. Im 5. Gesang der *Odyssee* wird Hermes nach Ogygia gesandt, um ihr die im Götterrat beschlossene Heimreise des Odysseus mitzuteilen:[17] Der Gott, heißt es dort, „stieg aus dem veilchenfarbenen Meer und ging landeinwärts, bis er zu der großen Grotte kam, in der die schöne Nymphe mit den kunstvoll geflochtenen Haaren wohnte. „Dann wird die Grotte als ein üppiger *locus amoenus* beschrieben:

„Und ein Wald wuchs um die Höhle herum, in üppigem Grün,
Erle und Pappel und wohlduftende Zypresse.
Da nisteten Vögel [...]
Daselbst rankte sich um die gewölbte Höhle

ein kraftvoller Weinstock, üppig mit Trauben behangen.
Vier Quellen flössen in einer Reihe mit klarem Wasser,
nahe beieinander [...]
und ringsum gediehen zarte Wiesen mit Veilchen und Eppich."

Die Nymphengrotte, umrankt mit Trauben, die Quellen und zarten Wiesen, vielleicht auch der Veilchenduft, und schließlich die Faszination, die dieses Ambiente der Nymphe auf den Betrachter, den Gott Hermes, ausübt: Das alles zielt doch sehr deutlich auf die Bewohnerin der Höhle und auf die Lust, die sie in ihrer Person verheißt: „Da gingen die beiden [nämlich Odysseus und die Nymphe] ins Innerste der Höhle und genossen es, in Liebe beisammen zu sein." Die Höhle mit dem umwachsenen Eingang, in deren Innern sich Odysseus und Kalypso liebten: Da verweist das Äußere auf das Innere, die Höhle und ihr Ambiente auf die Frau und die Liebende und auf das, was „in den gewölbten Grotten" geschehen sollte.

Damit komme ich zu einem dritten Aspekt des *locus amoenus:* Neben die Landschaft als identitätsstiftenden Raum und als doppelsinnigen „Ort der Wonne" tritt der *locus amoenus* als Quelle der Kreativität und der Inspiration.

4.3. Ein glücklicher Sommertag — Landschaft als Inspiration: Platon, Phaidros 229-279c

Die Szenerie des Phaidros ist für einen platonischen Dialog recht ungewöhnlich: Sokrates, der Polisbürger und notorische ‚Stadtneurotiker', befindet sich diesmal ausnahmsweise außerhalb der Stadtmauern von Athen in idyllischer Natur. Dort begegnet er dem Phaidros, einem an geistreichen Gesprächen und am männlichen Eros interessierten jungen Mann. Seit dem frühen Morgen hat Phaidros dem Redner Lysias zugehört und möchte nun um die Mittagszeit zur Entspannung im Freien spazieren gehen, wo er alsbald auf Sokrates trifft.

Dieser wünscht Einzelheiten zu erfahren über die Rede, die den jungen Mann so begeistert hat. Phaidros berichtet nun, Lysias habe eine wunderbare Rede über den Eros gehalten. Sokrates will das aber genauer wissen. Phaidros ziert sich zunächst, erklärt sich für unfähig, die Rede zu reproduzieren, doch stellt sich schließlich heraus, daß er sie nicht nur auswendig gelernt hat, sondern auch das Manuskript bei sich trägt: den Traktat des Lysias über den Eros. Man sucht nun ein beschauliches Plätzchen, wo der junge Mann ungestört und in Ruhe deklamieren kann. So gelangen sie an einen nachmals berühmten *locus amoenus,* zu der Platane am Ilissos. In begeisterten Worten schildert Sokrates den freundlichen Ort und vergißt auch nicht, Phaidros für die gute Führung zu danken.

Auf dessen verwunderte Frage, wieso er sich jenseits der Stadtmauern von Athen nicht mehr auskenne, erklärt Sokrates, die Natur um ihn herum interessiere ihn nicht. Trotzdem ist er von der Landschaftsidylle fasziniert:[18]

„Nun, bei Hera, das ist ein schöner Ort um zu rasten! Ist doch diese Platane hier von gewaltiger Breite und Höhe, und die Krone des Baumes und der Schatten, den er wirft, ist wunderschön! Und wie steht er doch in voller Blüte, daß der ganze Ort so herrlich davon duftet! Und unter der Platane sprudelt eine liebliche Quelle mit dem frischesten Wasser, was sich erweist, wenn man den Fuß hineinhält. Auch scheint mir, nach den Statuen und Bildern zu schließen, das Heiligtum einiger Nymphen [...] in der Nähe zu sein. Und außerdem: wie lieblich und angenehm ist der Luftzug an diesem Ort, und wie ertönt in ihm die helle Sommermelodie des Grillenchores! Das Allerherrlichste aber ist der Rasen, der so üppig wächst am sanft ansteigenden Hang, daß er eine prächtige Unterlage bereitstellt, wenn man das Haupt darauf bettet. Deine Führung, lieber Phaidros, war also ganz ausgezeichnet."

Man hat den Eindruck, Sokrates nehme zum ersten Mal in seinem Leben die Landschaft um sich herum wahr, erklärt er doch mit gespielt ironischer Naivität:

„Nimms mir nicht übel, mein Lieber, ich möchte eben immerzu lernen, doch die Felder und die Bäume wollen mich nichts lehren, sondern nur die Menschen in der Stadt. Du scheinst nun aber das Mittel gefunden zu haben, um mich zum Ausgehen zu bewegen – du mußt mir nur ein Buch unter die Nase halten, gleich lauf ich dir nach wie das Vieh, wenn man es mit Laub oder einer Frucht damit lockt."

Und am Schluß des Dialogs, nachdem Sokrates in der dritten Erosrede seine tiefsten Gedanken entwickelt hat über die dreigliedrige Seele und über Psyche als Lebensprinzip, das als Weltseele den gesamten Kosmos durchwaltet, ist deutlich, daß er diesen neuen, dynamischen Seelenbegriff nur in diesem landschaftlichen Ambiente entwickeln konnte; im Laufe des Gesprächs weist Sokrates selbst mehrmals darauf hin, welch starke Inspiration auf ihn vom Genius loci und den in ihm waltenden guten Geistern ausgehe – eine Inspiration durch das natürliche Ambiente, die mit Sokrates' philosophischen Ausführungen auf das glücklichste übereinstimmt. Zu Recht betont der Philosoph Ernst Hoffmann, Platon habe im Phaidros einen neuen Naturbegriff entwickelt und, im Zusammenhang damit, ein neues Naturgefühl, um „Menschliches und Kosmisches aus der Gemeinschaftlichkeit ihres Ursprungs" – der Welt-Seele – „zu begreifen." [19]

Werfen wir noch einen Blick auf den szenischen Abschluß des Dialogs. Die Hitze des Mittags hat nachgelassen; doch ehe die beiden ihren Schattenplatz zu Fuß der Platane verlassen und nach der Stadt zurückwandern, richtet Sokrates an die Gottheiten dieses numinosen Ortes ein Gebet um die Harmonie des Innen mit dem Außen, wohl eines der schönsten literarischen Gebete der Weltliteratur, bedeutsamer und beziehungsreicher Abschluß des Dialogs Phaidros:

„S.: Es gehört sich doch, daß wir zuerst den Göttern hier ein Gebet sprechen, bevor wir gehen?
Ph.: Ja, gewiß.
S.: Lieber Pan und ihr anderen Götter hier an diesem Ort, verleiht mir, in meinem Innern schön zu werden, und daß alles, was ich von außen her habe, meinem Innern befreundet sei".

Die Landschaftsszenerie des Phaidros ist keine bloße Staffage für den darin stattfindenden philosophischen Diskurs, sie ist vielmehr Quelle für die Inspiration des Sokrates, eine Seelenlandschaft, in der sich das Gespräch über die Seele als dem kosmischen Lebensprinzip entfaltet. Die von der Aura des Göttlichen überstrahlte Naturszene ist das dem Innern des Sokrates zutiefst verwandte und befreundete Außen – was umso auffälliger und bedeutsamer ist, als, wie bereits gesagt, Sokrates das Gegenteil eines Naturschwärmers ist; trotzdem kann er offenbar ohne die ekstatische Erfahrung der Umwelt als des ihn numinos Umwaltenden seine pantheistische Vision von der Weltseele nicht entwickeln. Die Harmonie zwischen Innen und Außen, ihre vollkommene, naturgemäße Entsprechung – die Geburt der Seele aus dem Geist der Landschaft: Das ist die symbolische Signatur des platonischen Phaidros, mit der ich meine Überlegungen zur Landschaft als Symbolraum beschließen möchte.

Anmerkungen

1 Vgl. etwa Detlev Ipsen / Astrid Wehrle (Hrsg.): *Stadt und Natur – Kunst und Ökologie,* Frankfurt 1998. In dem Band wird u. a. die Forderung nach einer ökologischen Ästhetik diskutiert; zu den ethischen Aspekten des Themas vgl. Dieter Birnbacher (Hrsg.): *Ökologie und Ethik,* Stuttgart 2001; Henry Makowski / Bernhard Buderath: *Die Natur dem Menschen Untertan. Ökologie im Spiegel der Landschaftsmalerei,* München 1983; zur Natur als Gegenstand ästhetischer Erfahrung: Matthias Eberle: *Individuum und Landschaft,* Gießen 1980; Simon Schama: *Der Traum von der Wildnis. Natur als Imagination,* München 1996.

2 Erläuterung der Begriffe Ökologie, Ökonomie, Ästhetik und Umwelt im Anschluß an die entsprechenden Stichworte in: *Historisches Wörterbuch der Philosophie,* hrsg. von Joachim Ritter†, Wissenschaftliche Buchgesellschaft Darmstadt seit 1973, zuletzt Band 11: U-V, 2001.

3 Übersetzung des Verf. im Anschluß an: *Sophokles, Tragödien und Fragmente.* Griechisch und deutsch, herausgegeben und übersetzt von Wilhelm Willige und Karl Bayer, München 1966.

4 Petra Hass: *Der locus amoenus in der antiken Literatur. Zu Theorie und Geschichte eines literarischen Motivs,* Bamberg 1998. Der Ausdruck *locus amoenus* zur Bezeichnung für einen idyllischen Ort begegnet erstmals bei Cicero, z. B. *Vereinen,* 6,80. Die moderne Toposforschung beginnt mit Ernst Robert Curtius: *Europäische Literatur und lateinisches Mittelalter,* Bern [3]1961, darin besonders Kapitel 10: *Die Ideallandschaft.* Die Literatur zu diesem Topos und ein komplettes Belegstellenverzeichnis von Homer bis in die Spätantike bei Petra Hass.
Auch die Musik kennt dieses Phänomen. Vgl. dazu Hermann Jung: *Die Pastorale. Studien zur Geschichte eines musikalischen Topos.* (Neue Heidelberger Studien zur Musikwissenschaft, Bd. 9), Bern und München 1980.

5 Walter Burkert: „*Die betretene Wiese. Interpretationssymbole im Bereich der Sexualsymbolik*“, in: Hans Peter Duerr (Hrsg.): *Die wilde Seele. Zur Ethnopsychoanalyse von Georges Devereux,* Frankfurt am Main 1984, S. 32-46.

6 Burkert, S. 38.

7 *Ilias,* 14, 346-350.

8 Ibykos, 286 Page.

9 Burkert, S. 39.

10 Paul Barié: *Das Kunstideal der klassischen Antike und das Menschenbild Alberto Giacomettis,* in: SYMBOLON, Neue Folge, Bd. 15 „Symbolik der Künste“, Frankfurt am Main 2002, S. 75-86.

11 Paul Barié: *Heimweh nach Ithaka. Homers Odyssee.* (Exemplarische Reihe Philosophie und Literatur, Bd. 11), Annweiler 2002.

12 Sappho. Griechisch und deutsch, hrsg. von Max Treu, München [6]1979, S. 26-27; Übersetzung im Anschluß an Petra Hass, S. 52-54. Das sog. *Sappho-Ostrakon* aus dem 2. Jh. v. Chr. ist das älteste

Fragment der Dichterin, das wir besitzen; die Schwierigkeiten der Lesung und die Versuche, den ursprünglichen Wortlaut zu rekonstruieren, bleiben in unserem Zusammenhang unberücksichtigt.

13 *Das Hohelied,* 4,12-16, nach der Einheitsübersetzung der Heiligen Schrift, Ökumenischer Text, S. 732.

14 Euripides: *Hippolytos,* 73-87. Meine Übersetzung orientiert sich an Euripides: *Sämtliche Tragödien* in zwei Bänden, nach der Übersetzung von J. J. Donner bearbeitet von Richard Kannicht, Bd. 1, Stuttgart 1958, S. 404.

15 Burkert, S. 38.

16 Nach einer dem Historiker Charon von Lampsakos zugeschriebenen Erzählung.

17 Zu dieser Szene und zur Übersetzung vgl. Barié, *Heimweh nach Ithaka,* S. 35/36.

18 Übersetzung nach: Platon, *Meisterdialoge,* eingeleitet von Olof Gigon, übertragen von Rudolf Rufener. (Artemis-Paperback-Ausgabe, Bd. III), Zürich und München 1974; Der Dialog *Phaidros* S. 183-267.

19 Ernst Hoffmann: *Platon,* Zürich 1950, S. 187.

KURT EGGER

*Der **heilige** Baum – Die Agroforst**kultur** – Der Papier**verschleiß***

Vorbemerkung zu Thema

Sehr herzlich danke ich für die Einladung, hier einen Beitrag vorlegen zu dürfen. In der Einladung wird das Gesamtthema ‚Signaturen des Lebens' genannt, mein Thema aber offen gelassen. Immerhin erhielt ich eine Anregung von Botho Herrmann in dem Satz: „Nach meiner Vorstellung ist eine Darstellung der unterschiedlichen Zugänge zur Natur, die sich in heiligen Symbolen und profanen Naturreservaten ausdrückt, aufschlußreich. ... Ich kann mir neben Stein, Baum, Quelle (Wasser) auch Säugetiere und Vögel ... vorstellen."

Als ein in der praktischen Agrarentwicklung der Tropen tätiger Botaniker, der sich für Agroforstwirtschaft einsetzt,[1] der aber mit wissenschaftlicher Symbolforschung wenig Erfahrung hat, greife ich das mir Vertraute, und das ist ‚Baum'. Dann reizt mich aber die Polarität: ‚heilige Symbole und profane Naturreservate'! Das sind zwei Stichworte, die man linear erweitern kann. Es kommen mir in den Sinn als Repräsentanten der Bäume: heilige, kultisch-symbolisch besetzte, kulturell-gesetzlich geschützte, und dann die Bäume in den Urwäldern, im Park, Forst, in der Landwirtschaft und am Ende die dem Raubbau anheim fallenden Wälder, oft genug weit unter jedem Wert verbrauchten, angedeutet im Wort: ‚Papierverschleiß'.

So aufgereiht, läuft nun eine Skala von heilig, über symbolgeladen, wohlbedacht, kühl kalkuliert bis zu achtlos, ja naturverachtend. Oder mit anderen Worten: vom Sakrament zum Kult, zur Kultur, Kultivierung, Nutzung, Ausbeutung, Zerstörung. Aus dieser Reihe greife ich Anfang, Mitte und Ende als Thema heraus – Die ganze Reihe aber, um die es nun gehen soll, ergibt eine Hierarchie der Naturzugänge.

Im Sinne eines streng wissenschaftlichen Berichtes wäre ich bei dieser Bandbreite der Aspekte nicht kompetent und müßte mich selektiv beschränken. Meine Absicht ist aber eine andere: Ich möchte darstellen, welche Außen- und Innenansichten von Naturzugang ich selbst erlebt und bei anderen vorgefunden habe, und will versuchen, durch eine sehr freie Verwendung des Bildes der vier seelischen Grund- oder Bewußtseinsfunktionen nach C.G. Jung assoziativ erweiternd und verknüpfend zu einer Interpretation heutigen Naturumgangs mit heuristischem Wert zu gelangen.[2]

I. Stufen des Naturzuganges

1. Entfaltung der Assoziationsreihe zu ‚Baum'

Die eben dargelegten Stichworte zu Naturzugängen lassen sich, etwas ergänzt und systematisiert, zu einer Tabelle ‚Assoziationsreihen zu Baum' ordnen, aus der sich unsere weiteren Gedanken ableiten lassen. Die Zeilen markieren nun diskrete Stufen, wobei die Zeile ‚Natur' eine Art Bezug oder ‚Null-Linie' ist. Darüber liegen ideelle, geistige, normative, darunter aber instrumentalisierende, verwertende Naturzugänge. In der Spalte der Mitte steht, wie das Naturelement ‚Baum' repräsentiert wird, links, was der Natur bzw. ihrem Repräsentanten ‚Baum' widerfährt, rechts Aspekte unserer damit verbundenen Haltungen und Vorstellungen.

Sakrament Kult Kultur	*Heiliger Baum* Baumsymbole Naturdenkmal	*Ehrfurcht, Scheu* *Achtung* *Verantwortung*
‚Natur'	Wald, Savanne	*Neugier, Faszination*
Gestaltung, Inszenierung	Englischer Garten, Park	*Ästhetisierung,* *Natursteigerung*
Kultivierung, Bewahrung, Nutzung, Ausnutzung	*Agroforstkultur* Permakultur Biolandbau Landwirtschaft, mod.	*Lebensform* *Systementwurf* *Kreisläufe* *Kalkulation*
Degradierung,	Raubwirtschaft	*Achtlosigkeit*
Zerstörung	*‚Papierverschleiß'*	*Verachtung*

Tabelle: Assoziationsreihen zu ‚Baum'

Spiel und Ernst – eine Anmerkung zu 1.

Wenn Kinder spielen, kann Folgendes geschehen: Dinge, Klötzchen, egal was, liegen herum (Natur als Material). Sie werden für ein Spiel auserkoren, sie erhalten neue Bedeutungen, werden verwandelt: Bausteine, Autos, Hunde, Pferde ... (Technik). Doch dann kommt eine zweite Verwandlung: Steine werden zu Häusern, Autos zum Fuhrunternehmen, ein Pferderennen ... (Kultur). Und am Ende wirft ein Störenfried oder das Kind selbst, vielleicht lustvoll, das Ganze wieder um, und alles ist, was es am Anfang war (Stoff und Platz für Neues!). Einerseits die ‚hochgespielte', am Ende die ‚verspielte' Natur und wir mittendrin als Spieler. Das Grundgeschehen der Ökologie: Grundsystem

(Pflanzen) – die Primärproduzenten; danach das zweite trophische Niveau der Konsumenten (Tiere und Menschen) – danach die Destruenten (mit Tod und Verwesung) – verbirgt sich darin, die Reihe zu Baum aber zeigt Weisen unseres Mitspielens.

2. Assoziationsreihe „Baum" definiert Stufen des Naturzugangs

Zu allen Dingen der Natur haben wir irgendeinen Zugang – wie wir ihn suchen und gestalten, hängt nicht nur vom ‚Ding an sich' ab, sondern weit mehr vom ‚Ding für uns', oder nach Uexküll von seiner Bedeutung für uns. Ein und dasselbe ‚Ding' kann zu etwas Heiligem, Geweihtem, mit magischen Kräften beladen, mit persönlichen Erinnerungen behaftet und deshalb geschätzt, zu etwas Nützlichem, ja Lebensnotwendigem (Früchte!) – oder aber etwas Ekelhaftem, Gefährlichem, oder nur Lästigem oder Gleichgültigem werden.

So kann ein und dieselbe Baumgestalt gleichzeitig je nach Person und Kontext verschiedene Bedeutungen annehmen, ohne sich selbst zu ändern – und jeder kann mit einer Baumgestalt gleichzeitig mehrere Bedeutungen verbinden.

Die Bedeutung ist eine Frage der Beziehung, durch sie kann der Baum zu einem Symbol werden. Durch die Bedeutung wird unsere Zuwendung geleitet.

Man kann daran denken, daß die ‚niedrigen' Zuwendungen heute stark gegenüber den ‚höheren' überwiegen und fragen, welches denn nun die richtige Ebene des Zuganges sei. Doch mit dieser Frage verfehlt man einen wichtigen Aspekt: Alle Zugangsstufen sind unverzichtbar und immer da, wenngleich situativ sehr unterschiedlich aktiv.

Die Dinge der Natur haben aber nicht nur Bedeutungen für uns: Die Art unserer Zuwendung hat umgekehrt dramatische Bedeutung für das Schicksal der Dinge. Destruktiv wird unsere Zuwendung, wenn sie nur aus den unteren Stufen Nutzung und Ausbeutung definiert wird; genau das aber ist heute unser Problem.

3. Aspekte der einzelnen Stufen

3.1. Der heilige Baum

Er kann in die Sphären des Hochgeweihten, Sakramentalen, Göttlichen reichen. Sie kennen die Weltenbäume, seien sie den Kosmos umfassend, durchwachsend oder sein Zentrum definierend. Sie können mythischer Natur ohne dingliche Repräsentanz, künstlerisch dargestellt oder auch an bestimmte Baumarten (Weltenesche!) oder Individuen gebunden sein. Der Baumbestand im Zentrum des Paradieses wäre zu nennen, ebenso jener Ficus, unter dem Buddha zur Erleuchtung kam. Gottheiten können in Bäume verwandelt oder aus ihnen geboren werden. Doch nicht nur einzeln, auch in Gruppen finden wir heilige Bäume im heiligen Hain – und man kann die der Meditation gewidmeten Gärten der Zen-Klöster hier anfügen. Besonders in den Tropen gibt es noch heilige Wälder, die oft noch heilige Quellen, Felsen oder Kultstätten enthalten. Solche Räume sind naturnahe Analogien zu unseren steinernen Kultbauten – ‚Säulenwald der Dome'.[3]

3.2. Baumsymbole

Allein oder im Verbund mit anderen Symbolträgern sind sie nahezu universell und vielfältig verbreitet, z.B. in Märchen wie Frau Holle, Der goldene Vogel, Das Mädchen ohne Hände, Fundevogel sind einige, zu denen auch spannende tiefenpsychologische Deutungen vorliegen; sodann spielen sie in Träumen eine große Rolle. Wir vertiefen diese Betrachtung in III.

3.3. ‚Profane' Naturdenkmale

Sie machen erst Sinn, wenn bewußt die zeitlich rasche Veränderung der Lebenswelt wahrgenommen und als fragwürdig erlebt wird. Viele Dinge der Umgebung – Gestaltungen der Kultur und der Natur – sind Träger komplexer Bedeutungen und Symbolgehalte, die Nahrung für unsere Selbstvergewisserung und Identitätsspiegelung, die unser ‚Außenskelett' und Platz für Projektionen sind. Ändern sich immer mehr solcher bedeutungsvollen Dinge im Laufe unserer Lebensspanne, so verlieren wir Orientierung. Daher der Wunsch nach repräsentativer Erhaltung von Zeugen und Zeugnissen der Natur- und Kulturgeschichte. Da aber dieser Bereich heute mit religiösem Nachdruck gerade noch die Sakralbauten halbwegs zu schützen vermag, bleibt für Naturdenkmale und Reservate nur der Erhaltungswille über politische profane Verantwortung, Argumente wie Heiligkeit und Magisches stehen hier nicht zur Verfügung. Es fehlt daher im Diktat der Ökonomie eine ehrlich anerkannte Norm für den Naturschutz – trotz seines Staatsziel-Charakters. Selbst hohe Politiker bezeichnen den Naturschutz als Fortschrittsbremser und fordern die Industrie auf, auf dessen Einlassung nicht zu hören. Im Grunde ist, auch wenn es taktisch sinnvoll erscheinen könnte, bedenklich, die Bewahrung der Biodiversität mit den in ihr möglicherweise schlummernden ökonomischen Nutzungsreserven zu begründen. Hier wird eine normative Ebene preisgegeben.

3.4. Natur: Der Wald

Er repräsentiert wohl, einschließlich seiner Übergänge in die Savanne, den Raum unserer frühen Evolution. Kein Wunder, daß er noch vor Hochgebirge, Seen, Wildwasser und Mooren als Natur schlechthin identifiziert wird – wobei Forstkulturen, Obstanbau, Felder und Wiesen gleich in die Empfindung eingeschlossen werden. Im deutschen Kulturraum genießt der gut gepflegte Wald eine besondere Hochschätzung. Daß angesichts der Wahrnehmung des Waldsterbens eine große Zahl unserer Bürger sich zum

‚Bekenntnis' entschlossen: „Mein Auto fährt auch ohne Wald“, gibt einen klaren Einblick in die fragwürdige Lebendigkeit unserer Leitkultur. Fast ohnmächtig sind wir vollends, die Zerstörung der letzten Tropenwälder aufzuhalten.

3.5. Englischer Garten, Park

In beiden geht es noch nicht um wirtschaftliche Nutzung, sondern um ästhetische Gestaltung und Naturinszenierung, wobei im Gegensatz zum ‚Wildwuchs' eines Urwaldes die Einzelbäume und kleinere Baumgruppen ihre Schönheit voll entfalten sollen und dabei auch zielvolle Korrekturen erfahren – ein Spiel zwischen der Spontaneität der Naturkräfte und der Lenkung durch künstlerische Imagination des Gärtners, der zum Landschaftsarchitekten wird und eine Kulisse erbaut. Einen solchen ‚Englischen Garten', der sich aus einem ehemaligen Golfplatz heraus entwickelte, habe ich nahe der Stadt Nairobi gesehen. Das bäuerliche Gelände daneben aber sah diesem Garten sehr ähnlich – es war eher noch dichter mit Bäumen bestanden und noch vielfältiger gegliedert. Bäume für Schatten, Holz und Obst, Bananen, Kaffeesträucher und Feldfrüchte waren zur Agroforstkultur gefügt.

3.6. Die Agroforstkultur

Der Reigen von vier ausgewählten Formen landwirtschaftlicher Nutzungsformen wird mit diesen Bildern eröffnet: traditioneller Landbau der *Kikuyu* in Kenia und der *Chagga* in Tansania – Beispiele für Agroforstsysteme! Bäume, Sträucher, Stauden, Feldkulturen sind wohlorganisiert ineinander gefügt – jetzt aber mit dem Ziel, dauerhaft in möglichst schön empfundener Umgebung alles Nötige reichlich zu produzieren. Sie sind dauerfruchtbar und erosionssicher. Entstanden aus den Bedürfnissen und Erfahrungen vieler Generationen, hervorragend angepaßt an die ökologischen Potenziale – man findet, leider eher relikthaft, diese wunderbaren Systeme in allen tropischen Regionen. Sie haben uns auch heute noch vieles zu sagen: Ein eigenes Kapitel sei ihnen gewidmet.

3.7. Die Permakultur

Diese ist ein in Australien entstandener Versuch, die Ideen des Biolandbaus und seiner Haltung zur Natur mit Landschaftsgestaltung zu verbinden und dabei viele traditionelle Erfahrungen aus aller Welt mit in Betracht zu ziehen. Der Primat reinen Gewinnstrebens als Lebensziel wird abgelehnt. Wichtig: Soll ein Betrieb neu gestaltet werden, so geht ein gartenarchitektonischer bildhafter Systementwurf voraus – und das entstehende Permakulturgebiet erkennt man an seinem Bilde! Würde man von den verschiedenen Richtungen des Biolandbaus die Ideen der Permakultur stärker mit einbeziehen, könnte das zu einer guten Steigerung der Attraktivität führen. Ein besonders lebendiges Beispiel: Sepp Holzer (2002).

3.8 Der Biolandbau

Er unterscheidet sich von der Mehrzahl sogenannter ‚konventioneller' Betriebe und Betriebsformen durch seine normative Haltung, aus der eine Reihe von Richtlinien und Methoden sowie Verboten folgt. Diese Haltung führt zum Vorwurf der Unsachlichkeit und mangelnder wirtschaftlicher Konsequenz von Seiten der immer noch vorherrschenden Meinung der Agrarwissenschaften und der Agrarpolitik, trotz der Bemühungen um eine Agrarwende! Leider sieht von außen ein Biohof kaum anders aus als ein konventioneller – er präsentiert sich ja zunächst argumentativ und methodisch, aber nicht direkt bildhaft.

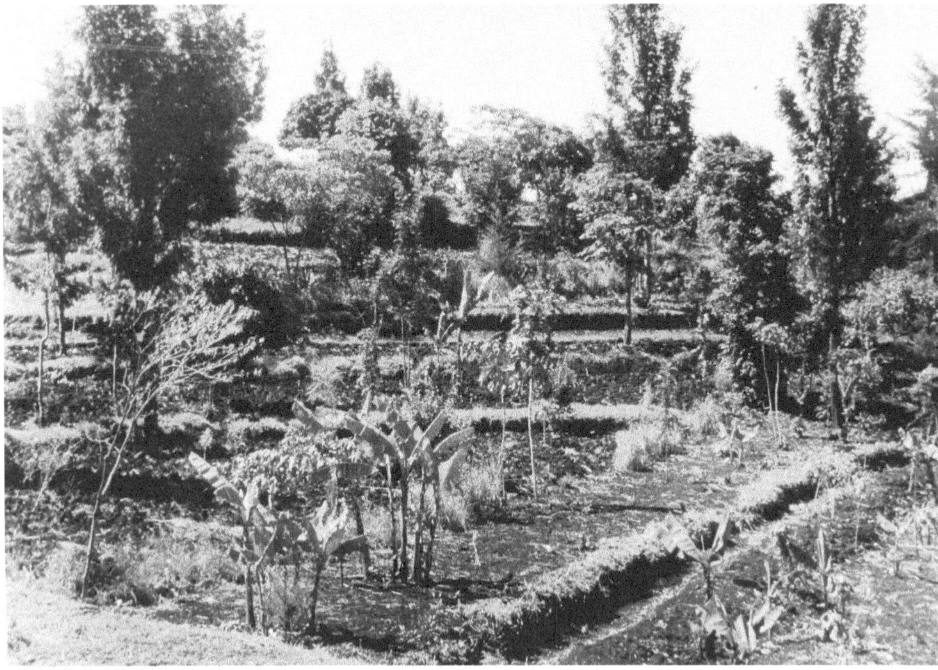

Abb. 1: Agroforstanbau der Kikuyu, Trockenzeit - auch ohne Feldfrüchte grüne Landschaft!

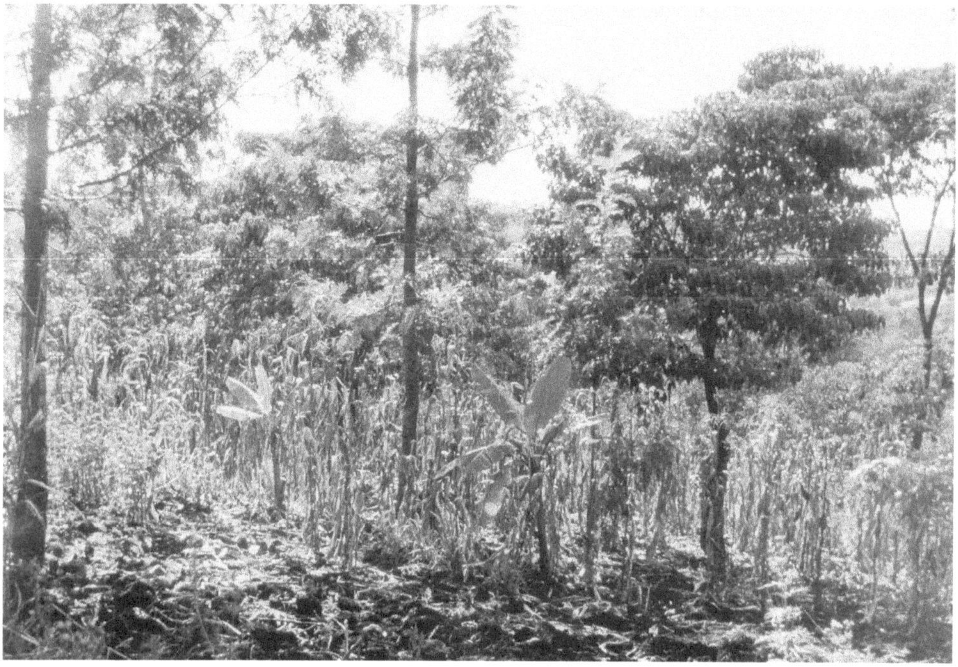

Abb. 2: Das gleiche Feld, Detail während der Ernte der Feldfrüchte Mais und Süßkartoffel. Der Mais füllt noch den Platz unter den Bäumen.

3.9 Konventionelle Landwirtschaft

Hierunter sind alle Agrarunternehmen zu verstehen, deren Betriebsführung sich aus der Nutzung aller technischen Hilfsangebote unter strengem Nutzenkalkül ergibt. Wir erleben heute die Fragwürdigkeit dieses Kalküls, insbesondere ist zu fragen, ob es wirklich rational ist. Aus vielen guten Gründen wäre eine Annäherung der gängigen Landwirtschaft an die Methodenauswahl des Biolandbaus wünschenswert!

3.10 Raubwirtschaft: Papierverschleiß!

Dieser Teil des menschlichen Verhaltens hat archaisch-alte, naturbürtige Wurzeln im Sinne von ‚unkultiviert'. Der heutige Exzeß liegt aber jenseits sozialer Vernunft und urtümlicher Unschuld. Heute sind die Verbrennung fossiler Energie und die Zerstörung der Urwälder Hauptursachen der Klimagefährdung.

4. Das Gefüge der Stufen – gefugt oder aus den Fugen?

Man könnte nun meinen, die Stufen stünden einfach nebeneinander und ein jeder hätte es je nach Neigung und Beruf mit der einen oder anderen zu tun: Einer ist Mönch in einem Kloster Sri Lankas und hütet einen heiligen Ficus; ein anderer ist Historiker und sammelt Schriften über Baumsymbole im alten Ägypten; jemand ist im Naturschutz tätig und versucht, den Schutz eines Waldgebietes zu erreichen; schließlich versucht eine Bauernfamilie, uns mehr oder weniger gesunde Nahrung zu beschaffen, während der letzte gerade in eine Papierfabrik investiert, die nutzlos im tropischen Regenwald herumstehende Bäume endlich in Wert setzen soll. Für ein ausgewogenes Verhältnis im Nebeneinander könnte ja die Umweltpolitik sorgen!

Unser Interesse verdienen die Beziehungen der Stufen untereinander, denn was bei 4 bis 10 geschieht, wandelt sich im Laufe der Zeit beträchtlich und aktuell nicht zum Guten. Und was hat es mit 1 bis 3 auf sich? Offenbar hängt von diesen Stufen das praktische Verhalten bei 4 bis 10 ab. Je nachdem, was in den Menschen an bindenden Bildern lebendig ist – und dies ändert sich ebenfalls – werden sich Verhaltensweisen in der Praxis gestalten. Insbesondere 1 und 2 sind die Träger der wirkenden Symbole der ‚Leitkultur', nur über sie werden die ‚unteren' Ebenen kulturell gesteuert und geregelt. Wenn nun aber für den Naturbezug relevante Bilder kraftlos geworden und verdrängt sind, oder die Religionen sie nicht mehr pflegen oder sie sogar gegen die Natur auslegen (Dominium terrae!), dann verläßt der Naturumgang die kultivierte Ebene und ‚verwildert'. Der Schritt zur Naturausbeutung ist nicht mehr zu bremsen, er kann vollends über das Ziel rein ökonomischer Sachlichkeit hinausschießen, es gibt keine Quelle für politischen Gegenwillen. So kann eine Haltung zynisch aggressiver Eroberung Platz greifen, die im Prinzip bereits seit Roger Bacon (II.) programmatisch formuliert ist und zunehmend praktiziert wird. Sie ist dabei, die Grundlagen für eine lebensfreundliche, attraktive Zukunft zu zerstören!

Wahrscheinlich ist der Vorwurf, moderne neoliberale Globalisierung führe dies herbei, töte die staatlichen Regulierungen und öffne so der Naturzerstörung die Tür, falsch herum angesetzt: Erst der Tod der leitenden Bilder hat vermutlich die destruktiven Geister herbeigerufen. Wenn dies aber so ist, dann kommt den im Menschen wirksamen Leitbildern eine hohe Bedeutung zu. Woher kommen sie? Warum verblassen sie? Wie belebt man sie? Kann man sie überhaupt willentlich erzeugen? Denken wir an die ökologische Pädagogik! Und an die verzweifelte Suche nach Argumenten in Natur- und Umweltschutz!

Spiel und Ernst – ein Betrachtung zu I.

Wenn Erwachsene handeln, sind Spiel und Ernst miteinander vermengt. Manche handeln nur ernst und sachrational – homo faber! Andere halten es lieber mit dem Spiel – homo ludens! Was aber, wenn das Spiel im Ernst gefährlich wird – wer erinnert dann an

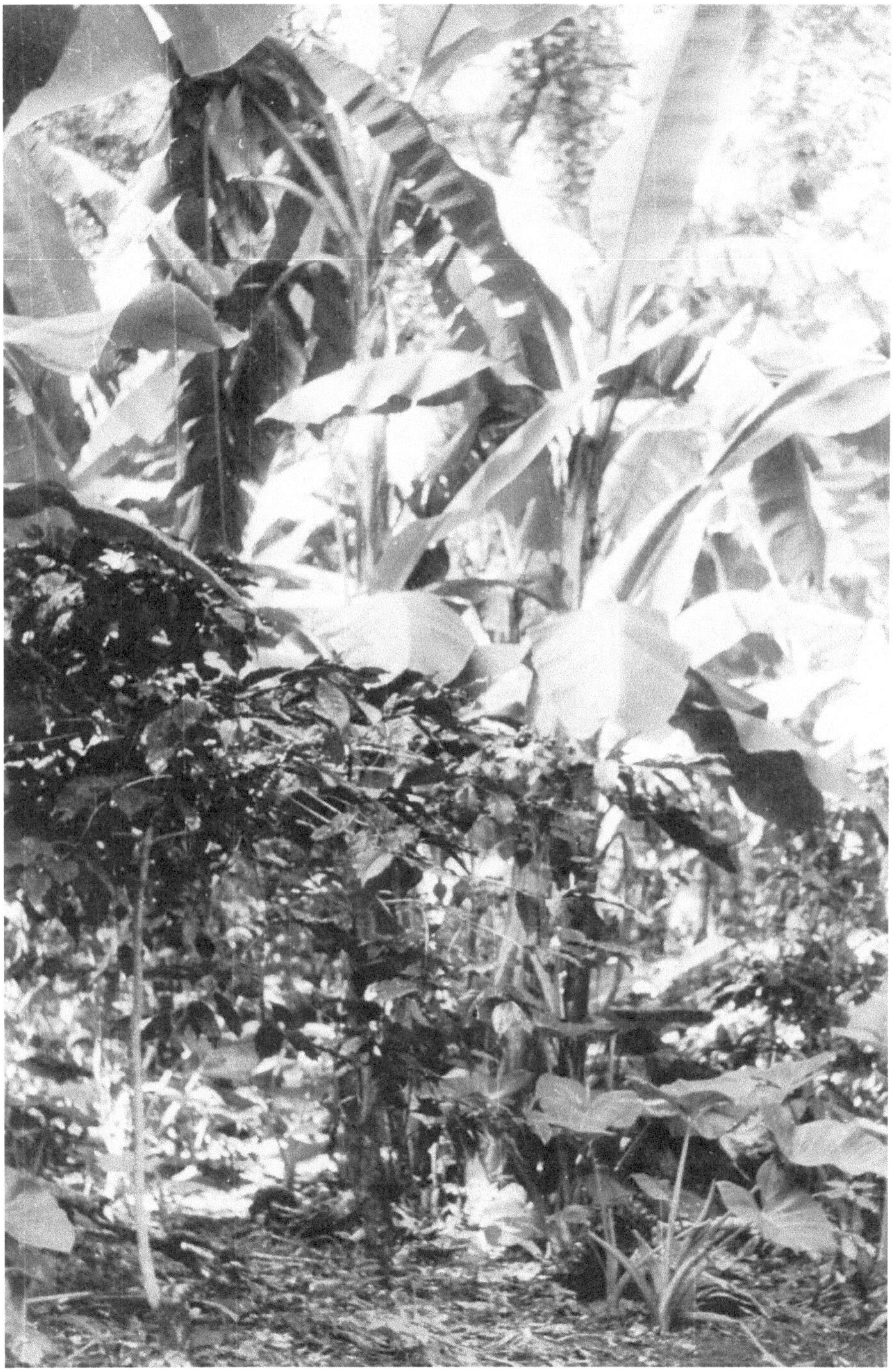

Abb. 3: Das berühmte Agroforstsystem der Chagga am Kilimanjaro, auch bekannt als ‚mehrstufiger Anbau': Feldfrüchte, Kaffee, Bananen und mehrere Baumarten erzeugen ein fast waldartiges Landschaftsbild.

die Spielregeln, wer ergänzt sie notfalls? Was, wenn die ‚global players', die lustvollen Deregulierer, die dabei sind, alles kaputt zu machen, in Wahrheit Spielverderber sind? Könnten nicht die Religionen mit ihrer Verbindlichkeit helfen – doch was, wenn gerade sie bezüglich diesseitiger Anliegen Leitbildlücken aufweisen?

Wohlgemerkt, das Spiel ist aus, wenn die beiden großen Wandlungen – die erste, die Totes in Lebendiges steigert: CO_2 und Wasser – in Brot und Wein; danach die zweite, die daraus beseeltes Fleisch und Blut werden läßt, in ihrem Fortgang gestört werden. Es geht um zwei Konversionen, ja Transsubstantiationen des Elementaren – oder in Worten der Ökologie: die ‚Fulgurationen', das Entstehen der Primärproduzenten aus Anorganischem und des zweiten Niveaus bis zu den Tieren und zum Geist und Kultur schaffenden Menschen. Die Entfaltung und Erhaltung dieser ‚Syntropiedimensionen' könnte erlöschen!

II. Agroforstkultur – eine ideale Humanisierung der Natur

1. Gestalt und Wesen von Agroforstsystemen

Die ‚Gestalt' dieser Lebensgemeinschaft von Mensch und Natur kann am bestem durch das Bild wirken. Eine solche reiche Vegetation überzeugt sofort, daß hier ein gegen Unbilden von Wetter und Klima gut abgepuffertes System entstanden ist. Auch diese Strukturen sind nicht ursprünglich, sondern haben sich aus echt primitiven und gar nicht so guten, eher dem Raubbau zu vergleichenden (z.B. Brandrodung mit Wanderfeldwirtschaft), als hohe Kultur entwickelt. Ein Bild des Agroforstsystems der *Chagga* am Kilimanjaro übertrifft dabei noch das Beispiel der *Kikuyu*.

Ohne ins Einzelne einzutreten, spürt man: Hier besteht wohlüberlegte und gelenkte Komplexität. Die Vielfalt ist direkt sichtbar, doch muß man bedenken: Zu den Kulturpflanzen gesellen sich spontan Wildpflanzen, dazu und zu den Nutztieren eine hohe Zahl spontan erscheinender Wildtiere – allen voran Insekten und Vögel. Alles zusammen aber sichert eine langfristige Stabilität des Systems und seiner Fruchtbarkeit.

Will man ein wenig abstrahieren, so kann man sagen: Hier steht das Prinzip der produktiv geordneten Vielfalt mit hohen Eigenleistungen gegen das bei uns dominierende Prinzip der technisch erzwungenen Einfachheit (Monokultur!), die mit hohem Außenaufwand künstlich erhalten wird.[4]

Beseelt von dem Gedanken, unseren Biolandbau auch in den Tropen als Ausgang von Projekten ins Spiel zu bringen, war ich beim Anblick autochthoner Agroforstsysteme sehr betroffen und kleinlaut. Was mir hier begegnete, übertraf doch schon im Ansatz grundsätzlich die kühnsten Träume unserer Ökolandwirtschaft! Diese Erkenntnis wurde auch vielen Kollegen der landwirtschaftlichen Entwicklung Anfang der 70iger Jahre klar – so konnten daraus wirklich gute Programme werden, unsere unter dem Stichwort ‚Fortschritt mit der Vergangenheit'. Diesen war zuerst guter, dann aber stockender Erfolg beschieden. Auch heute noch setzen sie sich nur zögernd gegen den ‚modernen'

Haupttrend durch. Was bremst die Entwicklung? Dazu einige persönliche Erlebnisse, die einen Hinweis geben können, wie sich Argumente und dahinter liegende Motive unterscheiden können.

2. Zustimmung und Widerspruch

Die ersten Anlagen fanden enormes Interesse, weckten aber mit einer gewissen Zeitverzögerung auch kritischen Einspruch. Drei Anmerkungen seien zitiert, dazu eine vierte, die unsere Arbeit nicht direkt betrifft, aber dazu paßt:

Bei einer Veranstaltung von ‚Brot für die Welt', bei der ich von unseren AF-Modellen wohl mit spürbarer Begeisterung berichtete, meinte ein Landesbischof: „Ganz beeindruckend, nur muß ich warnen – es darf zu keiner neuen Naturvergottung führen!"

Ein das Projekt begutachtender Kollege meinte: „Und wenn es selbst ökonomisch rentabler wäre als herkömmliche Kulturmethoden, das kann ich nicht akzeptieren: Das ist keine Landwirtschaft, sondern ein Ökodschungel!" Sehen Sie dazu das Bild „Unsere Kopie der Tradition"![5]

Ein anderer Kollege (Ökologe) warnte gar vor einer unbedachten Einlassung auf die Agroforstwirtschaft, sei sie doch ein Rückfall hinter unsere Kulturerrungenschaft der klaren Trennung von Wald, Obst, Wiese und Feldkultur (plus Garten). Natürlich ist da Richtiges, Schönes (Landschaft!) sogar angesprochen, wenn sich die Trennung als hinreichend kleingliedriges Mosaik darbietet – das wäre sogar als eine Art Agroforstwirtschaft grade noch interpretierbar, als an unser Klima angepaßt, aber die Tendenz geht leider zu riesigen Einheitsflächen, dann gibt es keine Wechselwirkung zwischen den Teilen.

Die vierte Bemerkung schließlich: Ein junger Stipendiat berichtet über seine Studienreise zum italienischen modernisierten Weinbau – und erschrickt, wie er auf einem Bild mitten drin plötzlich einen Baum gewahrt. „Oh, da ist ja noch ein Baum – der stört! Aber ... der läßt sich ja noch beseitigen!"

Spiel und Ernst – eine Betrachtung zu II.

Die Beispiele des Widerspruches zeigen: Die ernste Rationalität der ökonomischen Argumente, unbeschadet ihrer grundsätzlichen Fragwürdigkeit, ist vordergründig. Hinter ihr verbergen sich ganz und gar nicht selbst rationale Leitbilder und diese bestimmende Motive. Beim Kollegen heißt es Kulturerrungenschaft, beim Landwirt einfache Ordnung und das Aussehen der Beherrschbarkeit. Herrschaft über die Natur als Grundmotiv! Vollends beim Stipendiaten wird die völlig irrationale und verinnerlichte Wirkung eines Leitbildes deutlich, das keine nicht intendierten Elemente in der agrartechnischen Gestaltung duldet! Begegnen wir den heimlichen rudimentären ‚Werten' der vermeintlich ‚wertneutralen' Wissenschaft und ihrer technischen ‚Verwertungsgesellschaft'? Wie tief reicht das in unsere Seelenlandschaft? Dort soll die Spur des Baumes uns weiterführen. Aus diesem Hintergrund scheinen die Kräfte zu kommen, die eine ökologische Naturbesinnung entweder fördern oder aber zu verhindern suchen.

III. Der Baum in der Seelenlandschaft

1. Bäume im Reigen von ‚Innen' und ‚Außen'

Es hat sich also gezeigt: Argumente sind zweitrangig, Motive im Hintergrund lenken das Verhalten in erster Linie. Motive aber sind unsere ‚innere Angelegenheit' und damit oft verdeckt. Die ‚Durchforstung' unserer Psyche nach Formen dortiger Baumrepräsentanz kann vielleicht helfen, die Beteiligung der Seelenfunktionen an unserem Naturzugang und damit diesen selbst besser zu verstehen.

In den Zengärten, die der Meditation dienen, finden wir Bäume als Elemente. Der weiße Kies und seine sorgfältig gezogenen parallelen Furchen bieten eine freie Matrix, in der Raseninseln, darin Steine und Büsche und schließlich Bäume erscheinen. Der Hintergrund kann in einen zunächst ausdrucksvoll gestalteten, dann aber sich urwaldhaft in der Weite verlierenden Baumbestand übergehen. Ruhendes und fließendes Wasser kann einbezogen sein. Natur ist so inszeniert, daß sie den Weg ins Innere leiten kann.

Ein Ziel der Meditation ist es nun, durch Stufen korrespondierender innerer Bildwelten hindurch sich der darunter, im Innern nach allen Bildern bleibenden Leere zu vergewissern.

Das aber nicht, um dort zu bleiben, sondern um danach bei der Rückkehr der neu erscheinenden Bilder und Dinge ganz unmittelbar und tief gewahr zu werden. Dies kann so intensiv sein, daß es als ‚Erleuchtung' erfaßt wird. In den ‚minimalistischen' Zenbilddarstellungen kann man das nachfühlen: Wenig ist dargestellt – um auf das Leer-Gelassene hinzuführen. Bäume, Sträucher und Zweige sind häufig Motive.

Nun zielt unser Interesse aber gerade auf die kreative Bilderfülle vor der meditativen Leere – der Weg ist wieder einmal das Ziel! Unsere Vermutung ist ja: Die inneren Bilder und unser Bezug zu ihnen wirken wesentlich dabei mit, unseren Umgang mit den äußeren Erscheinungen, ja schon die Wahrnehmung der „realen" Dinge zu bestimmen. Ebenso gilt vermutlich die Umkehr: Innere Bilder können eine Antwort unserer Seele auf ‚reale' Erlebnisse und Ereignisse sein, Stellungnahmen gewissermaßen, auf die wir mehr hören sollten.

Welche Bilder kommen nun aus unserer kreativen inneren, ‚vor-bildlichen' Leere? Baum, Baumgruppen, Wald sind darin mannigfaltig vertreten. Ihnen stehen aber andere Bilder gleichrangig zur Seite: die Höhle, der tiefe Keller, der hohe Berg (Einsiedler), tiefer See, Quellen, Bergbach. Dann können Tiere und Personen erscheinen und in Dramaturgien agieren – bis hin zu mystischen Erlebnissen, Offenbarungen, Visionen ...

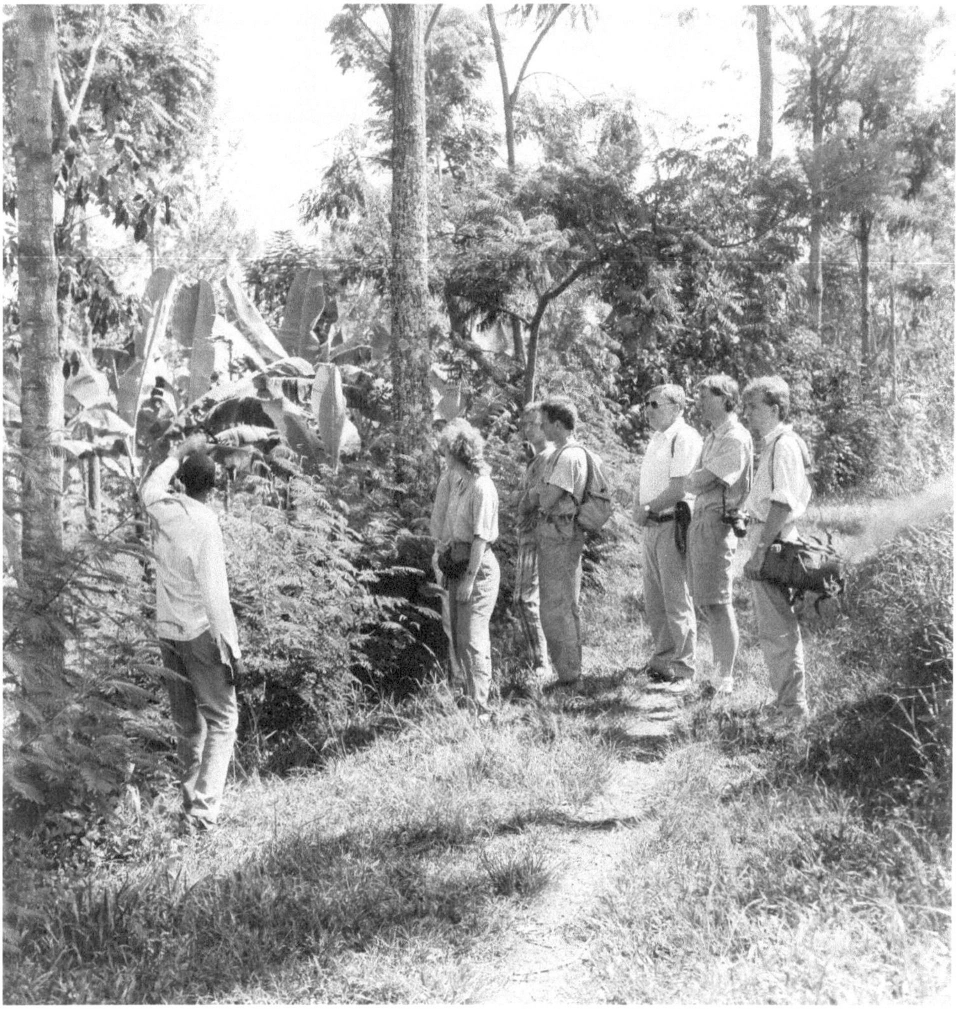

Abb. 4: Eine ,Kopie' der Tradition: ,Neues' Agroforstsystem in Rwanda. So sieht es im „PAP" Nyabisindu, GTZ, und im Projekt „PIASP" in Mugusa aus; dort war Projektträger das Land Baden-Württemberg (siehe Egger, 1993 und 1995). Viele Bauern haben an der Entwicklung mitgewirkt und das Modell auch selbst übernommen.

Wo finden wir diese Bilder? Wir wissen heute, daß uns die Innenbilder objektiviert in der ,geäußerten' Form der Dichtung, der darstellenden Kunst, in Mythos, Religion und Märchen in Fülle begegnen – bis hin zu sehr persönlichen Bildern, die aus psychotherapeutischer Praxis mitgeteilt werden. Diese Bilderwelt liegt zwischen den realen Außenphänomenen und der unmittelbaren Innerlichkeit – hier finden wir wohl auch einen Quellgrund für bedeutungsvolle Symbolbildung.

Wie finden wir zu unseren eigenen Bilderstimmen? Bildbezogene Vertiefung, Imagination, Traum, Meditationen, Schulungswege, autogenes Training sind bekannte und wohl zuwenig gepflegte Wege – wer ist schon geübt im Beobachten seiner Träume?

Führung durch Innenbilder – eigene oder vermittelt erlebte – betrifft nun den praktischen Umgang mit Landschaft und Natur wie auch den mit subtilen Bereichen von Kultur und Zwischenmenschlichkeit. Geschieht das reiche Spiel von Wechselwirkung, Projektion, Betroffensein, Bewertung, Resonanz für uns einfach passiv, halb oder ganz unbewußt – oder können wir dabei selber gewissermaßen zusehen und mitwirken? Könnte es nicht so etwas geben wie eine bewußte ‚Kultur' der Innenbilder – und durch sie eine ‚bedeutungsvollere' Wahrnehmung der äußeren Dinge, kurz eine ‚kultiviertere' Beziehung zu ihnen?

2. Formale archaische Strukturen: Mandala und Seelenkreis

Eine ganz andere symbolnahe Zeichengruppe schiebt sich nun zwischen die Natur-Innenbilder und die tiefste innere Leere. Es sind die geometrischen Formen von Kreis, Quadrat und anderen Polygonen. Hildegard von Bingen schaut in ihren Visionen oft kosmische Kreise; wir kennen das tibetische Mandala, bei dem ein Quadrat dem Kreis eingeschrieben wird, und seine Entsprechung in Traumbildern. Es gibt aber auch andere Grundformen wie das Dreieck, die verzweigte Achse, oder das Eneagramm. Nicht zu vergessen das komplexe Ursymbol der Komplementarität von Yin und Yang mit seiner vierfachen Dynamik.

Das Beispiel des indianischen Medizinrades führt uns ebenfalls auf eine Kreisstruktur, hier mit definierten Koordinaten von oben – unten, links – rechts, in die sich nun vielfältige, aber nicht beliebig zu plazierende Assoziationen eintragen lassen, denn die Koordinaten weisen auf bestimmte seelische Bedeutungen. Das gleiche gilt auch für das Mandala und andere Polygone oder Achsenkreuze. Es gibt so etwas wie Präsymbole, noch bedeutungsfreie Matrizen, die sich aber in der Traumarbeit oder bei freier Assoziation im Betrachten mit Symbolgehalten oder bestimmten Bedeutungen verbinden können. Damit kann man solche Matrizen zum Überdenken komplexer Problemfelder, in Erziehung, Betreuung, sozialen Konflikten, individuellen Situationen, als fast meditatives ‚Werkzeug' benutzen. Dazu gehört auch ein Neunermandala aus Südindien, von dem R. Högger (2002) berichtet. Diese archaischen Elementarformen sind so etwas wie eine vorgegebene Grammatik für die Organisation und Assoziation der eigentlichen konkreten Bilder und zwischen ihnen bestehender Bezüge und Verknüpfungen, derer man sich auch praktisch bedienen sollte! An die Stelle tatsächlicher Bilder können dann auch Zeichen oder Worte treten, wie etwa im Grundbild des I Ging mit acht zum Kreis angeordneten Basiszeichen, die sich je komplementär gegenüberstehen.

Das gilt auch für den Kreis der seelischen Grundfunktionen nach C.G. Jung, dem wir uns nun zuwenden wollen. Weil so leichter darzustellen, wird der Kreis aber als Rechteck vorgelegt. Mit dieser Darstellungsform ist aber keine abweichende Aussage verbunden.

An dieser Stelle darf ich nochmals festhalten: Im Folgenden geht es nicht um wissenschaftliche Forschung, sondern um die Erzählung meines persönlichen Benutzens einer wissenschaftlich gut fundierten Vorlage – eben des Funktionenkreises – in relativ unbekümmerter Freiheit des Variierens, Assoziierens und Intuierens. In die ‚Spielregeln' dieses Vorgehens sei mit einigen Beispielen eingeführt, um dann erst zum eigentlichen Anliegen der Einfügung des Baumes in den Kreis zu kommen.

3. Mein Umgang mit dem Funktionenkreis

Zunächst sei der Kreis vorgestellt. Vier Grundfunktionen unterscheidet C.G. Jung: Denken, Intuieren, Fühlen und Empfinden. Setzen wir für Empfinden sinngleich Wahrnehmen und denken uns alle vier in einem Kreis angeordnet, den wir zwar beliebig drehen dürften, nicht jedoch die Reihenfolge verändern. Dann gilt: Jeder Dialog zwischen ‚Innen' und ‚Außen' geht über das Medium der Grundfunktionen, ob über das Bewußtsein oder das Unterbewußte, und spielt zwischen Fakten und Innen-Hintergrund. Denken und Fühlen stehen sich komplementär gegenüber, das gleiche gilt für Intuieren und Wahrnehmen. Beide Paare sind aber zueinander nicht fremd, vielmehr bestehen im Umgang des Kreises kontinuierliche Übergänge, wie in den ‚Ecken' verbindend angedeutet, auch das auf dem Kreis zu denken. Es liegt also eine doppelte Komplementarität und ein umlaufendes Kontinuum vor – komplementär ist nun im Grunde immer, was sich gegenüber liegt.

Sachliches Denken	**Denken**	Intuitives Denken
Wahrnehmen	‚Z'	**Intuieren**
Mitfühlendes Wahrnehmen	**Fühlen**	Intuitives Fühlen

Nun könnte man der Frage nachspüren, wie man wohl die vier Elemente in die Nähe der vier Funktionen rücken möchte, oder die vier Temperamente! Eine andere Beziehung ist besonders spannend, weil sie in die Schwebe zwischen innen und außen, subjektiv und objektiv führt: Der Farbenkreis! Auch hier stehen sich vier Grundfarben komplementär gegenüber, schließen sich aber zum kontinuierlichen Kreis, auf dem nun jede beliebige Farbe zur gegenüberliegenden komplementär ist! Das Farberlebnis und der Kreisschluß zwischen rot und blau (die Purpurtöne) sind subjektive psychische Leistungen, die aber objektiv mit den Wellenlängen der Lichtstrahlen zwar mehrdeutig, aber nicht aktuell willkürlich verknüpft sind.

Mancher Leser wird das Buch „Die vier Grundformen der Angst“ von Riemann kennen. Vier hauptsächliche Ängste werden dort genannt – Angst vor (1) Nähe, vor (2) Verlassenheit, vor (3) Starrheit, vor (4) Spontaneität. Sie werden psychischen Krankheitsformen zugeordnet, der Schizophrenie, der Depression, der Hysterie und der Zwanghaftigkeit. Stellt man diese vier neben den Funktionenkreis, so ist die Zuordnung unmittelbar klar:

	Angst vor Nähe Individualität ***Denken*** **Schizoid**	
Angst vor Spontaneität Stabilität ***Wahrnehmen*** **Zwanghaft**	(Z)	*Angst vor Starrheit* Wandel ***Intuieren*** **Hysterisch**
	Depressiv ***Fühlen*** Zugehörigkeit *Angst vor Verlassenheit*	

Ein weiteres Bei-‚Spiel‘ ergibt sich, wenn man die von Verbeek als ‚tödliche Trias‘ bezeichnete unglückliche Kombination dreier Haltungen: dem Streben einiger nach Dominanz und Macht um jeden Preis, der Bereitschaft einer Mehrheit, sich trotz innerer Bedenken unterzuordnen, und über allem die Bereitschaft, sich unrealistische Illusionen zu machen, daß es so weitergehen könne, nachvollzieht.

Selektive Wahrnehmung	**Dominanzverhalten** *(Planung)*	***Zwecksichernde Werbung***
Wahrnehmung *(Prognose)*		**Illusionsfähigkeit** *(Utopie)*
Resignative Hinnahme	**Unterordnung** *(Vorahnung)*	***Nischenidyllen Angstverdrängung***

Was sagt diese Trias aus? Ist kalte Macht nicht in der Nähe schizoiden Denkens? Illusion eine negative Form der Intuition? Schließlich unglückliche Unterordnung nicht in Nähe der depressiven, resignativen Form des Fühlens? Wieder liegt die Verknüpfung mit dem Kreis nach Jung nahe – es springt klar ins Auge: Krank ist die Funktion des objektiven Wahrnehmens! Damit läßt sich ein Ausweg aus der tödlichen Falle andeuten, wie ihn auch Verbeek sieht: Er hängt mit dem Mut zur Wahrnehmung, gefolgt von Konsequenzen im Handeln, zusammen. Zwischen den vier Grundaspekten stehen Stichworte zum falschen Agieren der Grundfunktionen, Werbung steht dabei gleichbedeutend mit Täuschung.

Im Zugang auf Zukunft unterscheidet man drei Kategorien: die Planung, die Prognose und das freie Szenario – die Utopie. Worin unterscheiden sie sich? Sind Sie nicht wieder Kinder der Denkfunktion, des sachanalytischen Wahrnehmens und der phantasievollen Intuition? Müßte es also nicht vier Vorwegnahmen der Zukunft geben? Beim Betrachen des Grundkreises sieht man leicht: Es fehlt die dem Fühlen zugeordnete – die Ahnung.

Zahllose Assoziationsübungen heuristischer Art lassen sich so durchspielen, sie sind jetzt nicht das Thema. Wichtig ist noch: Die Assoziationen bewegen sich frei zwischen Innerindividuellem, Zwischenmenschlichem und allem Objektivem, sind aber immer bedeutungsvoll.[6]

4. Vier Weisen des Baumes, im symbolischen Kreis zu erscheinen

Nun können wir auch wieder zu unserem Thema ‚Baum' zurückfinden: Bedenken wir, daß uns Bäume symbolisch, abgebildet oder real als Einzelbäume, als Nutzpflanzen in Park und Garten, als Wald und als Anordnungen heiliger Haine begegnen, so ergibt sich eine ausdrucksstarke Einfügung in den Funktionenkreis, die ihrerseits zu assoziativen Variationen verlockt und viele im Grunde bekannte Bezüge sehr bildhaft macht:

Kultivierung Ausbeutung	Identität ***Baum*** (figural-Denken)	Züchtung Inszenierung
Lebensraum ***Garten*** (material-Wahrnehmen)	*(Bewußtsein)*	Kultraum ***Hain*** (ideal-Intuieren)
Gezähmte Natur Eindringende N.	(medial-Fühlen) ***Wald*** „Urtiefe"	Geheiligte Natur Naturreservat

Auch läßt sich nun versuchen, diesen Kreis mit der linearen Listung der Naturzugänge in der zu Beginn gegebenen Tabelle zu vergleichen. Die dort implizierten Wertungen sind jetzt in den Kreis so verwoben, daß jede Zuwendung in positiven und negativen Aspekten erscheinen kann.

Baum, Garten, Hain und Wald sind nun gleichermaßen innerseelische Bezirke wie zugleich ihre realen Entsprechungen in Natur und Kultur. Der Baum weist auf Individuation und Identität in der figuralen Weise des Denkens, Hain, Baum und Garten repräsentieren gemeinsam das Urbild des Paradieses, was an den eindrucksvollen Beitrag von Marianne Beuchert „Gärten als Symbole menschlicher Sehnsucht“ (SYMBOLON, Bd. 15, 2002) erinnert. Der Wald ist der innere Ort, an dem sich aus der unbewußten Tiefe angeregte Wandlungen vollziehen. Der Hain ist Vorläufer aller Kulträume, der Tempel und Dome. Gute Pflanzenzüchtung schließlich ist ein kreatives Zusammenwirken von Kenntnis und Fantasie – und des klaren Planens.

Dem Zusammenspiel der Funktionen obliegt gutes und schlechtes Gelingen. Nun haben wir alle vier Funktionen in uns, aber in stets variierender Aktivierung. Starke Einseitigkeit führt zur Unterdrückung der gegenüberliegenden ‚schwachen‘ Funktion, die nun aus dem verborgenen destruktiv (als Schatten) agieren kann.

Ein letztes Bild soll vom Baum wieder zur ganzen Fülle zurückleiten und die Ambivalenzen andeuten. Von der Höhe des Ichs kreist der Blick – auch ins eigene Innere. Alle Worte scheiden dabei schärfer als eigentlich berechtigt – das Schicksal unserer Sprachgebundenheit. Wir haben es mit Übergängen und Überlagerungen zu tun, die ständig im Fluß sind – um deren Gestaltung wir uns aber bemühen können. Bei jedem Geschehen sind immer alle Funktionen beteiligt, aber es gibt starke Akzentuierungen und Dominanzen.

Was könnte es z. B. bedeuten, wenn aus dem Zeitgeist heraus die Funktionen des Denkens und Wahrnehmens stark zu Machtstreben und Ausbeutung verlockt und zudem noch dominant würden? Und wie kommt das zuvor in den Zeitgeist hinein? Wie reagieren die inferior gehaltenen Funktionen des Fühlens und Intuierens?

Naturgestaltung	**Kultur** *(Denken)*	Bergende Gemeinschaft
Naturzerstörung		Beherrschende G.
Natur *(Wahrnehmen)*	(Ich)	**Mitmensch(en)** *(Intuieren)*
Naturliebe Naturhaß	*(Fühlen)* **Seelentiefe**	Begehren, Liebe Feindschaft

Spiel und Ernst: Schlußbetrachtung zu III

Wenden wir die Bildvorlagen des Funktionenkreises auf die bedrückenden Zeitprobleme an, um deren seelische Anknüpfungen zu erahnen! Man könnte vermuten: Die führenden und gewissermaßen methodisch sachzwanghaften Wissenschaftler (der Natur und der Ökonomie) und die korrespondierend die Dingwelt erfassenden Techniker (homo faber!)

haben die Gestaltung der Neuzeit mitbestimmt. Hat nun ihr Erfolg mit dazu geführt, unsere seelischen Funktionen des Denkens und Wahrnehmens selektiv dominant zu machen, d. h. in unserer Weltgesellschaft dem Machtstreben und der Ausbeutung allzu hohes Ansehen zu verschaffen? Wenn ja, wo finden wir dann die unterdrückten Funktionen des Fühlens und Intuierens? Gar in dafür lehrbuchhaften negativen Formen (Schatten)? Man ist versucht, im Ruf nach immer mehr Wachstum und ständigen neuen Innovationen Aspekte von Machtrausch, Gier und Hysterie zu erkennen. Denn für wen bringt der Rausch denn immer mehr, wer sind aber die Verlierer? Das wird doch immer sichtbarer![7]

Könnte uns nicht eine Betrachtung der Zeitprobleme mit Blick auf die in ihnen spürbar werdenden Defizite guten Mitfühlens und kreativer Intuition und damit folgender Meditation über das eigene innere Gefüge der Funktionen helfen, motivierende Bilder aus der Tiefe zu locken, um uns neu zu orientieren? Die Zuwendung zur Natur und zum „Natürlichen" im Menschen wird sich dabei ändern![8]

Literaturnachweise

Abt, T.: „*Auf der Suche nach einem Dialog mit der Natur*", in: Gaia 1 (6) (1992), S. 318-332.

Beuchert, Marianne: „*Gärten als Symbole menschlicher Sehnsucht*", in: SYMBOLON. Jahrbuch der Gesellschaft für wissenschaftliche Symbolforschung. Neue Folge, Bd. 15, Frankfurt am Main 2002, S.121-129.

Egger, Kurt: „*Acht Jahre Modellprojekt ‚PIAS' in Rwanda – Projekt für agrosylvopastorale Intensivierung*", in: Heidelberger Jahrbücher XXXVII/1993.

Egger, Kurt: „*Evolution, Menschenbild und Umweltkrise*", in: H. Wehrt (Hrsg.): *Humanökologie*, Basel 1996, S. 155-189.

Egger, Kurt: „*Brot für die Welt und die Fülle des Lebens*", in: Arbeitsheft der 44. Aktion 2002/03 *Brot für die Welt*, Stuttgart 2002.

Egger, Kurt / Glaeser, Bernhard: „*Kritik der grünen Revolution*", in: Scheidewege 4 (4) (1974), S. 541-563.

Egger, Kurt / Korus, Uwe (Hrsg.): *Öko-Landbau in den Tropen*. (*Alternative Konzepte* der Stiftung Ökologie & Landbau, Bd. 86), Heidelberg 1995.

Högger, Ruedi: „*Understanding Livelihood Systems as Complex Wholes*", in: Rural Livelihood and Natural Resources, Zürich 2000.

Holzer, Sepp: *Der Agrarrebell*, Graz – Stuttgart 2002.

Jacobi, Jolande: *Die Psychologie von C.G. Jung*, Olten 1971.

Riemann, F.: *Grundformen der Angst.* Eine tiefenpsychologische Studie, München 1987.

Verbeek, Bernhard: *Die Anthropologie der Umweltzerstörung*, Darmstadt 1990.

Anmerkungen

1 Dazu Egger/Korus, 1995.
2 Dazu Jolande Jacobi, 1971.
3 Zum Vergleich: Sibylle Selbmann, *Der Baum*.
4 Dazu ausführlich: Agroforst als moderner Entwicklungspfad.
5 Zu diesen Programmen ausführlich bei Kurt Egger und Uwe Korus,1995.
6 Weitere Beispiele dazu in Egger, 1996.
7 Dazu Egger, 2002.
8 Dazu Abt, 1992.

DIRK HÜLST

Zeichen – Code – Symbol

Eine Begriffserklärung

Die Arbeitsgruppe hatte sich zur Aufgabe gestellt, das nicht einfach zu bestimmende Verhältnis von Zeichen und Symbol genauer zu fassen. Da hier offensichtlich keine ‚Wahrheit' im Sinn einer richtigen, logisch schlüssigen und einleuchtenden Begriffsbestimmung gefunden werden kann, erschien es zunächst sinnvoll, einige der unterschiedlichen Abgrenzungen und Modelle, die den Umgang mit dem Begriff Symbol, seinen Synonyma und Verwandtschaften entfernteren Grades verbessern helfen sollen, näher zu betrachten. Schnell wurde deutlich, daß – trotz zahlreicher Übereinstimmungen im Detail – sich aus den angebotenen Definitionsvorschlägen keine allgemeinverbindliche Fassung der verschiedenen relevanten Bedeutungselemente destillieren läßt. Allerdings konnten einige bedeutsame Aspekte festgehalten werden.

I. Zeichen lassen sich, wenn man keine belastenden Vorentscheidungen in die Definition einschließen will, am unverbindlichsten als Korrelation[1] zwischen Ausdruck und Inhalt (einem Signifikanten und einem Signifikat) bestimmen. Sie bilden (worauf Charles S. Peirce[2] eindrücklich verwiesen hat) den unlöslichen Bestandteil eines Prozesses, in dem etwas als Zeichen fungiert, der *Semiose* (Bedeutungsbildungsprozeß). Semiose geschieht im Zusammenwirken dreier Teilaspekte: Zeichen – Objekt – Interpretant (Verhaltensreaktion). Ihr Ergebnis (die Bedeutung eines Zeichens) entsteht in einem unauflöslichen, ganzheitlichen Geschehen das niemals – auch nicht für analytische Zwecke – auf Verhältnisse zwischen je zwei der genannten Aspekte reduziert werden sollte. Ein Zeichen einfach als Gegenstand aufzufassen, der etwas *bedeutet*, würde gerade die wesentlichen Vorgänge, die ein ‚Ding' zu einem Zeichen werden lassen, ignorieren. Was macht nun den Unterschied von Zeichen und Symbolen aus?

II. Ernst Cassirer[3] unterscheidet grundsätzlich zwischen Zeichen (Signalen) und Symbolen: Zeichen bewirken etwas und sind Teil des physischen Daseins. Symbole designieren etwas und sind Teile der sinnhaften Welt.

Susanne K. Langer[4] propagiert ein triadisches Zeichenverhältnis: Subjekt – Zeichen – Objekt und fügt zur Erläuterung von ‚Symbol' ein weiteres Element hinzu: Da Symbole die Vorstellung von Gegenständen transportieren und nicht den Gegenstand selbst, ergeben sich vier Bezugspunkte: Subjekt – Symbol – Begriff – Objekt.

Edmund Leach[5] schlägt eine Ordnung vor, in der ‚Index' als Oberbegriff erscheint und ‚Symbol' und ‚Zeichen' auf gleicher, zweiter Ebene als sich gegenüberstehende Unterklassen.

Am allerwichtigsten vielleicht: Eco rät nach eingehender Auseinandersetzung mit den grundlegenden Abgrenzungen und Kriterien der Semiologie, den Begriff ‚Symbol' überhaupt nicht im Sinne von ‚Zeichen' zu verwenden.[6]

Wir sahen: Wie sehr sich die Versuche, eine Ordnung in das terminologische Wirrwarr zu bringen auch unterscheiden mögen – *eine* Voraussetzung ist allen Ansätzen gemeinsam: Die mit ‚Symbol', ‚symbolisch' oder ‚Symbolisierung' benannten Prozesse bezeichnen verschiedenartige Formen einer mehr oder weniger expliziten, mehr oder weniger sozial verbindlichen und mehr oder weniger verständlichen Weise des *geistigen Austauschs* zwischen Menschen (vgl. Leach, 1978, S. 27). Insofern gehören sie zum Bereich der menschlichen Kommunikation[7] und es lag nahe, klärend einige Grundlagen der Kommunikationstheorie zu skizzieren.

III. Allgemein gesehen, werden drei Abschnitte von Kommunikationsprozessen unterschieden, in denen jeweils besondere und grundlegende Selektionen (Niklas Luhmann) vorgenommen werden: a) die menschliche Geistestätigkeit, die einem Objekt (wie z. B. einem Blatt Papier, einem Tontäfelchen, dem eigenen Körper, Wörtern, Kunstobjekten usw.) oder ausgewählten Aktivitäten (Tanz, Rede, Sport usw.) Bedeutungen zuordnet (*Codierung*); b) die Spuren, die auf der Oberfläche der Dinge hinterlassen werden beispielsweise durch Auswahl einer Mitteilungs*art* und durch vom Rezipienten zu entschlüsselnde Mitteilung (*Code*); c) die verstehende Aufnahme (*Decodierung*) der Eindrücke (Selektion und Zuordnung der dem ‚Geist' des Interpreten verfügbaren Bedeutungen).

Beachtet man diese Staffelung, dann wird klar, warum manche Bedeutungen von Zeichen und von Symbolen für uns unzugänglich bleiben oder erst nach längerer Forschungsarbeit verstanden (d. h. entschlüsselt) werden können: Wenn der diskursive Zusammenhang, der die Codierung kontrolliert oder motiviert hatte (die Deutungstradition), hinter dem Horizont der Geschichte entschwunden ist, wenn das kulturelle Band zwischen der Hervorbringung des bedeutenden Objekts und seiner Rezeption zerschnitten wurde (durch Zeit, Distanz, Differenz etc.), bleiben die Deutungsselektionen des Interpreten weitgehend willkürlich und das Verstehen des beim einstmals vorgenommenen Codieren gemeinten Sinns zufällig.

IV. Bis hierher vollzogen die TeilnehmerInnen an der AG die Rekonstruktion der theoretischen Überlegungen mit wohlwollendem Interesse – doch nun verlangten sie mit einiger Ungeduld Hinweise auf Verfahren zur Deutung konkreter Symbole. Zu diesem Zweck wurden die Unterscheidungen, die Alfred Schütz für den Zusammenhang der Symboldeutung nachgewiesen hat, vorgestellt und an Beispielen erprobt.

Schütz erläutert vier verschiedene Ebenen der Betrachtung eines Objekts, das als Symbol identifiziert werden kann, er nennt sie (in Anlehnung an Edmund Husserl) Appräsentations-Ordnungen.[8] Die erste Möglichkeit, das *Apperzeptionsschema*, eröffnet den Bereich der Gegenstände, zu dem der symbolisierende Gegenstand (das signans oder der Signifikant) gehört (z. B.: ‚Dieser Stoff ist ein Tuch'). Die zweite Möglichkeit, das *Appräsentationsschema*, beinhaltet und eröffnet den Bereich von Gegenständen, zu dem das signans (z. B.: ‚Fahne') gehört, wenn es als Stellvertreter für etwas anderes begriffen wird: ‚Dieses Tuch ist kein gewöhnlicher Fetzen Stoff, sondern eine Fahne als Element der Menge ‚symbolisierende Tücher''. Die dritte Möglichkeit, das *Verweisungsschema*, beinhaltet und eröffnet den Bereich von Gegenständen, dem das symbolisierte Objekt, das appräsentierte Glied des Paares (das *signatum*) zugehört: ‚Ehre', ‚Heimat' oder ‚Staat' als Bedeutung der betrachteten Fahne. Und schließlich, das Verhältnis zwischen dem Appräsentations- und dem Verweisungsschema regelnd, beschreibt das *Deutungsschema* (der Interpretationsrahmen) den Sinnbereich, innerhalb dessen die appräsentative Übertragung stattfindet. Die Fahne symbolisiert in einer Kampfsituation für ein Regiment die Zugehörigkeit zu seiner Nation und zu einer Reihe von generellen Werten, die den Sinn des Kampfes mitbegründen; auf dem Dach eines Palastes zeigt sie die Anwesenheit oder Abwesenheit des Regenten an. Die Situation wirkt gleichsam als semiotisches Kraftfeld auf die Bedeutung eines Symbols ein, woraus u. a. folgt, daß sich der Sinn eines Symbols mit seiner Umgebung verändern kann.

V. Fazit: Symbole fordern dazu heraus, vergangene Sinngebungen (Handlungs-Situationen und Deutungsschemata) zu aktualisieren und sich damit in ein Verhältnis zur Tradition zu setzen, – dieses Verhältnis ist es, das mehr oder weniger bewußt, gewollt, distanziert oder angemessen jede Deutung beeinflußt. Bisweilen schränkt die Kanonisierung eines gesellschaftlichen Diskurses die Deutungsmöglichkeiten (den Interpretationsrahmen nach Schütz) der Objekte derart ein, daß erst durch Dekonstruktion oder Dekomposition der Ordnung dieses Diskurses neuer Raum für unkonventionelle Interpretationen (Selektionen, die aus anderen Deutungsschemata stammen) geschaffen werden muß.

Zugleich und im Gegensatz dazu scheinen aber auch (im Apperzeptionsschema nach Schütz), wie es z. B. bei der Deutung von Kunstwerken geschieht, Neuinterpretationen der Bedeutungsträger von ihrer kontextfreien Materialität[9] angestoßen werden zu können; dann allerdings regiert die Evidenz der ästhetischen Überzeugungskraft des materiellen Symbolkörpers den Deutungsmodus – eine akzeptable dauerhafte Alternative zu den eingangs dargelegten semantischen Verstrickungen?

Anmerkungen

1 Umberto Eco: *Zeichen*. Einführung in einen Begriff und seine Geschichte, Frankfurt / M. 1981.

2 Charles S. Peirce: *Schriften II. Vom Pragmatismus zum Pragmatizismus*, hrsg. von Karl-Otto Apel, Frankfurt / M. 1970.

3 z.B. Ernst Cassirer: *Versuch über den Menschen*, Frankfurt / M. 1990.

4 Susanne K. Langer: *Philosophie auf neuem Wege*. Das Symbol im Denken, im Ritus und in der Kunst, Frankfurt / M. 1987.

5 Edmund R. Leach: *Kultur und Kommunikation*. Zur Logik symbolischer Zusammenhänge, Frankfurt / M. 1978.

6 Umberto Eco: *Semiotik und Philosophie der Sprache*, München 1985.

7 Kommunikation – ein Grundbegriff der modernen Systemtheorie und Soziologie – besteht in einem komplexen, systemischen Prozeß (s. vor allem Niklas Luhmann: *Soziale Systeme*. Grundriß einer allge-

meinen Theorie, Frankfurt / M. 1984), der sowohl verbale als auch eine Vielzahl nichtverbaler Komponenten enthält; nicht allein das Sprechen, sondern sämtliche menschliche Aktivitäten übermitteln Information – auch das Schweigen. Daher lautet das Grundaxiom der Kommunikationstheorie: Ein Mensch in einer sozialen Situation, in tatsächlicher oder gedachter Anwesenheit einer anderen Person, kann nicht ‚nicht kommunizieren'. Vgl. u.a. Paul Watzlawick / Janet H. Beavin / Don D. Jackson: *Menschliche Kommunikation*. Formen, Störungen, Paradoxien, Bern 1969.

8 Alfred Schütz: „*Symbol, Wirklichkeit und Gesellschaft*", in: ders.: *Gesammelte Aufsätze*. Bd. 1, Den Haag 1971, S. 331-411.

9 Vgl. Max Imdahl: *Giotto*. Arenafresken. Ikonographie, Ikonologie, Ikonik. (Theorie und Geschichte der Literatur und der schönen Künste, Bd. 60), München 1980.

STEFAN WIECZOREK

Ökologie im Spiel – Brettspiele als symbolische Lebenswelten

Workshop-Marginalie

Alltagswissen um ökologische Zusammenhänge wird für gewöhnlich nicht aus dem unmittelbaren Studium wissenschaftlicher Forschung erworben. Zwischen diese beiden Formen des Wissens treten Repräsentationen und Vermittlungsakte. Spiele werden gemeinhin als solche Instanzen angesehen. Im Workshop wurden Brettspiele als aktuelles kulturwissenschaftliches Forschungsfeld vorgestellt, wobei nach einer kurzen Einführung in die Spielforschung die analytische Arbeit an ausgewählten Exponaten im Mittelpunkt stand.

Der Workshop greift auf Erfahrungen mit einem Ausstellungsprojekt unter dem Titel „Die Umwelt aufs Spiel gesetzt" zurück, das vom Deutschen Spiele-Archiv in Zusammenarbeit mit dem Institut für Europäische Ethnologie der Universität Marburg realisiert wurde. Dank gebührt dem Deutschen Spiele-Archiv für die freundliche Bereitstellung der Archivarien für den Workshop.

1. Kleine Orientierung in der Spielforschung

Ihrem Gegenstand hat sich die Spielforschung in ihrer wissenschaftshistorischen Entwicklung mit sehr auseinanderdriftenden Fragestellungen genähert. Nicht von ungefähr ähnelt dieser Wandel den Transformationen des Symbolbegriffs. Die gleichen Paradigmenwechsel führten bei beiden zur kritischen Überprüfung der jeweiligen Wissenschaftspraxis, woraus ein geändertes Selbstverständnis und neue Blickrichtungen resultierten.

Dominierend war in der Spielforschung zunächst die Frage nach dem Wesen des Spiels, nach einer überhistorischen Definition, rückgekoppelt an anthropologische Konstanten.[1] Mit einer solchen Perspektive können aber keine tragfähigen Aussagen über moderne Brett- und Computerspiele gemacht werden. Sie erscheinen unter dieser Prämisse allenfalls als unzulängliche Realisierung der Idee ‚Spiel'. An die Stelle der Definition von Spiel und dessen Idealisierung treten in der interdisziplinären Forschung heute die Fragen nach den sozialen und kommunikativen Funktionen von Spielen. Die Auseinandersetzung um Bedeutung im Spiel, seine diskursive Stellung, soll kartographiert werden. Spielen wird zu einer symbolischen Handlung, Spiel zu einem Aushandlungsort von Kultur, wobei Kultur „ein historisch überliefertes System von Bedeutungen [bezeichnet], die in symbolischer Gestalt auftreten, ein System überkommener Vorstellungen, die sich in symbolischen Formen ausdrücken, ein System, mit dessen Hilfe die

Menschen ihr Wissen vom Leben und ihre Einstellungen zum Leben mitteilen, erhalten und weiterentwickeln."[2] Im Zuge dieser kulturwissenschaftlichen Neuorientierung wird das Brettspiel als Medium verstanden, als Vermittler von Botschaften und Inhalten.[3] Allerdings droht es dabei zum bloßen Transportmittel zu werden. Ein wesentliches Argument der zeitgenössischen Medienwissenschaft ist hingegen, daß Medien sich nicht neutral verhalten, sondern ihr zu Vermittelndes verändern, sogar erst konstruieren.

Ich möchte daher einen Schritt weiter gehen und anregen, Brettspiele als Apparate zu behandeln, also als spezielle Medien, die beispielsweise dem Computer näher sind als der Schrift oder traditionellen Bildern: „Die Technik als Werkzeug erspart Arbeit, die Technik als Apparat aber bringt künstliche Welten hervor, sie eröffnet Erfahrungen und ermöglicht Verfahren, die es ohne Apparaturen nicht etwa abgeschwächt, sondern überhaupt nicht gibt. Nicht Leistungssteigerung, sondern Welterzeugung ist der produktive Sinn von Medientechnologien."[4] Diese heuristische Perspektive zwingt dazu, den emphatischen Spielbegriff, in dem vor allem die freie Handlung, das ‚Als-ob' des Spiels, sein Platz außerhalb des gewöhnlichen Lebens und seine Zweckfreiheit betont wird, zugunsten eines analytischen Zugangs zu verwerfen. Gegen die Bezeichnung des Brettspiels als Apparat mag sprechen, daß Spiele häufig vortechnisch scheinen, sie auch mit einfachsten Mitteln selbst gebaut werden könnten. Mit der Technologie des Apparates ist hier aber nicht das Material gemeint, sondern sein Funktionieren: Würfel, Karten etc. simulieren in diesem Sinne technische Prozeduren, die Spielregel programmiert das Spiel.

2. Natur in Gefahr! Ein Brettspiel als kulturwissenschaftliche Quelle

Exemplarisch für die Ergebnisse des Workshops soll im Folgenden das Brettspiel *Natur in Gefahr! Unsere bedrohte Tierwelt* in bezug auf die Vermittlung zwischen Expertenwissen und Alltagswissen betrachtet werden. Das Spiel erschien im Verlag Hausser und wird explizit als „Original-Hausser-Lehrspiel" bezeichnet. Eine Datierung konnte auf dem Spielmaterial nicht nachgewiesen werden; aus Katalogen des Verlags ist aber zu entnehmen, daß es mindestens bis 1977 im Programm war. Das Geleitwort zitiert für das Jahr 1970 die Ereignisse, die das Entstehen einer geänderten Naturwahrnehmung signalisieren, so die Erklärung eines europäischen Naturschutzjahres und die Thematisierung des Naturschutzgedankens in der Regierungserklärung im Bundestag. Daten und Prognosen ergänzen diese Einführung. So werden für die Mitte der 70er Jahre bereits 200.000 Tote durch Luftverunreinigung vorausgesagt, im Jahr 2000 droht der Erstickungstod. Die Aufstellung ist mit Zahlen gesättigt, die kaum anschaulich zu machen sind, seien es 150 Milligramm DDT oder 5 Millionen Tonnen Schwefeldioxid. Damit ist die Dringlichkeit einer Bewußtseinsänderung im Text formuliert, das Spiel soll nun als Lernhilfe fungieren.

Natur in Gefahr! – als Apparat, der Erfahrungen öffnet, funktioniert im Kern folgendermaßen: Die Spieler müssen mit ihren Figuren eine bestimmte Wegstrecke (‚Wanderweg') zurücklegen, die Zugweite wird durch Würfeln bestimmt, auf eine Quizfrage am Ende des Zuges erfolgt bei Falschbeantwortung eine Sanktion in Form eines längeren Weges oder eines Ausschlusses für die nächste Runde. Das Apparatprogramm ist beendet, sobald ein Spieler das Ziel erreicht. Die Quizfragen lauten beispielsweise „Beim Besoarstein, einer 2 bis 3 cm großen Kugel, handelt es sich um von Harz verkittete Haare des Steinbocks. Wo findet man den Besoarstein? O Am Bauch O Im Darm (×) Im Magen."

Nun ist natürlich zu fragen, welche Wirklichkeitskonstruktion ein solcher Apparat leistet. Zwischen Paratexten und Spiel-Apparat bestehen eklatante Widersprüche. Der Spielablauf ist linear, während im Begleitheft bereits von Kreisläufen die Rede ist. Die Problemstellung der Naturzerstörung hat keinen Eingang gefunden. Das Wissen des Begleitheftes stammt aus Analysen, das Wissen, das im Spiel abgefragt wird, ist Jagdwissen. Der Spiel-Apparat funktioniert, er schafft – wie in der Definition gefordert – eine künstliche Welt, eröffnet Erfahrungen, die ohne ihn nicht zur Verfügung stünden. Allerdings ist seine spezifische Welterzeugung nicht wieder in den ökologischen Diskurs zu integrieren. Wir haben es hier mit einer Krise der Symbolisierung zu tun. Für das schriftlich vorliegende Umweltwissen besteht noch kein Spiel-Apparat, der es repräsentieren könnte. So entsteht eine Welt, in der – zugespitzt – Jagdwissen um Flora und Fauna die Welt vor dem drohenden Erstickungstod retten soll. Wäre Spiel nur ein Medium, so wäre dies vielleicht seine Botschaft. Als Apparat produziert es nicht intendierten Sinn, der aus dem Zusammentreffen von neuem Wissen und der Trägheit des Spiele-Apparates resultiert. Was man aus der kulturwissenschaftlichen Beschäftigung mit Brettspielen lernen kann, ist, daß Symbolisierung ein ausgesprochen fragiler Prozeß ist. Somit rückt nicht das Geronnene an Symbolen ins Blickfeld, sondern die Konstruktionsarbeit. Bei Brettspielen wird diese in Gang gehalten durch Feedbackschleifen zwischen Spielern und Apparat, die die jeweilige Aneignung der Repräsentation, aber auch den Innovationscharakter des Spiels artikulieren. Durch diese Feedbackschleifen ändern sich die symbolischen Welten, bis gegebenenfalls für einen Diskurszeitpunkt eine integrierbare Repräsentation entwickelt wird.[5] Als Beispiel dafür, wie ein solcher Spiele-Apparat für den ökologischen Diskurs aussehen könnte, sei hier kurz auf *Ökolopoly* (Ravensburger, 1983ff.) verwiesen.[6] *Ökolopoly* ist ein Brettspiel von Frederic Vester und „eröffnet Erfahrungen und ermöglicht Verfahren, die es ohne Apparaturen [...] überhaupt nicht gibt", da vernetzte Zusammenhänge zwischen Ökonomie, Ökologie, Bevölkerungswachstum und Ressourcenverbrauch erlebbar werden. Die ungebrochene Popularität des Spiels als didaktisches Mittel signalisiert gleichzeitig, daß der ökologische Diskurs, was seine Denkstrukturen (nicht seine Inhalte) betrifft, eine gewisse Stabilisierung erreicht hat, da der Spiel-Apparat keine Revision erfahren muß.

Anmerkungen

1 Zur Kritik an dieser universellen Fundamentierung des Forschungsfeldes vgl. Rainer Buland: „*Zur Grundlegung einer Spielforschung. Definitionen – Systematik – Methodologie*“, in: *Homo Ludens*. Der spielende Mensch. *Bd. 2*. Hrsg. von Günther Bauer, München und Salzburg 1992, S. 43-63.

2 Clifford Geertz: *Dichte Beschreibung*. Beiträge zum Verstehen kultureller Systeme, Frankfurt am Main 1999, S. 46. Der Kulturbegriff von Geertz wurde hier gewählt, da er eine breite interdisziplinäre Rezeption erfahren hat und einen Begriff des Symbolischen impliziert.

3 Vgl. Bernward Thole: „*Spiel im Medienzeitalter*“, in: fachdienst spiel, Jg. 1997, H. 4, S. 30-34.

4 Sybille Krämer: „*Das Medium als Spur und als Apparat*“, in: *Medien, Computer, Realität Wirklichkeitsvorstellungen und Neue Medien*. Hrsg. von Sybille Krämer, Frankfurt am Main 1998, S. 73-94 (Zitat: S. 85).

5 Komplexer wird das hier benutzte Modell dadurch, daß die Welterzeugung des Spiele-Apparates keineswegs mimetisch sein muß, sondern daß bei bestimmten Diskursen das Spiel gerade der Ort der Imagination, des Diskurs-Verstoßes oder der Kontingenzbewältigung sein kann.

6 Einen Überblick von Spielen mit ökologischen Themen gibt aus pädagogischer Sicht Bernward Thole: „*Brettspiele in der Umwelterziehung*“, in: *Umwelt-Bildung*. Spielend die Umwelt entdecken. Hrsg. von Johannes Wessel und Harald Gesing, Neuwied 1995, S. 138-159.

GERHARD DENY

Meditation über Bäume

1

Zu den Bäumen blicken wir auf – anders als bei den Blumen, den Kräutern, den Gräsern, über die wir hinweggehen. Wir gehen in den Wald hinein wie in ein Haus. Bäume bieten Schutz gegen Regen, gegen die Sonne. Wir fühlen uns geborgen und beschützt. Die Bäume ernähren uns mit ihren Früchten. Aber der Umgang mit Bäumen war schon immer nicht einfach. Die Bibel erzählt uns gleich zu Beginn von einem furchtbaren Ereignis, bei dem auch Bäume eine Rolle spielen. Es ist die Geschichte des Verlusts der Natürlichkeit, der ursprünglichen Einheit im Ganzen der Natur, die Geschichte des Herausfallens des Menschen aus der Schöpfung. Aber auch: die Geschichte der Genese von Freiheit und Individualität.

In den Geschichten der Menschen spielen Bäume seit je eine wichtige Rolle. In der *Edda* wird die ganze Welt als Baum dargestellt. Er hat seine Wurzeln in der Unterwelt, Zwerge tragen die verschiedenen Weltsphären, die Kronenspitze trägt den Götterhimmel. Und der Mensch entsteht aus dem Liebesspiel zweier Bäume, einer Esche und einer Ulme.

Auf der Ikone von Andrej Rubeljow bewirtet Abraham die Dreifaltigkeit, in Gestalt dreier Engel, unter einem uralten riesigen Therebinthenbaum. Elias erlauscht, unter einem Baum sitzend, im leisen Säuseln der Blätter die Worte Gottes. Buddha übersteht seine schwersten Prüfungen und beginnt seine Tätigkeit als Lehrer unter einem Bodhi-Baum sitzend, mit dem Rücken an den Baum gelehnt – in sich und in den Baum versenkt. Nicht zu vergessen: Christus stirbt, nachdem ihm der Prozeß gemacht wurde, an einem Holzkreuz. Eine Tat, die der menschlichen Geschichte eine neue Wendung gibt.

2

Betrachtet man einen Baum, sagen wir eine Buche oder eine Linde, so fällt zuerst die Baumkrone ins Auge: Da sind starke Äste, die sich verzweigen; und auch das Verzweigte gliedert sich immer weiter in Äste und feinere Äste, in immer feinere Triebe. Dies immer feiner werdende Aufgliedern ist zugleich ein Sich-Eingliedern in die Welt des Oben: die Welt der Luft, des Lichts, wo die Kräfte der Sonne und der Sterne wirken. Der sichtbaren entspricht eine unsichtbare Krone, das Wurzelwerk. Unten gliedert sich der Baum auf und ein in die Erde, in das Wasser, die dunkle und kühle Unterwelt. Der Stamm – das ist die Mitte. Er treibt die beiden Kronen auseinander und hält sie zusammen: die Bewegung nach oben zum Himmel, zur Sonne, und die Bewegung nach unten in die Erde, den dunklen Untergrund.

Einem Dialektiker gefällt das Bild. Wenn er nämlich das menschliche Dasein als Synthese von Endlichkeit und Unendlichkeit, von Faktizität und Transzendenz begreift: die aufstrebende Sehnsucht in den offenen Horizont unendlicher Möglichkeit, und das sich nach unten, in die Herkunft, die konkrete Situation hinein tief verwurzeln. Zusammenhalten entgegengesetzter Bewegungen. Wie Einatmen und Ausatmen.

Sie kennen sicher die Formel zu Beginn der *Krankheit zum Tode,* von Søren Kierkegaard, die dann ja wirkungsmächtig wurde bei Heidegger und auch bei Sartre. Bei Heidegger als der geworfene Entwurf. Das sind die zwei Seiten des menschlichen Daseins: die Geworfenheit und der Entwurf. Die Geworfenheit steht für die Vergangenheit: für das, worin ich je schon bin. Der Entwurf steht für die Zukunft: für den offenen Raum von Möglichkeiten, in den hinein ich mich entwerfe. Wobei dieser offene Raum einerseits bezogen ist, und d. h. begrenzt ist durch das, was ich je schon bin; und andererseits das, worin ich bin, was mich bestimmt – von der Herkunft, der Vergangenheit her – geöffnet ist auf Möglichkeit hin. Die Faktizität ist nicht die pure Faktizität, und die Möglichkeit nicht der unendliche Raum der Möglichkeit – ohne Grenze. Menschliches Dasein ist beides, es existiert, indem es beide Seiten auseinander treibt und zusammenspannt. Geworfener Entwurf. Einheit von Faktizität und Transzendenz. Wie der Baum seine beiden Kronen, oben und unten, auseinanderspannt und zusammenhält.

Es gibt eine schöne Stelle bei Humboldt, in einem Brief an eine Freundin, wo er die Gestalt des Baumes als Sehnsuchtsgestalt schildert, als die Sehnsucht, die das Leben selbst ist:

> „Überhaupt liegt in den Bäumen ein unglaublicher Charakter der Sehnsucht, wenn sie so fest und beschränkt im Boden stehen, und sich mit den Wipfeln, so weit sie können, über die Grenzen der Wurzeln hinausbewegen. Ich kenne nichts in der Natur, was so gemacht wäre, Symbol der Sehnsucht zu sein. Im Grunde geht es dem Menschen, bei aller scheinbaren Beweglichkeit, eben nicht anders. Er ist, wie weit er herum schweifen möge, doch auch an eine Spanne des Raumes gefesselt. [...] Derselbe kleine Fleck sieht seine Wiege und sein Grab, oder er entfernt sich, aber es zieht ihn Neigung oder Bedürfnis immer von Zeit zu Zeit zurück."

In die Welt hinausgehen, und wieder zurückkommen zu sich, zu dem, wo man verwurzelt ist. Zusammenhalten zweier Bewegungen.

3

Im Januar beginnend – bis zum Herbst hin, fließt im Baum ein Strom von Wasser von unten nach oben: von den Bodenkapilaren ausgehend, wo durch die Säuren, die die Wurzeln absondern, die Salze im umgebenden Erdreich gelöst und aufgenommen werden – über die Wurzeln, den Stamm, in die Zweige. Die Blätter verdunsten den größten Teil des Wassers. Das Salz aber halten sie fest und lagern es in ihren Zellen als feine

Kristalle ab. Die Bäume sind gewissermaßen sichtbarer Teil eines größeren, unsichtbaren Wasserstroms von unten, aus der Erde, nach oben. Ein Strom, in dem Schweres leicht wird, Dunkles hell, Totes – die Salze, die aus den Lebensprozessen ausgefallen sind – wieder in Lebensprozesse einbezogen.

Und der andere Strom: von oben nach unten, wo etwas Helles von oben hereinkommt ins Dunkle, in den Stoff – das Licht, das Licht der Sonne.

Licht ist unsichtbar. Wenn man den Lichtstrahl eines Projektors sieht, sieht man nicht das Licht, sondern die Staubteilchen in der Luft. Im Weltraum ist es dunkel.

Licht ist unsichtbar. Aber es macht sichtbar – in doppelter Weise. Ohne Licht kein Leben: Es ist das Licht, das die Pflanzen wachsen, überhaupt in Erscheinung treten, entstehen läßt. Und: Durch das Licht können die zur Existenz Gekommenen in der Wahrnehmung, durch das Auge, für uns, die wir die Fähigkeit der Wahrnehmung und des Denkens haben, in Erscheinung treten, sichtbar werden.

Da ist also der grüne Pflanzenstoff, das Chlorophyll, und das verschluckt, absorbiert das Sonnenlicht. Das Licht wird sodann umgewandelt in chemische Energie. Es gibt eine Kette chemischer Reaktionen. Das Wasser wird aufgespalten in H- und OH-Ionen. Dann entstehen unter Hereinnahme von Kohlensäure (CO_2) aus der Luft neue Verbindungen (aus H-, OH- und O-Ionen): Es entsteht Zucker. Kohlenstoff, Wasserstoff und Sauerstoff werden aus schon bestehenden Verbindungen gelöst und neu miteinander verbunden. Was im Laborversuch eine große Energiemenge benötigt, leistet hier die Sonnenkraft. Das Licht verschwindet gewissermaßen in den Zucker, in die Materie. Es schmeckt süß – das Stoff gewordene Licht.

Mit dem Zucker passieren dann noch eine ganze Reihe weiterer Verwandlungen: Das Wasser wird herausgezogen, der Zucker wird Stärke, und zuletzt Zellulose. Das sind die drei Grundbausteine, aus denen die Pflanzen ihren Leib aufbauen. Assimilation bedeutet ja Ähnlichmachung. Was wird wem ähnlich? Der Stoff dem Licht? Das Licht dem Stoff? Die Bäume sind wirklich, leibhaft Vermittler von Himmel und Erde.

Der Kreislauf der Stoffe und ihre Verwandlungen verbinden auch den Menschen mit der Pflanzenwelt. Die Pflanzen nehmen auf, was wir ausscheiden: Wasser, Salze, organische Stoffe werden zunächst durch die Bodenmikroben verwandelt, dann von den Pflanzenwurzeln aufgenommen. Und: Kohlendioxyd und Wasser, was wir aus der Lunge ausatmen, gelangt über die Blätter in die Pflanzen.

Was nun Wurzeln und Blätter aufnehmen, ist die Nahrung der Pflanzen. Daraus bilden sie, gereinigt durch die Assimilation, ihren Leib. Dabei wiederum entsteht durch die Pflanze neuer, frischer Sauerstoff. Den atmen wir ein. Die Pflanzen also entgiften, was wir abgeben, und geben uns, was wir zum Leben brauchen: zum Atmen, zum Essen.

Wir bekommen von der Natur aber noch mehr als Atemluft und Nahrung. Sie reinigt nicht nur, was wir ausscheiden durch Darm und Lunge. Sie reinigt auch die Seele. Wir finden in der Natur, im Wald Erholung, Erleichterung, Entspannung – und Inspiration. Wir laden unseren Kummer ab und toben unseren Übermut aus. Unsere Leiden, unsere Freuden finden ihren Ausgleich.

„Wer möchte leben ohne den Trost der Bäume!
Wie gut, daß sie an unserem Sterben teilhaben!
Die Pfirsiche sind geerntet, die Pflaumen färben sich,
während unter dem Brückenbogen die Zeit rauscht."

Günter Eich, *Ende eines Sommers*

4

Aber ich will Ihnen noch ein Frühlingsgedicht vortragen. Da geht es um die Verwandlung von Winter in Frühling, von Tod in Leben.

Neuer Frühling

Unterm weißen Baume sitzend,
Hörst du fern die Winde schrillen,
Siehst, wie oben stumme Wolken
Sich in Nebeldecken hüllen;

Siehst, wie unten ausgestorben
Wald und Flur, wie kahl geschoren; –
Um dich Winter, in dir Winter,
Und dein Herz ist eingefroren.

Plötzlich fallen auf dich nieder
Weiße Flocken, und verdrossen
Meinst du schon, mit Schneegestöber
Hab der Baum dich übergossen.

Doch ist es kein Schneegestöber,
Merkst es bald am freudigen Schrecken;
Duftige Frühlingsblüten sind es,
Die dich necken und bedecken.

Welch ein schauersüßer Zauber!
Winter wandelt sich in Maie,
Schnee verwandelt sich in Blüten,
Und dein Herz, es liebt aufs Neue.

So dichtet Heinrich Heine. Verwandlung. Aus Winter wird unversehens Frühling. Aus Verzweiflung, Kälte, Verzagen – neues Leben, neue Liebe.

MICHAEL A. RAPPENGLÜCK

Copying the cosmos: The archaic concepts of the sacred cave across cultures

From the very earliest epochs of mankind, and throughout different cultures of the world, people considered caves as special formations of a sacred landscape. They often were used as shrines, cult places, and for burials. It can be shown that the human fascination of the caves to some extent is substantiated in ancient ideas about the cave as a model of the world.

The cave as a sacred place in the landscape

According to ancient concepts of the people, a cave, especially a deep and dark one, enable access to an interior landscape at the backside of the ordinary world. Moreover the habitable zone for humans is bound to a surface, which is folded more or less in 3-dimensional space. In ancient cultures there is in fact very limited experience of the 3rd dimension. Only ascending a high mountain or descending into a deep cavern, gives a human being a distinct impression of verticality. If both are combined together as for example looking at Monte Castillo, Spain (fig. 1) man was fascinated by such a strong symbol of the 3rd dimension.

The idea of a flat or only partially curved earth, which predominated most of the world view of the cultures, required an explanation for the fact that sun, moon, planets, stars ascended from and descended to the ground. The existence of caves gave people an excellent reason where to locate the celestial bodies at the time of their invisibility: They moved through secret realms under the ordinary world, somehow at the 'backside' or the interior of the customary perceptible landscape. Caverns made this "subterranean" space-time, which was regarded as a special lounge of the celestial bodies, and other beings, accessible. Thus it is obvious why caverns fascinated people from Palaeolithic epochs to Jules Verne's "Voyage to the Centre of the Earth": Going into the underground galleries, and following the mighty celestial bodies on their course through the subterranean area, offered a unique possibility to explore the inner structure of the cosmos and other worlds. Moreover, at another level of understanding, the entry into a cavern and the passage through the inner space-time of the world was interpreted as a voyage to the generative interior of an enormous female, representing the Great Mother of the World. The cosmos and the cave, the outer and the inner structure of the world, run parallel to the physical body and the psychonoetic essence of a human being. Going into a cave then means not only to travel to the creative realm of the cosmos, but in a figurative sense also to undertake a voyage to the innermost person. Therefore it isn't surprising that caverns had been regarded as sacred places in the landscape. With respect to Maya culture, James E. Brady speaks of caves as "sacred space that imbued their surroundings with the qualities of power, prestige, abundance, and sacredness".[1]

The cave as a cosmic womb – place of creation and transformation

It is a basic human peculiarity to 'discover' figures of living beings in the natural formations of the landscape. Walking through a cave, equipped with dripstones, one can 'see' petrified creatures and objects here and there. Moreover the terrestrial and the subterranean landscape are loaded with signs of female and male sexuality and fertility. There exists a class of "sexually explicit landmarks", and caves belong to it.[2] People often identified the features of the landscape with the body parts of the Great World Mother organism, representing the creative cosmos. They especially equated the structure of the female genitals with the geo-top and topography of a cave[3]. In both cases an opening – the portal and the vulva – permits the passage between two worlds, an outer and an inner one, and vice versa.

According to ancient conceptions the two realms are defined by a dichotomy and polarity of experiences: There exists a world of light (day) and another one of darkness (night), an area of high and low sensual perception, an ordinary and a miraculous space-time, and a profane and sacral sphere, related to each other. Such a conception is well-known through the epochs. In Upper Palaeolithic cave art animals and signs are often arranged and concentrated around small fissures and big crevices in the rock faces and shafts.[4] It seems that man wanted to express that the living beings ascend from the depth of the grotto and descend into it.[5] This should indicate the both movements related to a female genital – penetration (going in) and birth (coming out). Probably the openings in the rocks refer to disappearance, appearance, and reappearance of water and of certain living beings, e.g. the cave bear.

Sometimes the crevices itself were recognized as female genitals[6] and the entrance into a cave as a huge vulva.[7] Such ideas, related to creation myths, for example are known from North American Natives.[8] Moreover, frequently side galleries, small chambers, niches, and deep vertical shafts are unusually decorated, indicating that they were considered as a special kind of places.[9] The Maya used the topography of the cave similarly.[10]

Often the female quality of the cave was emphasized by representing paintings, engravings, or bas-reliefs of a woman's body or her genitals, mostly vulvae, in the cavern itself: The hitherto oldest example comes from the cave of Chauvet, Dép. Ardéche, France, (Salle du Fond)[11], dated to about 30,000 B.P., but can be found all over the world. Christian religion substituted this female feature of the world mother in the cosmic cave by the Virgin Maria with attributed astral symbols.

People surely noticed, that every month a flow of blood, and during delivery water (the amniotic fluid) comes out of the woman's vagina. They then probably thought that these vital liquids fill a female's body. The conclusion was obvious that a cave contains and creates the fluids of life, which from the darkness there well up and appear at light.

Since the Upper Palaeolithic epoch the cave is related to water symbolism.[12] Iconographical elements like the meander and the zigzag[13], and moreover the representations of certain fish[14] stress the importance of water in cave art. Starting with Upper Palaeolithic cultures, the remarkable deliberate treatment of speleothems and 'moonmilk'[15] in caves indicates that man seems to have related them both to the production and flow of a special watery liquid. This can be understood by the people's traditions worldwide:[16] The cave is a space in which the primordial fertile water is produced by the rocks and collected. From there it wells up at the surface. The Maya thought that caves produce and contain the clouds, the wind, the rain, the hail, the rainbow, lightning and thunder, which then fill the sky.[17] The Basque[18] believed that in the underground, maze-like realm of the goddess Mari streams of milk are flowing and atmospheric phenomena, like storm clouds, are produced.

The Basque[19], Cretan[20], Chinese[21], Maya[22], and Yurupari in South America[23] for example handed down that speleothems secrete a special vital liquid, which could be understood as well as milk (female fluid) or as sperm (male fluid), blood, or water.[24] Ancient people considered the stalactites as the teats of an underground female mammal[25] and the stalagmites as male genitals, e.g. in Le Portel (Loubens, Ariège; France; 12,670 ± 170 [GIF 2943]).[26]

The 'moonmilk' (galactite, selenite, Lac Lunae) – a pasty white lining consisting of (formerly) soft calcite deposits, which often coats the cave walls and speleothems – was regarded as the vital mucus of a cavern. In old folk traditions[27] it was said to be found only in caves and to be a peculiar kind of 'milk'. The 'milky' shining moon or the heaven itself was thought to be responsible for producing these creamy rock secretions. Moonmilk was considered to increase or decrease proportionately with the lunation.[28] The streams of calcite-water, symbol of the live-giving substance, which form the subterranean, remind the people of the masculine sperm of the heavens, consisting of rain (water) and light (fire), which fertilizes the female womb of earth, with the entrance to a cave opened for conception from the sky.

Amerindians[29] considered crystals (quartz) in caves as a kind of semen, which contains concentrated hot energy and which is ejaculated out of the rocks through the penis of Father Sun. The relation of rock crystals to caves, the celestial bodies (sun, moon) and a male or female creator being is well-known from people in America, Asia, and Australia.[30]

Ancient cultures, which know metallurgy, believe that metals are produced in a cave, too.[31] This leads to the later alchemistic concepts, which equated the cave, the uterus, the retort or the chemical furnace with a kind of vessel, to collect, develop, and transform primordial and chaotic cosmic matter up to a special and unique essence – the so-called 'philosopher's stone'[32] or the metal gold. It was expected that the alchemical distillation results in a new highest state of mind and matter related to an immortal essence.

Alchemistical traditions in Europe, India, China, and Africa deliver the idea that comparable to crystals and minerals, metals grow by the coagulation of the seven sidereal forces (sun, moon, and the five planets) in caves, which are regarded as the womb of the World-Mother. They are incubated by fire that is the power of the sun and by the strength of the moon, which represent the natural polarity of male and female. In equivalence to the 12 sectors of the zodiac the matter has to go through 12 states (The Great Work / Opus Magnus) to reach final stability. During the alchemical process it was very important to observe the time at which something has to be done in the right way. This required astrological knowledge. That is why alchemists named their work of 'the astronomy below'.

With their technology of 'transmutation' they want to support the underground evolution of the metals, which they saw running parallel to the growth of a human embryo in the womb and the psychonoetic process of human self-realization, based on transforming the body. When miners, and earlier in time, shamans, go into the subterranean realm they can see the embryonic state of these metals. The first matter (prima materia) is dug out of the caverns in the earth. Often the world-cave is situated as an entrance in a world-mountain, which contains a numberless quantity of creatures, objects, and every kind of timeless knowledge (Ali Baba's cave).

In the history of alchemy the retort or the chemical furnace, were used to stimulate the influence of the macro-cosmic transmutation upon the micro-cosmic development of matter to mind. In Chinese alchemistic tradition for example the images of earth and sky are depicted on the floor and ceiling of the laboratory, the furnace, or on the reaction-vessel.[33]

Thus the cave is a kind of cosmic vessel, later substituted by sacred temples or alchemistic furnaces, in which the primordial elements being in a state of chaos are collected, mixed and transformed into objects and creatures, so that a cosmos is formed. The world-cave is like a giant placenta, which conceived and feeds the new embryonic beings that are the celestial bodies (sun, moon, and stars), plants, animals, humans, and sometimes gods. The womb gradually mature these from a seed like state in darkness until they are ready to be born. Moreover, according to ancient concepts, a cave also serves as a rocky uterus for the creatures of the world and even for the universe itself. It is a cosmic petra genetrix.

The Cave as a Petra Genetrix

In Upper Palaeolithic cave art many impressive examples show animals and humans, partly or fully coming out of the rock walls.[34] Sometimes two-dimensional paintings or engravings are combined with three-dimensional parts of the rocks, a technique which is also known from the old Maya cave art. Often certain peculiarities of the rocks, e.g. concave or convex parts, were used to represent three-dimensional, vivid looking creatures.[35] The Maya had similar conceptions and techniques in their cave art (2,500 B.C.

till 900 A.D.).[36] Comparable is the rock-born god Mithras in the mysteries of the same name.[37]

The bas-reliefs of the rock shelters Roc de Sers (Sers, Charente, France; 19,230 ± 300 B.P.[Gif 3609])[38], La Chaire à Calvin (Moutiers-sur-Boême, Charente, France; 13,000-17,000 B.P.,[39] Roc-aux-Sorciers (Angles-sur-L'Anglin, Vienne, France; 14,160 ± 80 B.P. [GrN 1913]),[40] Cap Blanc (Marquay, Dordoge, France; 15,000-16,000 B.P.),[41] Abri du Poisson (Sireuil, Dordogne, France; 22,000-27,000 B.P.)[42], Laussel (Marquay, Dordoge, France; 22,000-27,000 B.P.)[43], and the half-relieves of La Magdaleine des Albis (Penne, Tarn, France; 15,000 B.P.)[44] prove the same idea.

Another stylistic device is to be found in Chauvet (Combe d'Arc, Ardèche, France): At the 'Panel of the Lions' (Salle du Fond; 22,800 ± 400 B.P. [Ly-6879], 30,340 ± 570 B.P. [Gif 9518]) bison heads are looking out of the walls straight at the observer.[45]

In Upper Paleolithic cave art moreover the illumination of the rock shapes by the flickering artificial lights was used intentionally to animate the creatures and sometimes to give them an ambivalent nature.[46]

Very impressive is the full-relief of a big fish in the cave of Pergouset (Sant-Géry, Lot, France; 30,000-15,000 B.P.).[47] In sector V (panel V, no. 152), about 160 m deep in the darkness of the cavern, a natural fish-like ledge of rock was changed into a complete colossal fish (2.70 m x 0.5 m) with torn up mouth (a pike or a sturgeon?) by engraving (and partially painting) an eye, gills and pectoral fin. The shape of the rock beautiful indicates an undulation of the swimming animal. Clearly it was intended to show a transformation of the rock into a creature of the aquatic realm, which was located in the underworld of a cave, periodically filled with water. It is very likely that this gigantic fish, emerging from the wall and living in the waters represents the powerful master of the underworld and the animals. Fish symbolize the chaotic, dangerous but creative abyss of the Underworld filled with water, the phallic power, fertility and life.[48] They are thought to regulate the Earth's fertility.[49] Fish are related to the moon, to the realm of the dead, and to Mother Earth.[50] Based on the other known engravings – e.g. vulvas and incomplete figures, which appear to come into being -, it seems that the cave was considered as a kind of a woman's womb.[51]

The idea of a transforming womb is present also in Altamira (Santillana de Mar, Santander, Spain).[52] Far away from the entrance (Gallery X), the 'Chamber of the Masks', can be considered as a uterine of creation and transmutation.[53] There several faces ('masks') are looking out of the walls straight to the observer. They represent bison, human, and chimera consisting partly of both (16,480 ± 210 B.P. [Gif A-9601] and 15,440 ± 200 B.P. [Gif A-91185]).

Occasionally the female quality of the cave was emphasized by representing paintings, engravings, or bas-reliefs of a woman's body or her genitals in the grotto itself: The oldest very strange example comes from Chauvet (Salle du Fond).[54] In Roc-aux-Sorciers (above) the panel of the 'Venus-figures' shows four (3+1) women emerging out of the walls, reduced to the central and lower part of the body with the genital.[55] They are associated with certain animals and can be regarded as the mistresses of the creatures. A very similar scene is given in Laussel (above) with the half-relieves of three stout women, each of them holding an object in one hand. In the Grand Grotte (Arcy-sur-Cure, Bourgogne, France; 26,250 ± 500 B.P.[OxA 5003] till 28,250 ± 430 B.P.[Gif A 91370]) the natural shape of a limestone column, which reminds one of a woman, is artificially changed to deepen the impression.[56] The engraved and painted vulves in cave art also indicate the female character of the rocks.[57] In Tito Bustillo (Ardines, Asturia, Spain; 13,520 ± 220 [I8332] till 15,400 ± 300 B.P.[CSIC155]) even a whole chamber of vulves (Camarin de las Vulvas) exists – a clear hint on the female organism of the grotto.[58]

People worldwide[59] told about the dwelling of the creatures, including sun, moon, and the stars in caverns and their emergence from the caves. In addition cave art frequently shows vulvas and intentionally drawn incomplete figures, which indicate that people wanted to express a state of creation in the womb of the motherly World Cave.

Finally an example coming from the Aborigines may summarize the archaic conceptions: The primeval fathers of all creatures on Earth were sleeping underground, waiting for their awakening.[60] Together with them human infants, partially developed shaped of embryonic gelatine, were resting beneath the earth's crust. Then Mother Sun, who also was sleeping there, is woken up by the Father of all. He demanded her to go into the Underworld and there to travel through each of the cave-tunnels.[61] On her course she illuminated and warmed the world below, where embryonic creatures were embedded in the rock walls. Ascending from the underground caverns to the surface she woke up the beings and animated them.

This example shows that the creative cave is closely related to archaic astronomical, cosmological and cosmogonic concepts. Among them the idea that the cave wall acts as a membrane between the worlds similar to the lapidary sky vault is very important.

The cave walls as a membrane between the worlds and the lapidary sky vault

As shown above it was custom to vivify the rocks to show them alive since the Upper Palaeolithic. The Aborigines[62] for example thought the archetypal primeval creatures of the ancestral past – celestial bodies, living beings, plants, animals and people, as well as crystals and other things – existed in the rocks of caves and shelters. They created rock art by leaving a lasting 'impression' of their powerful influence before returning into dreaming again. From there their creative acts originated and started forming life and shaping the landscape of the world. Similar ideas are known from other people.[63]

The rocks act as a kind of membrane between the ordinary and the opposite world.[64] The idea of a space behind the cave walls reminds one of Plato's 'hyperouranios topos', the place beyond the heavens, and the later related conceptions in the Mithraic Mysteries.[65]

In many caves 'incomplete' figures looked like creatures emerging from the rocks in 'status nascendi'.[66] The animals, sometimes humanoids, and often incomplete figures[67], seem to emerge from an imperceptible realm 'behind' the walls, produced by the live giving fluid in the rocks. They appear to 'swim' on the walls. This probably is a hint on an interpretation of the 'floating' pictures. But there may be another idea behind. The impression of 'floating' can be caused by 'swimming' and also by 'flying'.[68] There are two realms which according to the ideas of people worldwide[69] are dominated by water – the heaven and the underworld. Thus people may have seen the rocks in the caves as the lapidary sky vault, behind which the celestial liquids were stored. The cave then was a kind of a vessel similar to the sky vault, which surrounded the world. In both cases a solid barrier normally prevented water being outside from flowing inside. Openings in this membrane caused the liquids streaming through.

According to old belief the cave ceiling and walls like the sky vault were a boundary between two realms, one of them – the heaven – filled with primordial, virgin water as rain, ice, and hail, the other one – the earth – waiting for impregnation.[70] The water above (in the upper world) and the water below (in the lower world) surround and soak the earth. This barrier, the sky vault, was solid and lapidary[71], like a cave ceiling and walls. Because the heavens are flooded by light, people thought the stone vault must be a special kind of ice, crystal, and precious stone (or later in time, glass).[72] The notion of the firmament as a solid vault made of a hard, blue, transparent substance and the equation with a giant cave is quite wide-spread at all continents and in Oceania.[73] The rock crystals in the caves reminded man of the stars in the starry sky, which contain celestial power.[74] In western tradition they are regarded as a special form of hard ice coming from the solid sky vault.[75] The Australian Aborigines relate them to the lapidary sky, which at the same time is the ceiling of a celestial cavern.[76] The shamans go into this rock of the sky, which is a colossal geode, whose walls are covered with crystals shining rainbow-coloured. The subterranean palace of King Laurin in the Dietrich Romances showed a ceiling made of a sapphire with fixed shining carbuncles like stars in the blue sky of night.[77] In ancient Egyptian view the stars were holes in the rocky ceiling of the sky, through which the primeval cosmic fire shone. In late antiquity and early Byzantium a similar idea was given by identifying a church as a 'Cave of Light', or a 'House of Stars'.[78] In the resplendent cupolas of Muslim mosques, e.g. in the Alhambra (Granada, Spain), the heavens of stalactites (muquarnas), symbolized the beautiful celestial realms[79]. Similar, small caverns – a kind of 'chapels', in which rock pictures are placed, crowned and surrounded by speleothems, are known in Upper Palaeolithic cave art. It seems possible that already Palaeolithic man regarded the firmament and the rock faces of a cave as related to each other. Celestial phenomena and/or bodies should then be represented on the walls or should be expressed by the topography of the cave itself.

The cavern of space and time, initiation, transformation, and the primordial sacrifice

In Greek tradition the cavern represents the world. Servius in his commentary on Virgil's Eclogues 3, 105, writes: "The cavern through which Ceres descends to the Underworld in search of her daughter has been called the world". The Orphic called the immeasurable cosmic grotto, which generates space-time: 'cave of time'. In Mithraism the god of space and time (*akarana*) was worshipped deep in a grotto. The Dogon (Africa) recorded in the caves the celestial symbols on the ceilings and the terrestrial ones on the ground. People worldwide frequently regarded the natural layout of cavities to represent the layered physical and psychical universe, the framework of space and time, with centre, cardinality, seasonality, cosmic strata. Often sculptures, paintings and engravings in caves and rock-shelters are to be found, which refer to space- and time-factored conceptions and show representations of astronomical phenomena. These traditions seem to start in Upper Palaeolithic time (e.g. Lascaux, France, El Castillo and Parpallo, Spain).

Celestial Phenomena and Creatures in the Cave-Womb

In Lascaux[80], about 17,300 B.P., and La Tête-du-Lion (Bidon, Ardèche, France[81], 21,650 ± 800 B.P. [Ly-847]), the Pleiades star cluster (M45) is depicted above a bovine (approximately the later constellation Taurus) and related to a special time in the year. In El Castillo (Puente-Viesgo, Santander, Spain), about 13,000 B.P., the Northern Crown (CrB) is shown in a circumpolar position.[82] In Laussel[83] each of three pregnant women holds up an object in their hands. In one case it is clearly a horn with 13 notches, the number of sidereal months in a solar year. They seem to be the lunar 'Mothers of Time' (First Quarter, Full Moon, Last Quarter). This scene is comparable with that in the rock-shelter of Roc-aux-Sorciers, denoting the same idea of the lunar mothers. In Upper Paleolithic cave art bovines and equines seem to symbolize a basic dichotomy. Among other interpretations this can be understand as the polarity of moon and sun.[84] In Upper Paleolithic cave art rock pictures sometimes indicate seasonality and parts of calendars.[85] In the research there are more suggestions for astronomy in cave art.[86] Finally in the shaft of the Lascaux grotto a complete cosmography is illustrated.[87]

Palaeolithic Cosmovisions in the Lascaux grotto

The round of rock pictures in the shaft of the 'Dead Man' seems deeply related to the idea of a world-cave and an archaic shamanistic-totemistic worldview:[88] It can be understood as a multidimensional and spatial cognitive cosmographic map, illustrating a shaman's experiences in the cosmic cave and serving him as a kind of drivers log.

Seen from the bottom of the shaft the bird-man is oblique and the bird-stick indicates the centre, the direction to the zenith, the plumb line and the meridian (azimuth 0°). But seen from the entrance at the top the bird-stick appears to be inclined (45.3°) to a fictive baseline drawn from the tip of the bird-stick to the feet of the bird-man, who then stands upright (90.7°). In an astronomical view the bird-stick points to the pole of the northern sky at Lascaux (φ: 45.1° N | λ: 1.2° E), while the bird-man indicates a line from the nadir to the zenith. Both birdlike figures symbolize the sky and two of the most important points there, the zenith and the celestial pole. The bird-stick has to be lined up to the northern sky pole during the night, using circumpolar constellations or a 'North Star' nearby. Shamans identified the primeval prototypes of certain living beings as single stars and constellations around the celestial pole. These powerful and colossal creatures dominated the life cycles of their earthly counterparts as their masters and mistresses. Hunter-gatherers frequently organized their societies according to the motions of these celestial totemic ancestors of the clans. The polestar, if one exists that time, was thought to be the most powerful heavenly lord, because everything obsequiously turned around him. Likewise humans rotate around a clan leader. Because he got his power from the rotational creative centre of the world the polestar and the area nearby were observed and related to special rituals. A symbol of this cosmic power of the shaman and the ruler on earth is the bird-sceptre, represented by the bird-stick in the scene. The bird-stick is a handy model of the cosmic spatiotemporal structure and rotation, symbolizing power.

According to hunter-gatherer's ideas the heavenly totem animals secure the sufficient availability of earthly food. If this is lacking, the balance of powers in the world and the communication between people and the celestial creatures are obviously troubled. The shamans then put themselves into alternate states of perception and mind – trance and ecstasy – to restore the equilibrium again. They tried to reach the totemic creatures on dangerous 'journeys' between the lower and the upper world, passing the cosmic strata. The most powerful of the celestial masters and mistresses were situated among the circumpolar stars, especially at or near the celestial pole. From them shamans wanted to get advice for their actions, including healing. The shamans are accompanied and supported by spirit helpers, mostly by animals. In Lascaux the bird-stick points in the direction of the shaman's journey to the helping heavenly circumpolar ancestors – the rock pictures of the animals at the left and the right side – and to the polestar, the centre and origin of the world.

At the time of Lascaux, about 16,500 BP, δ Cygni was a fine polestar only 3° away from the really northern sky pole at a prominent position in the Milky Way. It is pointed out by the right wrist of the bird-man above the bird-stick, which points to him. The bison, the woolly rhino, the bird on the stick, the birdman, and even the wild horse on the opposite wall can be associated to constellations: A complete sky panorama seen from the top of the Lascaux hill (216 m above msl) at about midnight local time and summer-solstice is depicted.

The shaman, artist, and scientist, has set himself into the picture and at the sky, shaped as a bird-man, which is a huge constellation in the Milky Way. He acquired the head and the claws of a bird, and stretches his arms like wings to indicate his transformation. He is raw-boned, because of his feeling of dismemberment ('death') during ecstasy. He is depicted ithyphallic because he ejaculates the life-giving substance of the Milky Way, thus helping to renew, restore and conserve the cosmic fertility. It was between 18,000 and 12,000 B.P. that is in particular during the Lascaux epoch that was the celestial North Pole situated in the Milky Way.[89] For the people of that time it looked as if the shaman in the Milky Way, at night rotating around the world axis and flying on the route to the polestar, caused the fertilizing powers. The transformation of the shaman must take place in the rotational centre of the universe, which at the same time is the cave of the world, where all energy is concentrated and from where streams flow all over the entire world. It is only there that the communication between the worlds is successful. That is why the bird-man stands directly nearby the bird-stick, which is the world-axis, guarding it and making the stars revolve.

The depicted arrow shows the old practice of shooting at the solar bird. The bird nesting on the top of the stick symbolises the sun, culminating at summer-solstice. At that time it is shot by an arrow. This ritual indicates the starting descend of the sun on the ecliptic accompanied by the declining daylight. The angle of 68.6° between the arrow and the bird-stick corresponds to the culmination of the sun above the horizon at Lascaux on summer-solstice, about 16,500 years ago: 69.3°. The bird-stick then serves as a gnomon (a sundial), which at night is aligned to the pole of the sky and then works like a star clock.

These rock pictures have some further meanings,[90] which can't all be presented here, except one: The scene is about a cosmic hunt, a primeval sacrifice and the creation of the world out of the death of the first living beings. Traditions from ancient Egypt and Iran strongly remind one of the Lascaux scenes. In Iran the first human Gayomart, shaped as a bird, and the primeval bovine Ewagdat are created in a cave. The man stands at the centre of the cosmos. At his right side the ox is situated. Angra Mainyu, the devil spirit, kills the bovine. The dying ox generates corn and medicinal herbs, and ejaculates his sperm, which produces all kinds of animals, starting with the first pair of cow and ox. After 30 years Gayomard dies, too. While ejaculating his sperm, he falls down to the left side. From his corpse the seven metals (which are the planets too) and the first pair of humans come into being.

Later in time the Mithraic mysteries show a striking similar scene of Mithras killing the bull in the world-grotto. This cave was considered as an image of the universe and at the same time as a place of initiation, transmutation as well as a primordial sacrifice.[91]

Later in time people substituted the world cave by artificial sacred buildings, e.g. kivas, churches, or mosques. They continued to paint the ceilings of these sacred buildings with astral motives to remind the celestial realms.

The paintings and engravings in the caves of Palaeolithic and later epochs partially were time-factored. They had been made and renewed periodically with respect to particular times like the equinoxes or solstices, the seasons of living beings, or social events (initiations for example). At that time the caves were visited and rituals performed. In Greco-Roman times the mysteries were often related to holy caves, the ascending or descending place of the god or goddess of vegetation. There the birth, death and rebirth of life in the course of the year, with respect to the equinoxes and solstices were celebrated. A practical ceremony of the ancient Chinese was to enclose the emperor into a cave before he could celebrate his ritual ascension to heaven at the start of the New Year.

Frequently caves served as places of emergence, e.g. in the traditions of the Hopi natives. From the 'birth-caves' animals, humans and gods appear first through an opening in the rocks into this world, starting their cycles of existence. After death or destruction they were returned to the cave before undergoing a new transformation in Mother Earth's womb. The caves therefore were not only places of generation and destruction, but also of renewal in the course of the time. The primordial event of the creation in the world-cave recurred daily, when in the dawn the sun ascended from the cave of the Underworld or descended to it in the tusk. In the course of the year people in high northern or southern latitudes feared, that the sun will be caught in the world-grotto while moving downwards to the winter solstice point. An example for such conceptions is given by the Japanese myth of Amaterasu Ohomikami, the sun-goddess, who hides herself in a cosmic cave and thus caused the cold of night (or of winter), which leads to the death of life. With the help of a group of men, who perform phallic dances in front of the caves entrance the female sun is stimulated to come out and bring back the warmth of light (or of spring), which leads to the birth of new life.

Often caves like mountains were considered as places, at which the centre and origin of the cosmos is to be found. There existed the umbilical point of the World Mother. Sometimes the grotto itself was regarded as the 'navel of the earth'. Such an umbilicus for example existed in the cosmic cave of the Mithraic or Delphic Mysteries. In this centre the world-axis turned around and there levels of the universe met each other. Frequently the world-cave was situated in or beneath the world-mountain. Thus the symbolism of the world-mountain, the world-cave and the world-mother were deeply related to each other. The worship of stalagmites, stalagmite-stalactite columns, deep shafts, or certain illustrations as a symbol of the world-axis is known from the Palaeolithic (e.g. Lascaux, France; Nerja, Spain; Rouffignac, France), Neolithic (Crete, Greece and Italy), the Maya, or Indochina cultures.[92]

According to a Thai myth the world-cave is situated at the foot of the world-mountain.[93] Through both runs the world-axis. The cosmic waters poured into the cavern and welled up from the peak of the mountain with the celestial palace at top, to form the heavenly river of the Milky Way. In a natural cave at Balankanché (Yucatan, near Chichén Itzá, 9th c.) the Maya venerated such a stalagmite-stalactite-pillar as a symbol of the world tree (a ceiba).[94]

Finally there exists the idea that the cave contains a gnomon, which is identified with the world axis. Such conceptions are known from Mithraism[95], ancient China and the cave of Lascaux[96], about 17,000 years ago. According to old Chinese[97] traditions the candidate to mount the throne of the emperor as a prince had to undergo a special examination. In 'The House of Man', the forerunner of the later 'House of the Calendar', created underground as a cavern, he had to climb a vertically upset, central pole to reach the ceiling of the grotto, representing the sky's roof and named 'he Bell of the Heaven'. The mast was regarded at the same time as a substitute of the cosmic axis, as a gnomon, and as the king's pathway to the celestial world. From this time on his body size served to determine the length of a standard gnomon[98] and also a standard whistle.

The conception of the holy world cave is well illustrated by the natural caverns and artificial crypts (Spelaea), in which the Mithraic mysteries were celebrated.[99] They symbolized the cosmos and the place of the primordial sacrifice, by which the universe was created. The night-sky with the stars and often also the zodiac were shown. Oil lamps served to intensely illuminate the ritual images of certain cosmic events, in particular the bull-slaying scene. Mithras (Orion, Perseus?) cutting the throat of the celestial bull (Taurus) is closely related to a cosmology and a specific way of the initiation. The sun dwells in the world-cave, where waters run and magical plants grow. She is enclosed in the rock, which had to split open to free the light and the vital elements (Mithras sol invictus) bringing the universe in existence.[100] It should be noted in addition that also the mysteries of Dionysos were celebrated in caves, which represent the cosmos.[101]

The 'Cave of the Nymph', written by Porphyrios of Tyros (3rd/4th c. A.D.) reveals details about the layout of a cosmic cave, based on older Iranian and Greek conceptions.[102] The sun's daily and yearly course is related to the movements of humans and gods as well as to the entrance and the exit of the cave (both are denoted as heavens). The human souls and the gods descend in the earthly world through the 'northern gate', constellation Cancer, carried by the northern wind. They both ascend to the celestial realm passing the 'southern gate', constellation Capricorn, supported by the southern wind. The Horai, the goddesses of the hours, set the opening and closing of the gates. These two portals mark the north and the south and the points of the solstices in winter and summer. There exist two others indicating the east and the west as well as the equinoxes in spring and autumn.

The cave of Trophonios, a place of a tremendous oracle, described in detail in the Greco-Roman literature, is another example[103]: A cold source bubbled at the secret place. Who wanted to visit the location had to descend in the unfathomable darkness of the grotto (katabasis) with the feet first. There the visitor had several auditions and visions. He saw the moon, the sun, the Milky Way, and the stars. They all, while moving up and down, turned heliacally around the world-axis. They were not only celestial bodies, but at the same time human souls, who migrate between heaven and earth incarnating and embodying themselves. After having met the oracle the initiated had to ascend to the daylight (anabasis). He 'died', and he was 'newborn'. The cave was a place of birth, death, and rebirth, and at the same time a womb of the cosmos and of the human individual.

Thus a grotto is a place of initiation and transmutation, closely related to a kind of cosmophysiology. In Tantrism[104] the cave in world-mountain is situated in the human body. It represents the place of the highest truth. Indian traditions speak of the 'cave of the heart'.[105] The symbolism of this cosmic and initiatic cave, located in the world-mountain, is reflected in the later architectural forms, like the Hindu and Buddhist temples, stupa, and temple-caves.

The passage of certain animals and humans, in particular shamans, through the galleries is often equated to the journey of celestial bodies, primarily the Sun and the Moon, but also selected stars, through the underground galleries. Their course mapped the different stations of transformation, which all beings perform in their course from life to death and vice versa, and which also build a shaman's alternate states during his ecstatic journey.

The old Egyptian 'Books of the Underworld' gives an example of such a mythical landscape of the Underworld (*amduat*), which was thought to consist of caverns (in particular in the 'Book of the Caves') related to the cycle of birth, life, death, and the transformation of matter and mind, body and soul.[106] In the 'Book of the Night' the sun's nightly passage through the different regions of the Underworld is equated to her course in the body of the sky goddess Nut beginning with the swallow up by her mouth and ending with the birth by the female genital. Also the journey of the sun, parallelizing the voyage of the soul between death and rebirth, is thought to take place in the darkness of underground galleries, which are the entrails of the sky goddess. People worldwide had similar ideas,[107] e.g. the Maya, who related the travel to a child's motion through a woman's birth canal.[108]

The old Chinese Daoists[109] described the cave heavens (dongtian), which as an example gives a glimpse on the ancient idea of a 'world-grotto': According to Daoism the cosmic cave is situated in the centre of the world mountain and contains the universe with sun, moon, and stars. The dimensions of space and time are special ones in this cavern. This underground realm consists of a net of cave heavens, which are connected one to each other by tunnels. The disciple, accompanied by certain animals, enters the deep caves, which are a labyrinth. On his way to supreme initiation he has to find the secret entrances and exits of the opposite world, going through very narrow and hidden passages. In the innermost chamber the hidden principles of life are waiting for discovery, and a supernatural pearl, which is both the Sun and the Moon, illuminates the cave and the disciple's way. His journey underground and similarly through the starry sky is equated to the transformation during meditation. The voyage through the grotto reflects the ascent to the heavens. While it wasn't really possible for man to rise up to the heavens, he was able to descend into the caves. There he could discover and primarily touch the transcendent membrane of the sky.

Feeling the rocks and listening to them: Getting in contact with primeval power and the ancestors

The pictures of hands (negative / positive), the finger-flutings – lines, which are scratched by fingers on a soft surface (e.g. on 'moonmilk') – in caves through Europe, Australia and New Guinea since the Upper Palaeolithic epochs[110], but also the polished speleothems and walls in some caves prove that it was important for Palaeolithic and later people to contact the vital rocks.[111] Thus they acquired the precious substances and strengthen their vitality, fertility, and power.

It was also a haptic experience of being integrated in the invisible creative process which works in and behind a cave's walls.[112] This is why man would be interested to take along pieces of the life giving stuff and gives one interpretation for the traces of scraping off material from the rock faces.[113] Similar ideas are relevant for the special deliberate treatment of speleothems starting with the Upper Palaeolithic. They are broken, partially deposited at selected places or withdrawn bit by bit.[114] A very peculiar example is given in Bruniquel (Tarn-et-Garonne, France)[115], 47,600 B.P. Several hundred meters inside the cave broken stalactites and stalagmites were piled and arranged in an oval (roughly 5 x 4 m), with a smaller round structure next to it, presumably indicating the delimitation of a symbolic or ritual space in the subterranean world.[116] Comparable such a special working with speleothems is well-known from the Maya[117], having there a clear meaning: It empowers man, by getting pieces of the milky, fertilizing, powerful, and healing fluids in the earth. Vessels were put nearby the speleothems to collect the vital waters.[118] Special ceremonies were held in the caves at the start of the rainy season. According to ancient Cretan the fertilizing fluid could be used cathartically and therapeutically.[119] Ancient folks[120] thought that moonmilk would act as a general prophylactic and medicine. They also believed that, taken in a potion, it increases the flow of a woman's milk. In French folklore it is known that women who wanted to have milk suckled the dripstones of a cave, which are compared to teats.[121] The ancient Chinese[122] deliver that the candidate for the ruler had to climb up a vertical upset mast, the world axis, to reach the ceiling of the cavern-like 'The House of Man', which represented the vault of the sky to suckle the stalactites, the nipples of the cosmic mother. From this time on his body size served to determine the length of a standard gnomon (cf. Lascaux scene in the shaft) and also a standard whistle. This initiation clearly shows the relation of the cosmic mother, the cave womb, and the empowering of a shaman and ruler by the vital milky liquids from the heavens.

The grotto speaks – voices underground

Finally there is evidence that already Palaeolithic people noticed the acoustical qualities of parts of the underground galleries and certain speleothems.[123] It is known that they produced different sounds (including echoes) by musical instruments which they brought with them or often by components of the cave itself – the lithophones (e.g. dripstones). Probably they also used their own voices to whisper, cry, and sing. Certain sound producing areas and objects were marked by rock pictures (animals, signs). The shape of the cave galleries were not only respected visually but also acoustically. Palaeolithic man probably thought the creatures murmuring in and behind the rocks come from the other side of the cave, a transcendent world beyond. Similar ideas are known from other people, e.g. Natives in North America.

All these conceptions throw light on the custom to extract actively the 'petrified' creatures out of the rocks.[124] It looks as if since Upper Palaeolithic times sensitive humans, e.g. shamans, acting as a kind of obstetricians, want to show or to stimulate a transformation of virtual beings existing in another realm behind the walls into real ones, living outside in the ordinary world.[125] Working with the stones visually, acoustically, haptically, the shaman artists become absorbed in the rock walls while at the same time the creatures emerged out of the rock walls. Both seem to interact through a kind of membrane, which was the surface of the stones.[126] This idea is supported by the Aborigines[127], who think that to touch the rock pictures was to communicate with the spirits of another world, to enter into the everlasting stream of dreaming and to become a part of the continuing process of creation.[128]

Shamans, Caves, and Cosmography

Shamans are not only masters of trance and spiritual healers, but also experts of cosmography.[129] In their view the world is a space-time of interacting individual and collective beings. To know what place and time was best suited for acting in such a universe, and in particular for organizing the society, shamans observe the cosmic figures and structures, events and proceedings with high accuracy. Celestial phenomena are frequently connected with power animals, totems of a clan, and with class systems. These are personified in single fixed and wandering stars, the constellations and in the Milky Way. The Pole Star itself as a supreme divinity and the circumpolar constellations in particular are considered to be the mighty lords of animals. Residing in the sky they represent the primeval cosmic archetypes of all living beings or objects on earth, which are permanently influenced and animated by them. In particular they are responsible for generating and increasing their number. Shamans want to arrange the communication between the heavenly and the earthly nature whenever it seemed to be disturbed. To re-establish the cosmic harmony they travel through the cosmic regions and seek contact with archetypal ancestors. Because hunter-gatherer societies want to preserve the fecundity of the beasts, they carefully look upon the cosmic totem animals. These served as spirit helpers and were asked for advice on important matters, in particular for help in healing. To contact the primeval power and the prototypes of creatures, shamans look for places that contained both concentrated. They find them in peculiar landscapes, rock-shelters and grottos. Shamans go into power-caves – a term used by Southern Central California Natives – which in their belief contain the inner forces of nature and the creatures of other worlds. They are convinced to communicate there with the totem-ancestors and to read the mind-maps of the world, written on the rock walls. Shamans enter the caves to travel through the cosmic strata and to learn more about the forces and structures of nature. There they believe to be inaugurated in secret knowledge and to acquire strength given by the cosmic power, which could help them to understand the processes of the world and to heal suffering beings. Being in the depth of a cave they consider being at the very centre, heart and origin of the world, the womb of the universe. This is why frequently all over the world rock pictures inside the caves are closely related to shamanistic concepts and cosmographies.

Across cultures and time the cave has been regarded as a sacred entity, which resembles an organism mapping fundamental concepts of the world. The 'mind in the cave'[130], which is the slogan-like title of a book recently written by David Lewis-Williams, must be extended to the 'the cave as a cosmos', respecting all facets of shamanism, not only the techniques to reach states of altered consciousness, but also the symbolic and rational construction of meaningful worlds to ensure survival. Not "stoned" humans hallucinated in the caves[131], but rather people who used their intellect to transform the caves in decorated places of their worldview, a kind of temple-planetaria.

Temple-Planetaria underground

Thus the sacred cave may be compared to a temple, e.g. a cathedral, a mosque, a stupa, or a kiva. These buildings are known as architecturally representations of ancient religious based worldviews, including several topics in one single structure. The Dogon (Africa) recorded in the caves the terrestrial phenomena on the ground and the celestial one on the ceiling. [132] It is plausible that already Upper Paleolithic man similarly placed cave art appropriate to a certain cosmography and the decorated grottos then were a storehouse of worldviews. Cave art then can be compared to an ancient 'library', which proficiently and permanently kept the experiences, the conceptions of the world and the philosophies of life in rock-pictures for the instruction of the people. The grottos also were places of initiation, enlightenment, transmutation, oracle, and healing. There shamans thought to get in touch with the potentiality behind the phenomena, the spatiotemporal framework and the origin of the world. Thus a cave was considered as the innermost centre of the cosmos and a human being, a 'Cave of the Heart' as it is described by the Indians.[133] Upper Paleolithic cave art may then reflect the early search of man for his and the world's roots.

With respect to such an idea most of the previous interpretations are not wrong, but rather insufficient, because they failed to integrate the different aspects into a coherent system of thought.[134] A well-suited understanding of Upper Paleolithic cave art may be given by a shamanistic cosmography.

But because of its archaic and archetypal character some of the ancient ideas are still actual: Planetaria e.g. are multifunctional 'dark caves', which map the dome of the sky above the landscape of the location (often at other planets – so to speak 'other worlds') and permit a view into the universe (at different levels). Among their sky vault magical picture shows and animations, including musical presentations, are performed. They sometimes serve for purposes of meditation or philosophical recitations. Planetaria like the caves get their attraction from the darkness, the change from a world outside to a world inside, the 'ceremonial aspect' of performing pictures at the walls. Finally they mostly are conspicuous architectural buildings, which determine a part of a town. Today's planetaria arouse some archetypal experiences of the Upper Palaeolithic decorated caves. But they are lacking the characteristics of a cosmic womb, place of initiation and transformation. Thus the religious aspect is clearly absent. They are a profane version of an original sacred world-cave.

Anmerkungen

1 Edwin C. Krupp: *Skywatcher, Shamans and Kings.* Astronomy and Archaeology of Power, New York, 1997, p. 116.
2 Krupp, *Skywatcher, Shamans and Kings*, p. 104.
3 Michael J. Winkelman: "*Shamanism and Cognitive Evolution*", in: Cambridge Archaeological Journal 12 (1), 2002, p. 71-101, p. 49; Michel Lorblanchet: *Höhlenmalerei.* Ein Handbuch, Stuttgart 2001, p. 200-213. Michael Rappenglück: *Eine Himmelskarte aus der Eiszeit?* Ein Beitrag zur Urgeschichte der Himmelskunde und zur paläoastronomischen Methodik, aufgezeigt am Beispiel der Szene in Le Puits, Grotte de Lascaux (Com. Montignac, Dép. Dordogne, Rég. Aquitaine, France), München, 1999, p. 227; Robert E. Ryan: *The Strong Eye of Shamanism.* A Journey Into the Caves of Consciousness, Rochester 1999; Joëlle Robert-Lamblin: "*Un regard anthropologique*", in: *La Grotte Chauvet.* L'art des origines (Jean Clottes, ed.), Paris 2001, p. 200-208.
4 Lorblanchet, *Höhlenmalerei*, p. 205-208; Robert-Lamblin, *Un regard anthropologique*, p. 200-208; Rappenglück, *Eine Himmelskarte aus der Eiszeit?*, p. 283-284; David Lewis-Williams: *The Mind in the Cave.* Consciousness and the Origins of Art, London 2002, p. 138-139, 217; James L. Pearson: *Shamanism and the Ancient Mind.* A Cognitive Approach to Archaeology. Walnut Creek 2002, p. 38, 41, 66; Winkelmann, *Shamanism and Cognitive Evolution*, p.71-101; Rappenglück, *Eine Himmelskarte aus der Eiszeit?*, p. 238-277.
5 Rappenglück, *Eine Himmelskarte aus der Eiszeit?*, p. 238-277; Robert-Lamblin, *Un regard anthropologique*, p. 200-208; Henri Delporte: *L'image des animaux dans l'art préhistorique*, Paris 1990, p. 238 ; Paul G. Bahn and Jean Vertut: *Journey through the Ice Age*, Berkeley 1997, p. 198; *L'Art des Cavernes.* Atlas des grottes ornées paléolithiques françaises. Paris 1984, p. 201-207; Lorblanchet, *Höhlenmalerei*, p. 197, Ill. 1.
6 Lorblanchet, *Höhlenmalerei*, p. 206. Denis Vialou: *Frühzeit des Menschen*, München 1992, p. 176, Ill. 2.
7 César Esteban and J.Emili Aura Tortosa: "*The Winter Sun in a Paleolithic Cave: La Cova del Parpalló*", in: *Astronomy, Cosmology and Landscape.* Proceedings of the SEAC 98 Meeting, Dublin 2001, p. 2-14; p. 13, Ill.3.
8 Krupp, *Skywatcher, Shamans and Kings*, p. 100-110, Ill. 4.
9 Lorblanchet, *Höhlenmalerei*, p. 202-203; Jean Clottes and Jean Courtin: *Grotte Cosquer bei Marseille.* Eine im Meer versunkene Bilderhöhle, Sigmaringen 1995, p. 58-59, 71-76; Delporte, *L'image des animaux dans l'art préhistorique*, p. 238; Rappenglück, *Eine Himmelskarte aus der Eiszeit?*, p. 285-286. André Leroi-Gourhan: *Prähistorische Kunst.* Die Ursprünge der Kunst in Europa, Freiburg i. Br. ^{5}1982, p. 195, Ill. 5.
10 Andrea J. Stone: *Images from the Underworld.* Naj Tunich and the Transition of Maya Cave Painting, Austin 1995, p. 118-130.
11 Jean Clottes (ed.): *La Grotte Chauvet.* L'Art des origines, Paris 2001, p. 33, 168-171, and figs. 161, 162, 163.
12 Bahn and Vertut, *Journey through the Ice Age*, p. 200, 205; Rappenglück, *Eine Himmelskarte aus der Eiszeit?*, p. 283.
13 Bahn and Vertut, *Journey through the Ice Age*, p. 205.
14 Bahn and Vertut, *Journey through the Ice Age*, p. 154; Michael Lorblanchet: "*IX – Les Poissons*", in: *L'Art pariétal paléolithique.* Techniques et méthodes d'étude, Paris 1993, p. 181-188.
15 Bahn and Vertut, *Journey through the Ice Age*, p. 38-41; Lorblanchet, *Höhlenmalerei*, p. 28.

16 Rappenglück, "*Eine Himmelskarte aus der Eiszeit?*, p. 40-41;" Jean Varenne: "*Mithra (or Mihr, Mihir, Meher)*", in: *Asian Mythologies*, Chicago 1993, p. 117-188; p. 117.

17 James E. Broda et al.: "*Speleothem Breakage, Movement, Removal, and Caching: An Aspect of Ancient Maya Cave Modification*", in: Geoarchaeology: An International Journal 12 (6), 1997, p. 725-750; 732; Karen Bassie-Sweet: *From the Mouth of the Dark Cave*. Commemorative Sculpture of the Late Classic Maya, Norman 1991, p. 81-87; Janet F. Steele: "*Cave Rituals in Oaxaca, Mexico*", in: *Convention of the Society for American Archaeology*, Nashville, T. 1997, p. 2-3.

18 Michael Everson: "*Tenacity in Religion, Myth, and Folklore: The Neolithic Goddess of Old Europe Preserved in a Non-Indo-European Setting*", in: Indo-European Studies 17 (3 | 4), 1989, p. 277-295.

19 Everson, "*Tenacity in Religion, Myth, and Folklore*", p. 277-295.

20 Paul Faure: "*Crete and Mycenae: Problems of Mythology and Religions History I*", in: *Greek and Egyptian Mythologies*, Chicago 1992, p. 35.

21 Rappenglück, *Eine Himmelskarte aus der Eiszeit?*, p. 277; Rolf A. Stein: *Le Monde en petit*. Jardins en miniature et habitations dans la pensée religieuse d'Extrême-Orient, Paris 2001.

22 Bassie-Sweet, *From the Mouth of the Dark Cave*, p. 83.

23 Gerardo Reichel-Dolmatoff: *Yuruparí*. Studies of an Amazonian Foundation Myth, Cambridge, Ma. 1996, p. 103-104, 110 (fn. 3).

24 Jean Chevalier and Alain Gheerbrant: *The Penguin Dictionary of Symbols*, London 1994, p. 1086.

25 Rappenglück, *Eine Himmelskarte aus der Eiszeit?*, p. 277; Stein, *Le Monde en petit*, p. 64.

26 Bassie-Sweet, *From the Mouth of the Dark Cave*, p. 84; René Gailli and Jean-Pierre Duhard: "*Les représentations humaines pariétales de la grotte Magdalénienne de Bédeilhac*", in: *Pyrénées préhistoriques*. Arts et sociétés, Paris 1996, p. 403-412; p. 407, fig. 4, p. 410, fig. 7; Michael Rappenglück: "*Palaeolithic Timekeepers Looking at the Golden Gate of the Ecliptic: The Lunar Cycle and the Pleiades in the Cave of La Tête-du-Lion (Ardèche, France) – 21,000 BP.*", in: Earth, Moon and Planets 85-86, 2001, p. 391-404; p. 381-388; Vialou, *Frühzeit des Menschen*, p. 176.

27 "Galaktit", in: *Handwörterbuch des Deutschen Aberglaubens III*, Berlin, 1930/31, cols. 256-257; "Mondmilch", in: *Handwörterbuch des Deutschen Aberglaubens IV*, Berlin, 1934/35, cols. 538-539.

28 Frank Dawson Adams: *The Birth and Development of the Geological Sciences*, New York 1938, p. 462-467.

29 Adams, *The Birth and Development of the Geological Sciences*, p. 462-467; Gerardo Reichel-Dolmatoff: "*Desana Shamans' Rock Crystals and the Hexgonal Universe*", in: Journal of Latin American Lore 5 (1), 1979, p. 117-128; ders.: "*Things of Beauty Replete with Meaning: Metals and Crystals in Columbian Indian Cosmology*", in: *Sweat of the Sub, Tears of the Moon*, Los Angeles 1981, p. 17-23.

30 Reichel-Dolmatoff, "*Desana Shamans' Rock Crystals and the Hexgonal Universe*", p. 117-128; ders., "*Things of Beauty Replete with Meaning: Metals and Crystals in Columbian Indian Cosmology*", p. 17-23; J. E. Brady and K. M. Prufer: "*Caves and Crystalmancy: Evidence for the Use of Crystals in Ancient Maya Religion*", in: Journal of Anthropological Research 55, 1999, p. 129-14; Michael Ripinsky-Naxon: *The Nature of Shamanism*. Substance and Function of a Religious Metaphor, Albany 1993.

31 Mircea Eliade: *Schmiede und Alchemisten*, Stuttgart, ^{2}1980, p. 35, 44-58.

32 lapis philosophorum.

33 Joseph Needham et al.: *Science and Civilisation in China*, Cambridge 1980, p. 210-305.

34 Karen Bassie-Sweet: *At the Edge of the World*. Caves and Late Classic Maya World View. Norman 1996. "Höhle", in: *Handwörterbuch des Deutschen Aberglaubens III*, Berlin 1930/31, col. 182; István Guman: "Die Astronomie in der Mythologie der Dogon", in: *Archenhold-Sternwarte*. Vorträge und Studien 48, Berlin-Treptow 1989, p. 8; Adrian Snodgrass: *The Symbolism of the Stupa*, New York 1985; Robert Layton: "*Review Feature. Shamanism, Totemism and Rock Art: Les Chamanes de la Préhistoire in the Context of Rock Art Research*", in: Cambridge Archaeological Journal 10 (1), 2000, p. 169-186.

35 Brigitte and Gilles Delluc: *L'art pariétal archaïque en Aquitaine*, *Paris* 1991; Denis Vialou: *Au Cœure de la Préhistoire*, Paris 1996.

36 Michel Siffre: *Découverte dans les grottes mayas*, Arthaud 1993.

37 Reinhold Merkelbach: *Mithras: Ein persisch-römischer Mysterienkult*. Weinheim 1994, p. 301, Ill. 46.

38 *L'Art des Cavernes*. Atlas des grottes ornées paléolithiques françaises, Paris 1984, p. 578-582.

39 *L'Art des Cavernes*, p. 576-577.

40 Ludmila Iakovleva and Pinçon Geneviève: *Angles-Sur-L'Anglin (Vienne).* La Frise sculptée du Roc-aux-Sorciers, Paris 1997.
41 *L'Art des Cavernes*, p.157-163.
42 *L'Art des Cavernes*, p.154-156.
43 *L'Art des Cavernes*, p. 167-169.
44 Rappenglück, "*Palaeolithic Timekeepers Looking at the Golden Gate of the Ecliptic*" (fn. 26), p. 391-404.
45 Clottes, *La Grotte Chauvet*, p. 137, fig. 131.
46 Bahn and Vertut, *Journey through the Ice Age*, p. 108, 44, 28-29.
47 Michel Lorblanchet: *La grotte ornée de Pergouset (Saint-Géry, Lot).* Un sanctuaire secret. Paléolithique, Paris 2001, p. 140, fig. 121.
48 Johannes Maringer: *Der Fisch in Kunst und Kult der vor- und frühgeschichtlichen Zeit*, in: Anthropos 73, 1978; Chevalier and Gheerbrant, *The Penguin Dictionary of Symbols*, p. 383.
49 Chevalier and Gheerbrant, *The Penguin Dictionary of Symbols*, p. 384.
50 Buffie Johnson: *Die Große Mutter in ihren Tieren.* Göttinnen alter Kulturen. Olten 1990, p. 237-273.
51 Clottes, *La Grotte Chauvet*, p. 154.
52 Leslie G. Freeman and Joaquín González Echegaray: *La grotte d'Altamira*, Paris 2001.
53 Freeman and Echegaray, *La grotte d'Altamira*, p. 46-58, 95-96, 99-101 and fig. 66, 72, 73, 74, 76, 77.
54 Clottes, *La Grotte Chauvet*, p. 33, 168-171, and figs. 161, 162, 163.
55 Iakovleva and Geneviève, *Angles-Sur-L'Anglin (Vienne)*, p. 14, 50-56, 140-143.
56 Dominique Baffier and Michel Girard: *Les Cavernes d'Arcy-sur-Cure*, Paris 1998, p. 96, fig. 80.
57 Lorblanchet, *Höhlenmalerei*, p. 61, 62, 64, 206, 318; Leroi-Gourhan, *Prähistorische Kunst*, p. 155; Lorblanchet, *La grotte ornée de Pergouset (Saint-Géry, Lot)*, p. 154, 164-166, fig. 134; Alain Roussot: *L'Art préhistorique*, Bordeaux 1997, p. 60, fig. 31, p. 62, fig. 32, 67; Denis Vialou: *Au Cœure de la Préhistoire*, Paris 1996.
58 Leroi-Gourhan, *Prähistorische Kunst*, p. 443.
59 Rappenglück, *Eine Himmelskarte aus der Eiszeit?*, p. 283-285; Ch. D. Beeker et al.: „*Taíno Use of Flooded Caverns in the East National Park Region, Dominican Republic*", in: Journal of Caribbean Archaeology 3, 2002, p. 1- 26; p. 3; Nelly Naumann: *Die Mythen des alten Japan*, München 1996, p. 67-81.
60 Theodor G. H. Strehlow: *Aranda Tradations*, Carlton 1947, p. 7.
61 William Ramsay Smith: *Aborigine.* Myths and Legends, London 1996, p. 23-31.
62 G. Chaloupka: *Journey in Time.* The 50,000-year Story of the Australian Rock Art of Arnhem Land, Kew, Victoria 1997, p. 4, 82.
63 Rappenglück, *Eine Himmelskarte aus der Eiszeit?*, p. 283-284; Ryan, *The Strong Eye of Shamanism*, p. 186-187; Stone, *Images from the Underworld*, p. 44; Thor Conway: "*Painted Dreams*", in: *Native American Rock Art*, Northword 1993, p. 149-157.
64 Lewis-Williams, *The Mind in the Cave*, p. 214, 221, 267, fig. 61.
65 David Ulansey: "*Mithras and the Hypercosmic Sun*", in: Studies in Mithraism, Rome, 1994, p. 257-264.
66 Lorblanchet, *Höhlenmalerei*, p. 205-207; Leroi-Gourhan, *Prähistorische Kunst*, p. 215-219; Lorblanchet, *La grotte ornée de Pergouset (Saint-Géry, Lot)*, p. 154.
67 See fn. 66.
68 Sigfried Giedion: "*Space Conception in Prehistoric Art*", in: *Explorations in Communication*, Boston, MA. 1968, p. 87.
69 Chevalier and Gheerbrant, *The Penguin Dictionary of Symbols*, p. 1081-1089.
70 Paul H. Seely: "*The Firmament and the Water Above. Part 1: The Meaning of raqia in Gen 1:6-8*", in: The Westminster Theological Journal 53, 1991, p. 227-240; Wilhelm Gundel: *Sterne und Sternbilder im Glauben des Altertums und der Neuzeit*, Hildesheim 1981, p. 18, 20.
71 Peter Metevelis: "*The lapidary sky over Japan*", in: Asian Folklore Studies 59, 2000, p. 79-88; Gundel, *Sterne und Sternbilder im Glauben des Altertums und der Neuzeit*, p. 12.
72 Seely, *The Firmament and the Water Above*, p. 239.

73 E.g. Raffaele Pettazzoni: "*Io and Rangi*", in: *Essays on the History of Religions*, Leiden 1954, p. 37-42, 41-42; William Wyatt Gill: *Myths and Songs from the South Pacific*, London 1876, p. 58; Robert Wood Williamson: *Religious and Cosmic Beliefs of Central Polynesia*, Cambridge 1933, I, p. 91: Alfred Kühn: *Weltanfang bei den Indochinesen und ihren Nachbarvölkern: Ein Beitrag zur Mythologie des Fernen Ostens*, Leipzig 1935, p. 22, 34, 161; Theodor-Wilhelm Danzel, *Sagen und Legenden der Südsee-Indianer*, Hagen i. W. 1923, p. 31; Edward Horace Man: *On the Aboriginal Inhabitants of the Andaman Islands*, London 1885 (repr. 1932); Ivor H. N Evans: *Papers on the Ethnology and Archaeology of the Malay Peninsula*, Cambridge 1927, p. 23-24; ders.: *The Negritos of Malaya*, Cambridge 1937, p.145; James P. Mills, *The Lhota Nagas*, London 1922, p. 172; ders.: *The Ao Nagas*, London 1926, p. 225 n. 1.; Hans Reichelt, *Der steinerne Himmel*, IF 32, 1913, p. 23-57, pp. 23: "They believe in a supreme Being called *Boyma* [*Baiame*, Kamilaroi], who dwells in the north-east in a heaven of beautiful appearance, seated on a throne of transparent crystal …"; Alfred Howitt: *The native Tribes of South East Australia*, London 1904, p. 501; Heinrich A. Wieschhoff: "*Some reflections on African cosmographies*", in: Ethnos 1939, p. 39, 40, 41, 47.

74 Gundel, *Sterne und Sternbilder im Glauben des Altertums und der Neuzeit*, p. 13-14, 18.

75 Adams, *The Birth and Development of the Geological Sciences*, p. 472-474.

76 Mircea Eliade*: Schamanismus und archaische Ekstasetechnik*, Frankfurt a. M. 1975, p. 139-142.

77 William R. Lethaby: *Architecture, Mysticism and Myth*, Mineola, New York 2004, p. 224.

78 Konrad Onasch: *Lichthöhle und Sternenhaus.* Licht und Materie im spätantik-christlichen und frühbyzantinischen Sakralbau, Dresden 1993.

79 Joseph Schach and C.E. Bosworth: *Das Vermächtnis des Islams*, Vol. 2, München 1983, p. 35.

80 Michael Rappenglück: "*The Pleiades in the 'Salle des Taureaux', Grotte de Lascaux (France). Does a Rock Picture in the Cave of Lascaux Show the Open Star Cluster of the Pleiades at the Magdalénien Era, ca. 15.300 B.C.?*", in: Actas del IV Congreso de la SEAC 'Astronomy and Culture', Salamanca 1997, p. 217-225; ders.: "*De Stier, Hyaden en Pleiaden in de grot van Lascaux*", in: Zenit 28 (12), 2001, p. 544-548.

81 Rappenglück, "*Palaeolithic Timekeepers Looking at the Golden Gate of the Ecliptic*" (fn. 26), p. 391-404.

82 Michael Rappenglück: "*Ice Age People Find their Ways by the Stars: A Rock Picture in the Cueva de El Castillo (Spain) May Represent the Circumpolar Constellation of the Northern Crown (CrB)*", in: Migration & Diffusion, an international journal 1 (2), 2000, p. 15-28.

83 Michael Rappenglück: "*The Claviform P-Sign a Time Unit? – Interpreting a Palaeolithic Symbol*", in: Istorija i kultura vostoka Asii, Tom I, Novosbirisk, 2002, p. 224-230; p. 395, fig. 2 c.

84 Rappenglück, *Eine Himmelskarte aus der Eiszeit?*, 194, 205-206; Bahn and Vertut, *Journey through the Ice Age*, p. 192.

85 Rappenglück, *Eine Himmelskarte aus der Eiszeit?*, 15-17, ders., *Palaeolithic Timekeepers Looking at the Golden Gate of the Ecliptic*, ders., *The Claviform P-Sign a Time Unit? – Interpreting a Palaeolithic Symbol.*

86 Rappenglück, *Eine Himmelskarte aus der Eiszeit?*, 15-17.

87 Rappenglück, *Eine Himmelskarte aus der Eiszeit?*, ders.: "*Een sterrenhemel in de ‚Schacht van de Dode Man'*", in: Zenit 30 (1), 2003, p.12-17.

88 Rappenglück, *Eine Himmelskarte aus der Eiszeit?*, 237-277.

89 Michael Rappenglück: "*The Milky Way: Its Concept, Function and Meaning in Ancient Cultures*", in: *Astronomy of Ancient Societies*, Moscau, 2002, p. 270-279; p. 273-276.

90 Rappenglück, *Eine Himmelskarte aus der Eiszeit?*, 81-277.

91 Rappenglück, *Eine Himmelskarte aus der Eiszeit?*, 237-287.

92 Krupp, *Skywatcher, Shamans and Kings.* Astronomy and Archaeology of Power, p. 112; Rappenglück, *Eine Himmelskarte aus der Eiszeit?*, p. 281-282; Chevalier and Gheerbrant, *Dictionary of Symbols*, p. 169.

93 Chevalier and Gheerbrant, *Dictionary of Symbols*, p. 169.

94 Krupp, Skywatcher, *Shamans and Kings.* Astronomy and Archaeology of Power, p. 112.

95 Rappenglück, *Eine Himmelskarte aus der Eiszeit?*, p. 281-282.

96 Rappenglück, *Eine Himmelskarte aus der Eiszeit?*, p. 281-282.

97 Rappenglück, *Eine Himmelskarte aus der Eiszeit?*, p. 277; Stein, *Le Monde en petit*, p. 64-65. Chevalier and Gheerbrand, *Dictionary of Symbols*, p. 170.

98 cf. *Lascaux scene in the shaft of the "Dead Man"*.

99 Reinhold Merkelbach: *Mithras: Ein persisch-römischer Mysterienkult*, p. 133-145, 193-244; Rappenglück, *Eine Himmelskarte aus der Eiszeit?*, p. 279-280.

100 Jean Varenne: "*Mithra (or Mihr, Mihir, Meher)*", in: *Asian Mythologies*. Chicago 1993, p. 117-188.

101 Chevalier and Gheerbrand, *Dictionary of Symbols*, p. 168.

102 Rappenglück, *Eine Himmelskarte aus der Eiszeit?*, p. 282.

103 Rappenglück, *Eine Himmelskarte aus der Eiszeit?*, p. 280; Chevalier and Gheerbrand, *Dictionary of Symbols*, p. 168.

104 Mircea Eliade: *Yoga*. Unsterblichkeit und Freiheit, Frankfurt / M. 1977, p, 245; Chevalier and Gheerbrand, *Dictionary of Symbols*, p. 169.

105 Adrian Snodgrass, *The Symbolism Of The Stupa*, Ithaca, New York 1985, p. 201-202.

106 Erik Hornung: *Ägyptische Unterweltsbücher*, Zürich 1984.

107 Rappenglück, *Eine Himmelskarte aus der Eiszeit?*, p. 283-294; Jaokim Goldhahn: "*Rock Art and the Materialisation of a Cosmology – the Case of the Sagaholm Barrow*", in: BAR International Series 794 Oxford, 1998, p. 77-100.

108 Stone, *Images from the Underworld*, p. 37-39.

109 Franciscus Verellen: "*Die Mythologie des Taoismus*", in: *Götter und Mythen Ostasiens* (Haussig, Vol. VI), Stuttgart 1994, p. 737-863; p. 782; Michael C. Kaltenberg: "*Caves and labyrinths in ancient China*", in: *Asian Mythologies*, Chicago, 1993, p. 259-260.

110 Kevin Sharpe: "*Investigating Finger Flutings*", in: Rock Art Research 19 (2), 2002, p. 109-116; Bahn and Vertut, *Journey through the Ice Age*, p. 38-41, 106.

111 Lewis-Williams, *The Mind in the Cave*, p. 217-220; Bahn and Vertut, *Journey through the Ice Age*, p. 33-34, 119-121; Clottes and Courtin, *Grotte Cosquer bei Marseille*, p. 59-79.

112 Lewis-Williams, *The Mind in the Cave*, p. 214-220; Vjaceslav E. Ščelinskij and Vladimir N. Širokov: *Höhlenmalereien im Ural*. Kapova und Ignatievka. Die altsteinzeitlichen Bilderhöhlen im südlichen Ural, Sigmaringen 1999.

113 Lorblanchet, *Höhlenmalerei*, p. 220-221. Ščelinskij and Širokov: *Höhlenmalereien im Ural*, p. 129.

114 Jean Clottes: *Niaux*. Die altsteinzeitlichen Bilderhöhlen in der Ariège und ihre neu entdeckten Malereien, Sigmaringen 1997, p. 76-80; Lorblanchet, *Höhlenmalerei*, p. 220-221. A very peculiar example is given in Bruniquel (Tarn-et-Garonne, France (*L'Art des Cavernes*. Atlas des grottes ornées paléolithiques françaises, p. 549-551), 47,600 B.P. Several hundred meters inside the cave broken stalactites and stalagmites were piled and arranged in an oval (roughly 5 x 4 m), with a smaller round structure next to it, presumably indicating the delimitation of a symbolic or ritual space in the subterranean world (François Rouzaud, Michel Soulier, Yves Lignereux: "*La Grotte de Bruniquel*", in: Spélunca 60: 28-34, 1996).

115 Ann Sieveking: "Cave as Context in Paleolithic Art", in: *The Human Use of Caves*. BAR International Series 667, Oxford 1997, p. 28-29.

116 Rouzaud, Soulier and Lignereux, *La Grotte de Bruniquel*, p. 28-34.

117 Bassie-Sweet, *At the Edge of the World*. Caves and Late Classic Maya World View, Norman 1996, p. 151-152, 215-216 with fn. 7, 222 with fn. 4, 5, 6,7; Broda, *Speleothem Breakage, Movement, Removal, and Caching*: An Aspect of Ancient Maya Cave Modification, p. 725-750.

118 Bassie-Sweet, *From the Mouth of the Dark Cave. Commemorative Sculpture of the Late Classic Maya*, p. 83.

119 Faure, Crete and Mycenae, *Problems of Mythology and Religions History I*, p. 35.

120 "Galaktit", in: *Handwörterbuch des Deutschen Aberglaubens III*, Berlin 1930/31, cols. 256-257; Adams, *The Birth and Development of the Geological Sciences*, p. 464.

121 "Höhle", in: *Handwörterbuch des Deutschen Aberglaubens III*, Berlin 1930/31, col. 182.

122 Rappenglück, *Eine Himmelskarte aus der Eiszeit?*, p. 277; Stein, *Le Monde en petit*, 276-277.

123 Lorblanchet, *Höhlenmalerei*, p. 207-213; Bahn and Vertut, *Journey through the Ice Age*, p. 85, 199.

124 Lewis-Williams, *The Mind in the Cave*, p. 148-149, 162, 199; Lorblanchet, *Höhlenmalerei*, p. 203, 207. David Lewis-Williams and Thomas A. Dowson: "*Through the Veil: San Rock Paintings and the Rock Face*", in: South African Archaological Bulletin 45, 1990, p. 5-16.

125 Lewis-Williams, *The Mind in the Cave*, p. 214, 221, 267, fig. 61.

126 See fn. 125.

127 Bahn and Vertut, *Journey through the Ice Age*, p. 33-34.

128 A.W. Reed: *An Illustrated Encyclopedia of Aboriginal Life*, Sydney 1974, p. 38.

129 Rappenglück, *Eine Himmelskarte aus der Eiszeit?*, p. 238-277.

130 Lewis-Williams, *The Mind in the Cave*.

131 James L. Pearson: *Shamanism and the Ancient Mind.* A Cognitive Approach to Archaeology, Walnut Creek 2002; Robert G. Bednarik, "*On Neuropsychology and Shamanism in Rock Art*", in: Current Anthropology 31, 1990, p. 77-80.

132 Guman, *Die Astronomie in der Mythologie der Dogon*, p. 8.

133 Snodgrass, *The Symbolism of the Stupa*, p. 201-202.

134 Rappenglück, *Eine Himmelskarte aus der Eiszeit?*, p. 25-36; Layton, *Review Feature. Shamanism, Totemism and Rock Art: Les Chamanes de la Préhistoire in the Context of Rock Art Research*, p.184.

MARIANNE BEUCHERT

*Zur Symbolik der Pflanzen**

Dieser Beitrag versucht sich an der schwierigen Deutung von Symbolen, genauer: von Pflanzensymbolen. Siegmund Freud blieb demgegenüber skeptisch und warnte vor solchen Erklärungsversuchen. Für manche Symbole mag das zutreffen; mir scheint es für die pflanzlichen Symbole gar nicht so unmöglich, wenn man ihre persönlichen Eigenschaften, die zur Symbolbildung geführt haben, kennt und berücksichtigt. Nährwert, Heilkraft, Gift: Sie alle waren für den frühen Betrachter zunächst außermenschliche, unheimliche Kräfte. Vermutlich viel später kamen äußere Dinge wie Duft, Schönheit, Langlebigkeit – eben ihre Ausstrahlung – als symbolbildend dazu (z. B. bei Rosen oder Lilien).

Sicher kann man sagen, daß es einerseits diese inneren und äußeren Eigenschaften waren. Es ist aber auch zu erkennen, daß bei der Symbolbildung stets starke emotionale Kräfte beteiligt sind – Liebe, Trauer, Angst, Hoffnung. Erst dann wird eine Umformung von Materiellem in ein Geistiges möglich. Martin Buber hat einmal geschrieben: „Kein Symbol hat echtes Sein im Geiste, wenn es nicht echtes Sein im Leibe hat."[1]

Doch Symbole sind auch abhängig vom Zeitgeist, sie sind epochenspezifisch, wie fast alles. Doch selten sterben Symbole völlig aus. C. G. Jung hat diese nach langer Zeit des scheinbaren Vergessens wieder auftauchenden Symbole *archetypische Symbole* genannt. Häufig kommt es vor, daß sie bei ihrem Auftauchen eine Wandlung von 180° durchgemacht haben. Hierbei denke ich z. B. an die vielen Marienblumen der Maler der Renaissance, die in der antiken Welt schlicht als Hurenblümchen galten – zumindest waren sie den antiken Liebesgöttinnen und Göttern, gleich welchen Namen sie trugen, heilige Symbole der Zeugungskraft und Fruchtbarkeit.

Bei derartigen Wandlungen passierten freilich auch Mißverständnisse, besser Irrtümer. Die Zeder – ein heiliger Baum vieler Völker des mediterranen Bereiches – wurde bald schon von den frühen Christen Maria zugeordnet. Die Zeder heißt im Italienischen *cedro* – *cedro* nennt man dort auch die Zitrone. So erscheint auf einigen frühen italienischen Marienbildern die Zitrone der Gottesmutter beigeordnet. Noch peinlicher irrte der Maler Carlo Crivelli; er verstand statt *cedro* für Zeder *cetriola* (= *Gurke)* und schmückte Maria mit einer Gurke.

Was ist nun eigentlich ein Symbol? Die heute meist akzeptierte Erklärung kommt aus dem Griechischen: Symbol = *symbalein*. In der antiken Welt war es üblich, wenn zwei Freunde voneinander schieden, einen Gegenstand – eine Münze, einen Ring, eine Tontafel – zu zerbrechen. Jeder Freund bekam die Hälfte. Kehrte der eine nach langer Zeit zurück, so konnte er sich dem anderen oder dessen Familie mit seinem Teilstück zu erkennen geben. *Ein Symbol ist also immer nur die Hälfte des Ganzen.*

Für unseren Zeitgenossen Umberto Eco sind Symbole verstehbare Zeichen eben jener Wahrheit der christlichen Lehre, die in ihrer theoretischen Formulierung nicht so eingängig waren. Dazu ein Beispiel: Im Walraff-Richartz-Museum in Köln steht ein Flügelaltar des Meisters der Heiligen Sippe von etwa 1500. Auf der linken Außenseite findet man (möglicherweise als Stifter) den Bischof von Autin. Gleich einem Baumschulisten trägt er Veredlungsreiser und die dieser gärtnerischen Arbeit zugehörigen Werkzeuge. Auf dem linken inneren Flügel (also genau auf der Rückseite dieser Tafel) zeigt der Heilige Rochus seine Wunden, die ganz deutlich den Schnitten im Holz ähneln, wenn der Gärtner Edelreiser einsetzt. Lies: *Die christliche Lehre veredelt den Menschen.*

Oft sind Pflanzen als Zeichen oder Embleme illegaler Kultgemeinschaften oder Geheimbünde genutzt. Ebenso erscheinen sie in Mysterienkulten. Doch natürlich auch bei Hochzeiten, Beerdigungen – immer in Lebensmomenten, über die man nicht gerne zu deutlich spricht, die mit einem gewissen Tabu belegt sind oder waren. Ein gängiger Lehrsatz der Kunstgeschichte lautet: *Im Symbol ist die Sprengkraft von Jahrtausenden deponiert.* Brendan Lehane schreibt 1977: „Die einzige Gattung Mensch, die überlebt hat, der homo sapiens, hat das z. T. nur deshalb geschafft, weil Pflanzen in der Lage waren, so viele seiner Bedürfnisse zu befriedigen, darunter auch jene, die auftauchten, wenn er krank war."[2]

Es ist zu vermuten, daß sehr viele Symbole der Pflanzen bereits in der Frühzeit des Menschen gebildet wurden. Man mußte ja damals alles *verkosten,* um zu erfahren, welchen Einfluß die Pflanzen auf den eigenen Körper, auf die Psyche hätten. Stellen Sie sich das Entsetzen vor, wenn eine ganze Familie vom Verzehr einiger kleiner Pilze starb. Oder wenn man das Gefühl hatte, durch die Luft zu fliegen, wenn man bestimmte Pflanzen gegessen hatte. Wichtig war auch, wenn man glaubte zu erfahren, daß eine bestimmte Pflanzenkost die sexuelle Leidenschaft steigern oder mindern konnte.

Möglicherweise führten alle diese so sehr verschiedenen Erfahrungen zur *Gottesidee.* Solche durch die kleinen Pflanzen wirkenden Kräfte waren außerhalb der menschlichen Vorstellungswelt, ein rätselvolles, gigantisches Wesen mußte durch sie handelnd in das Menschenleben eingreifen. Dieses gewiß nicht einfach, sondern oft schmerzlich erworbene pragmatische Wissen über Nutzen und Gefahr der Pflanzen erweckte den Wunsch, es an andere, vor allem die folgende Generation weiter zu geben. Bilder, auch Mythen und Reime, erinnern sich leichter als rein logische Erklärungen. Dies war vermutlich die Geburtsstunde der Symbole. Denn Symbol kann nur werden, was in irgendeiner Form mit dem Objekt verwandt ist. So muß man glauben, daß, als die Welt historisch wurde, bereits fast endgültig über die Wertschätzung und Symbolbildung der für die Menschen wichtigsten Pflanzen entschieden war, die Götter hatten sie in ihren Schutz genommen.

Rätselvoll ist, wie viel sich in unserer Sprache aus dieser ganz fernen Zeit über die Bedeutung bestimmter Pflanzen erhalten hat. Auch Worte sind Symbole, in besonderem Maße trifft dies auf Bäume zu. Viele waren durch ihre Früchte Grundlagen der Ernährung. Andere wurden durch ihre markanten Formen oder Standorte Treffpunkt, Aufenthaltsort der Familien oder ganzer Familiengruppen. Wir sprechen heute noch vom

‚Stamm' der Franken, ‚Stamm' der Bayern usw. Der ‚Stammvater' herrschte unter dem ‚Stammbaum', die ‚Stammeskrieger' verteidigten das ‚Stammesrecht' des ‚Stammesgebietes'. Je länger man darüber nachdenkt, desto mehr fällt einem dazu ein. Es gibt auch heute noch kaum einen Begriff im Zusammenhang mit Familie, der nicht mit Bäumen bzw. Pflanzen zusammenhängt: Der ‚Stammbaum' der Familie vergrößert sich, wenn ein Sprößling erwartet wird. Alle hoffen, daß es ein ‚Stammhalter' wird. Die Familie hat ihre Wurzeln in ..., sie ‚breitet sich aus über' ... Man kann dieses Spiel noch lange fortsetzen. Auch die ‚Hofbäume der Bauernhöfe' gehen darauf zurück, möglicherweise bis hin zum Hausbaum, den jeder Planer einem Einfamilienhaus zuordnet. Doch über den Rastplatz der Familie hinaus hatten Bäume bei allen Völkern einen größeren Symbolwert als krautige Pflanzen.

In der germanischen Mythologie schufen Odin und seine Brüder das erste Menschenpaar, *Ask* und *Embla.* Wichtig hier der Lautklang! Sie schnitzten diese ersten Menschen aus Stämmen von Esche und Erle, die sie am Fluß fanden. Aus der Esche wurde der erste Adam der Germanen, *Ask*, aus der Erle seine Eva, *Embla.*

Ask war auch der Name des Eschenbaumes, und *Ask* hieß auch der Speer, der meist aus Eschenholz geschnitzt war. Die Wikinger nannten sich *Askemanen* – Speermänner oder Eschenmänner. Im 3. Jahrtausend soll ein indogermanischer Stamm über den Kaukasus nach Westasien eingewandert sein. In der jüdischen Sprache blieben offenbar aus dieser Zeit die Fremdwörter *Aschkenas* und *Aschkenasien* erhalten für Mitteleuropäer und Deutschland und ist heute noch in jüdischen Familiennamen zu finden.

Die Bedeutung der ‚Weltesche' *Yggdrasil* ist allen geläufig. Die Schlange *Nidhögg* nagt ständig an ihren Wurzeln. Fast alle Völker erzählen von einem heiligen Urbaum, nahezu alle, die von ihm berichten, ordnen ihm eine Schlange zu. Der nährende, bergende, schützende Baum ist das Symbol für das Weibliche, die Schlange ist phallisch, sie ist zugleich ein Symbol der chthonischen Kräfte, aus der Finsternis der Erde kommend.

Viele Bäume waren Symbol des Heiligen an sich. Besonders mächtige Exemplare wählten sich die Götter, um aus ihnen zu sprechen, selten, um in ihnen zu wohnen. Am bekanntesten sind die ‚Zeuseiche' von Dodona und der ‚Lorbeer' des Apollon. Ihr Rauschen empfand man als ein Orakel, ein „Einschreiten Gottes". David sprach von dem Rauschen als ein „Vorausgehen Jahwes" in den Kampf. Die Ehrfurcht vor der Sprache der Bäume blieb bis in unsere Zeit. Denken Sie an das herrliche Sturmgedicht Rilkes:

> Dich wundert nicht des Sturmes Wucht,
> Du hast ihn wachsen sehn.
> Die Bäume flüchten.
> Ihre Flucht schafft schreitende Alleen.
> Da weißt du, der, vor dem sie fliehn
> ist der, zu dem du gehst.
> Und deine Sinne singen ihn,
> wenn du am Fenster stehst.

Orakelbäume der Nomaden waren die *Tamarisken,* es gibt kaum andere Bäume in den zentralen Wüstengebieten. Sie sind vom mediterranen Raum bis China beheimatet.

Doch häufig scheint nicht eingetroffen zu sein, was die Schamanen als Voraussagen der Tamarisken übersetzten. Vom Symbol „göttlichen Wissens", zu dem die Schamanen sie erhoben, glitt die Tamariske ab zum Symbol des Betruges, der Kriminalität. Im mittleren Osten mußten ertappte Betrüger einen Kopfkranz aus Tamarisken tragen; ähnliches berichtet Diodor aus Sizilien, wo Kriminelle mit Tamarisken bekränzt durch die Stadt geführt wurden.

Doch Bäume waren nicht nur geheiligt – oder vielleicht gerade deshalb waren sie Macht- und Reichtumssymbole. In Rom wurde ein Grundstück dadurch in Besitz genommen, daß man einen Zweig eines darauf stehenden Baumes brach – eine Tatsache, die wohl durch die Übernahme des römischen Rechtes auch lange bei uns gültig war. Denken Sie an ‚symbalein' – Teil des Ganzen!

Die Zerstörung wichtiger oder wertvoller Bäume des Feindes war ein Symbol des Sieges über ihn. Im Tempel von Karnak bei Luxor ist im Eingangsbereich ein großes Flachrelief, das das Fällen der Zedern des besiegten Libanon zeigt. Derartige Zerstörungen waren eine häufig genutzte psychologische Waffe – ein gleichartiges Symbol wie in späteren Zeiten die Eroberung der Fahne des Feindes. Christliche Missionare fällten die heiligen Eichen der Germanen.

Palme, Lorbeer, Zeder und Eiche wurden nicht nur bei dem besiegten Feind vernichtet, als kündende Symbole dieser Siege wurden Zweige von ihnen in die Heimat gesandt, noch dauerhafter auf Münzen geprägt. Im 2. Jahrhundert v. Chr. prägten die Makabäer als Siegeszeichen Dattelpalmen auf ihre Münzen. Nach dem Sieg der Römer über Judäa – 53 n. Chr. – prägten die Römer eine Münze, auf der eine trauernde Frau unter einer Palme sitzt, mit der Inschrift „Judaea capta". Nach der Plünderung Jerusalems hatten die Römer als Symbole ihres Triumphes Palmzweige durch die Stadt getragen.

Nun verleiten mich die Kriege der Römer gegen die Juden dazu, einen kleinen Ausflug von den Bäumen zu den Kletterpflanzen zu machen: Efeu ist das Attribut des Dionysos-Bacchus, des Weingottes, mit orgiastischen Kulten. Man wußte, wie sehr strenggläubige Juden diesen Fruchtbarkeitsgott mit seinen wilden Kulten ablehnten. Nach seinem Sieg über die Juden zwang Ptolomäus Philopator diese, ein Efeublatt als Tätowierung zu tragen. Ein anderer römischer Statthalter, Antiochus Epiphanes, verlangte von den Juden, am Dionysosfest, mit Efeu bekränzt, in der Prozession mitzugehen. Stern des David!

Ganz gleich, wo Pflanzen wachsen, welchen Namen sie tragen, immer sind die, die ihr Laub im Winter verlieren, Symbole der Vergänglichkeit der Zeit; sie bedeuten aber zugleich auch Wiedergeburt durch Wandlung. Immergrüne Pflanzen sind Ewigkeitssymbole; da sie Lebenskraft und Ausdauer zeigen, werden sie nicht nur in Verbindung zu einem starken Leben (als Siegeszeichen, Palme, Lorbeer) genutzt, sondern ebenso in Todesnähe. Noch heute kann man es erleben, daß in deutschen Mittelgebirgen Sargträger einen Zweig Rosmarin im Mund tragen, den sie dann dem Toten ins Grab nachwerfen.

Hier ist vielleicht der Punkt, über die oft rätselvolle Ambivalenz der Symbole zu sprechen. Aus unserer Sicht ist nicht mehr jede Mehr- bzw. Vieldeutigkeit verstehbar.

Einige setzen die Kenntnis älterer oder ferner Kulturen voraus. Nehmen wir als Beispiel China, in dessen streng ritualisierter Gesellschaft Symbole in reichem Maße zu finden sind. Oft liegen mehrere Symbolbedeutungen hintereinander, die je nach Einweihungs- und Bildungsgrad verstanden werden und aus dem Zusammenhang, in dem sie stehen, oft sehr unterschiedliche Bedeutungen haben. In der chinesischen monosyllabischen Sprache ist es die Tonhöhe, die den Sinn gibt, bei der Schrift die Zusammensetzung der Zeichen. *Ping* heißt Apfel, Friede, Vase, Flasche. Eine Geschichte dazu:

Eines Morgens im Jahre 1978 waren die höchsten Spitzen der höchsten Bäume des *Tienanmeng*-Platzes mit kleinen Flaschen dekoriert, die mit einer roten Flüssigkeit gefüllt waren. Alles lachte! Es war ein Volksentscheid. Damals, nach Maos Tod, wünschten viele bei dem notwendigen Wechsel in der Führungsspitze Deng Xiaoping zurück an die Macht. *Xiao* heißt klein, *Ping* u.a. Flasche. Das Rätsel war so zu lösen: Wir wünschen die kleine Flasche, Deng Xiaoping, an die höchste Stelle des Staates, der durch den Baumstamm symbolisiert wird. Die Flasche hat einen roten Inhalt – auch wieder ambivalent. Es konnte heißen: „Er ist ein guter Kommunist"; oder, da Rot seit Chinas früher Zeit die Glücksfarbe ist: „Denn er ist voll mit Glück" – eine gute Voraussetzung zum Regieren.

Bleiben wir noch einen Augenblick in der Ost-West-Spannung, bei der Chrysantheme. In China und Japan ist sie fast so etwas wie eine heilige Blume. Beide Länder feiern am 9. Tag des 9. Monats das Chrysanthemenfest, etwa am 15. November. In ihrer natürlichen Heimat ist diese Blume das *Symbol für Ausdauer und Stärke in schwierigen Verhältnissen.* Die Chrysanthemen beginnen mit dem Blühen, wenn alle anderen Pflanzen sich vor der Winterkälte zurückziehen. Sie ist ein Emblem des Staates Japan und des Kaisers. – Als Mitte des 19. Jahrhunderts Chrysanthemen auch Europas Gärtnereien erreichten, wurden sie durch ihren Blühtermin, der mit den europäischen Totenfesten zusammenfiel, rasch zur *Friedhofsblume.* Nachdem es durch geschickte Manipulation gelang, sie seit etwa 35 Jahren ganzjährig zum Blühen zu bringen, gab es große Schwierigkeiten, sie von diesem Symbol zu befreien. Zu einem *Symbol von Ausdauer und Stärke in schwierigen Verhältnissen* wurden die Chrysanthemen bei uns trotzdem nicht.

Andere Pflanzensymbole haben in allen Gebieten, in denen ihre Familien natürlich vorkommen, die gleiche Bedeutung. Nehmen wir die Orchideen: Sie gehören zu den erdgeschichtlich jüngsten Pflanzen und gelten als die intelligenteste Familie. In den kühleren Regionen wachsen sie meist auf lichten Waldwiesen, also auf der Erde. Im tropischen Dschungel hausen sie als Kinder der Luft in den Kronen der Bäume, wo sie sich fast alle im faulenden Laub von Astgabeln ansiedeln. Doch wo und wie diese Familienmitglieder auch wachsen, überall gelten sie als Symbole sexueller Lust und des Betruges in Sachen Sexualität. In allen Sprachen wird das in den Volksnamen deutlich. Bei uns: Knabenkraut, Kuckucksblume, Pfaffenhödlein, Heiratswurzel usw. Wo sie wachsen, waren sie den Fruchtbarkeitsgöttern heilig. Das Christentum konnte sie nicht ausrotten und benannte z. B. den Frauenschuh in Marienschuh um. Ich könnte Sie möglicherweise langweilen mit unzählbaren Darstellungen in der Kunst ... nur ein Hinweis auf Europa: Auf dem großen Tryptichon des Hieronymus Bosch (Museu de Arte Antiga, Lissabon) trägt eine Hexe eine riesige Orchidee als Kopfschmuck. Sie reicht einem großen Frosch einen Liebestrank. Er wiederum ist von einer orchideenförmigen Aureole umgeben. Auch der Frosch ist ein altes Fruchtbarkeitssymbol. Natürlich fragte ich in China nach der Bedeutung der Orchideen. Ich bekam die verschiedensten, jedoch unbefriedigenden Auskünfte wie: „Eine Blüte im Zimmer erhöht den Wert des Raumes wie ein bedeutender Gast eine ganze Gesellschaft.“ Dann fragte ich nach weiteren Lesbarkeiten des Schriftzeichens. Sehr zögernd kam die Antwort: „Es ist aus drei Zeichen zusammengesetzt“ – Pause. Dann zögerte man: ... „Blüte –Tor – Einladung“. Das genügte mir.

Viele Pflanzensymbole sind aber auch innerhalb des jeweiligen Kulturkreises ambivalent. Das mag mit ihrer Wandlung durch den Zeitgeist zusammenhängen, von der ich eingangs schon sprach. Doch fast immer ist es so, daß auch neben dem gewandelten Inhalt das alte Wissen unterschwellig fortlebte. So waren jene vom Christentum als Hexen verteufelte Frauen mit ihrer Kräuterkenntnis einst wichtige Heilerinnen und Helferinnen in Liebesnöten und anderen Kümmernissen gewesen. Trotz aller Bedrängnis werden viele ihr Wissen um die Pflanzenkräfte an die nächste Generation – meist in Symbolen verschlüsselt – weiter gegeben haben, wie das seit Urzeiten üblich war. Denn gerade das Wissen um die Heilkraft bestimmter Pflanzen, ihre rechte Dosierung, ihre Giftigkeit brachte nicht nur den Lebensunterhalt ein, sondern auch Macht mit sich. Das wurde schon früh bei fast allen Religionsgemeinschaften erkannt. Die Pflanzen und das Wissen um ihre Heilkraft verschwanden im Schutz der Priesterschaft oder wurden zumindest bestimmten Göttern zugeordnet. Am häufigsten beschrieben ist der Garten der dreiköpfigen *Hekate* – Göttin, Gärtnerin und Zauberin zugleich. Er soll hinter neun Klafter hohen Mauern verborgen gewesen sein, bewacht von *Artemis*, der jungfräulichen Göttin der Jagd. Sie bot Schutz vor Gift und Mißbrauch.

Doch es gab auch über das Religiöse hinaus aus weltlichen Emotionen begründete Wandlungen. In einer frühen Epoche Mitteleuropas galten Kornblumen als Blumen der Untreue, da sie ihre blaue Farbe (die der Treue) im Verblühen rasch in Weiß wandeln, also ihr Versprechen nicht halten konnten. Das aufkommende Bürgertum im 16. Jahrhundert wertete dagegen nur noch das klare Blau. Es wurde Mode, Kränze aus Kornblumen zu tragen als Symbol von zartem Gefühl, von Treue und Beständigkeit. Wie alle Moden verging auch diese. Das Symbol tauchte unter. Wieder einige hundert Jahre später bevorzugte Kaiser Wilhelm I. die Kornblumen wegen ihres „Preußisch Blau“. Es sprach sich herum, daß seine Bediensteten, solange es die Jahreszeit erlaubte, sein Frühstückstablett – mit Kornblumen schmückten. Die Berliner trugen daraufhin, wenn möglich, eine Kornblume im Knopfloch, Blumen, die bald auch künstlich hergestellt wurden. Es war ihr persönliches Symbol der Treue zum Herrscherhaus.

Psychologisch interessant ist nun, wie solch ein lange Zeit verschwundenes und wieder aufgetauchtes Symbol beginnt auszustrahlen. In England waren Kornblumen etwa 200 Jahre fast ganz aus den Gärten verschwunden gewesen. Nun begann man im 19. Jahrhundert auf den britischen Inseln mit neuen Züchtungsversuchen niedrig bleibender Sorten, die den dortigen Windverhältnissen besser standhielten. Das beste Züchtungsergebnis erhielt den Namen „Victoria“ nach der englischen Königin.

Ganz anders reagierte man bei den östlichen Nachbarn Deutschlands. In Böhmen war damals ein Sprachenkampf ausgebrochen zwischen Deutsch und Tschechisch. Die Kornblume wurde auch dort zu einem Symbol preußisch-deutscher Gesinnung. H. Rehling schreibt 1904: „Das Tragen derselben ruft deshalb auch den Haß der Tschechen wach, und in den deutsch-böhmischen Blättern liest man darum oft von beleidigenden Angriffen und Beschimpfungen, die den Trägern der Kornblumen widerfahren."[3] Mit dem Staat Preußen starb auch das Symbol „Kornblume", zumindest verschwand es für bestimmt lange Zeit.

Buchsbaum ist in der bereits besprochenen Weise Symbol für Leben und Tod, doch auch für treue Liebe über den Tod hinaus, ganz besonders jedoch für Liebesschmerz. Als Attribut ist er dem Gott des Schmerzes *Hades* zugehörig. Aber der kleine freche Gott *Amor* schnitzt seine Pfeile aus Buchsbaumholz – scharf und spitz. In ihm ganz besonders wichtigen Fällen benutzt er allerdings das Holz von Zypressen; aber auch sie sind *Hades* zugeordnet.

Weiter zur Ambivalenz: Johanniskraut hat eine stark entspannende Wirkung. Es ist ein altes Volksheilmittel und ein Symbol für Genesung von Kummer. Der rote Saft, den man um die Mittsommerzeit aus den Knospen pressen kann, wurde vielen ein Symbol der Hilfe in Liebesdingen, vermutlich wegen seiner chemischen, Depressionen heilenden Inhaltsstoffe. Andererseits war gerade der blutrote Saft – und hier liegt die Ambivalenz – ein oft genutztes geheimes Symbol, eine Warnung, Johanniskraut an Freunde zu senden, die man für gefährdet hielt.

Gelegentlich sollen die Götter selbst die Hand im Spiel gehabt haben, daß Symbole ambivalent wurden. Die weißen Lilien – seit der kretisch-mykenischen Kultur bis zur Verkündigung des Erzengels an Maria Symbol der Jungfräulichkeit, Reinheit – ärgerten gerade durch diese Ausstrahlung *Aphrodite* so sehr, daß sie den Blüten einen Fruchtstempels in der Form des Pestils eines brünstigen Esels einsetzte.

Doch es gibt auch ganz eindeutige, klare Symbole, die jede Ambivalenz verneinen. Die Eiche z. B. ist allen Völkern, die sie kennen, ein Zeichen des Sieges im Kampf, männlicher Kraft und Potenz – ganz gleich, ob ein Jäger sich den Eichenbruch nach einem geglückten Schuß an den Hut steckt, ob die Offiziere unserer Bundeswehr vom Major aufwärts gestickte Eichenzweige am Kragenspiegel tragen, bis hin zum Eichbaumbier des Stammtisches und nicht zählbaren anderen Beweisen.

Ähnlich eindeutig sehen die Menschen seit alter Zeit die Linden. Gerichtsstätten, die oft auf vorchristliche Femestätten zurückgingen, waren bis in unsere Zeit hinein von Linden umstanden. „Subtilia" heißt es auf vielen alten Rechtsurkunden, die noch aus der Zeit der Patrimonial-Justiz stammen. Man schwor „bei der Linde". Besonders Verlöbnisse wurden dadurch besiegelt, daß die Brautleute beim gemeinsamen „Versprechen" den Stamm der Linde berührten. Dies galt als unbedingt bindend: Denn eine der wichtigsten symbolischen Bedeutungen der Linde, die immer positiv gesehen wird, war es, ein Baum der Liebenden und der Treue zu sein. Von Walter von der Vogelweide bis zu Wilhelm Müllers „Am Brunnen vor dem Tore" trafen sich die Liebenden bei den Linden. Doch ein Volkslied warnt auch: „Und wenn die Lind' ihr Laub verliert, behält sie nur die Äste. / Daran gedenkt ihr Mägdlein jung, und halt euer Kränzlein feste." Das *Kranzgeld* wurde übrigens gerade vor kurzem erst, in den ersten Monaten des Jahres 1996, aus der deutschen Gesetzgebung gestrichen.

Die Linden führen uns nun hin zu den beliebtesten, am häufigsten genutzten Pflanzensymbolen, die alle zu benennen und zu beschreiben zwei eigene Vorträge erfordern würden. Nur einige wenige Beispiele: Es sind die Symbole der Liebe. Schauen wir uns die „Vergißmeinnicht" an. Der deutsche Name sagt schon alles von schmerzlichem Abschied und Hoffnung auf Wiedersehen. Das Überraschende aber ist, daß diese kleinen, blau blühenden *Boriginaceae*, wo auf der Erde sie auch immer wachsen, in der jeweiligen Volkssprache ins Deutsche übersetzt, „Vergißmeinnicht" heißen, quer durch Europa bis China und Japan. Das kann ich nur berichten, nicht erklären.

Bei der Rose – vor allem bei den roten, stark gefüllten gerundeten Formen – erscheint uns die Ausstrahlung intensiv erotisch. Es bleibt rätselhaft und nicht erklärbar, warum die Rose allen Menschen eindeutig als ein Symbol tief verinnerlichter Liebe erscheint, weit entfernt von der reinen Sexual-Deutung z. B. der Orchideen oder allen Pflanzen mit rübenartigen Wurzeln. Daß die Rose zum Signet so vieler Geheimgesellschaften wurde, daß sie im Beichtstuhl Bild der Verschwiegenheit des Beichtvaters, daß sie aus Stuck an der Zimmerdecke über dem Tisch *Verschweigen gebot* über alles hier Gesagte – all dies sind Zeichen dafür, daß die Rosenblüte selbst das Geheimnis ihrer Schönheit, ihres Duftes, ihrer Wahrhaftigkeit, letztlich alles, mit dem sie uns so bezaubert, als ihr Geheimnis bewahrt.

Doch es sind auch zahlreiche Kräuter, denen man aphrodisische oder antiaphrodisische Wirkungen zuschrieb, die zu Liebes- oder Liebesverzichtssymbolen wurden. Manche werden durch die heutigen chemischen Untersuchungsmöglichkeiten bestätigt, z. B. bei Baldrian oder Johanniskraut. Andere harren der Aufklärung oder haben sich gar bei nicht richtiger Dosierung als Gifte erwiesen. Es würde zu weit führen, versuchte ich jegliches im Detail vorzutragen. Für uns heute kann all dies nur als Anregung verstanden werden, sich selbst mit dem Thema zu beschäftigen.

Auf ein Symbol der Pflanzenwelt, das mir außergewöhnlich erscheint, möchte ich noch hinweisen. Es ist die Quitte, genauer: Die Frucht des Quittenbaumes. Sie wurde im 5. Jahrhundert v. Chr. von dem athenischen Gesetzgeber Solon in das Eherecht aufgenommen. Es gehörte damals zur Zeremonie eines gültigen Eheschlusses, daß das Paar *vor* der Hochzeitsnacht gemeinsam eine rohe Quitte aß. Zwar war in Griechenland die Redewendung „Kydonische Äpfel essen" ein Synonym für den Liebesgenuß; doch erst Solon erhob dies zum Gesetz für das Hochzeitsritual. Sein Biograph Plutarch führt es auf den Duft und Geschmack der Früchte zurück, auf ihr süßes, liebliches Aroma, das aber eine sehr herbe, bittere Beimischung habe; auch etwas Zusammenziehendes sei der Frucht eigen. Alles in allem ein Vorgeschmack auf die Leiden und Freuden der Ehe.

Dieser Beitrag sollte nur ein kleiner Einblick in die Symbolik der Pflanzen vermitteln. Ich habe über 20 Jahre lang Material darüber gesammelt und wagte auch deshalb ein Buch darüber[4] erst als alte Frau zu schreiben, weil eine altrussische Bußordnung aus dem 14./15. Jahrhundert warnt: „Hast du nicht bei den Zauberkräutern gesucht, um die Liebe der Männer auf dich zu ziehen?“

Anmerkungen

* Dieser Beitrag ist auf Wunsch der Autorin weitgehend in der Form des 2002 in Landau gehaltenen Vortrags belassen worden.

1 Martin Buber: *Israel und Palästina.* Zur Geschichte einer Idee, München 1968, S. 20.

2 Bredan Lehane: *Macht und Geheimnis der Pflanzen*, Frankfurt 1978, S. 144.

3 H. Rehling / J. Bohnhorst: *Unsere Pflanzen in Sage und Geschichte*, [1. Aufl. Dresden 1904], 5. Aufl. Dresden 1922, S. 159.

4 Marianne Beuchert: *Symbolik der Pflanzen.* Von Akelei bis Zypresse. Mit Aquarellen von Maria-Therese Tietmeyer, [1. Auflage, Frankfurt am Main und Leipzig 1995], zuletzt als Taschenbuch, 8. Aufl., Frankfurt 2004.

Tagung 2002, Kassel:
Symbole des Alltags – Alltag der Symbole

ERNST EMRICH

Was bleibt vom klassischen Rhythmus?

Anmerkungen zu Alltag und Feiertag

Alltag und Feiertag verhalten sich komplementär zueinander. Sie definieren sich per contradictionem und sind ohne einander nicht zu denken.

Aktuelle Beobachtungen

Mary Anne hieß die junge Amerikanerin, die für ein Jahr in München studiert hatte. Als es ans Abschiednehmen ging, fragten sie die Freunde, was ihr in Deutschland besonders aufgefallen sei. „Die Deutschen“, sagte sie unter anderem, „sind Weltmeister, wenn es darum geht, Vorwände zum Feiern zu finden. Weihnachten und Ostern – ok! Aber dann gibt es bei Euch mindestens noch 40 weitere Feste im Jahr. Jede Woche und an jeder Ecke ein anderes. Oft habe ich beim besten Willen nicht verstanden, was da gefeiert wurde und warum ...“

Hat sie nicht Recht? – Irgend etwas ist mit unseren Festen aus dem Ruder gelaufen: Volksfeste, Eisfeste, Sommerfeste, Straßenfeste, Frühlingsfeste, Herbstfeste, Weinfeste, Bierfeste, Countryfeste, Poolpartys ... Feste ohne Anlässe, oft genug nur des Umsatzes wegen erfunden. Geburtstag feiern, Jubiläum, Examen und Hochzeit oder die Feste im Jahreskreis – das ist etwas anderes. Da weiß man, warum!

Solche Feste muß man feiern ‚wie sie fallen‘. Aber die vielen anderen, sie ‚fallen‘ schon nicht mehr, sie hageln geradezu!

Und merkwürdig: Wenn man vom Feiern nicht genug kriegt, dann werden die Feste entwertet wie das Geld in der Inflation. Freude zerrinnt zwischen den Fingern. Ja, man kann sich auf ein Fest schon gar nicht mehr so recht freuen. Da fragt es sich, ob die ‚Spaßgesellschaft‘ für das eigentliche Feiern überhaupt noch einen sensus hat, ob sie wirklich noch Feste feiern kann! – Ist es nicht wie mit dem Kuchen; was soll am Sonntagskuchen noch Besonderes sein, wenn es jeden Tag Kuchen gibt? Und weil Feste nichts mehr Besonderes sind, tut man auch nichts mehr für sie. Der Stil verkommt, viele ziehen sich kaum noch festlich an, wenn sie zu Partys und Feten gehen. Man lehnt sich zurück: ‚Mal sehn, was mir geboten wird!‘ Solche Stillosigkeit färbt auf die echten Feste ab. Und was übrig bleibt, ist Essen und Trinken, nur teurer und etwas mehr als sonst!

Da hilft auch das Argument nichts, früher sei mindestens so ausgiebig gefeiert worden wie heute. – Es ist richtig, daß im Mittelalter, ja bis in die Neuzeit hinein, Sonntage und kirchliche Feiertage – wie Nikolaus, Josephi, Peter und Paul etc. – ein gutes Drittel aller Tage des Jahres belegten. Diese Art von Festen hatte aber allemal einen Grund, also mehr als nur einen Vorwand. Sie hatten einen tieferen Sinnbezug. Darauf wird noch einzugehen sein. Vor allem aber markierten diese Feiertage für die fast ausschließlich körperlich Arbeitenden aus der Mühsal des Alltags deutlich herausgehobene Feier- und Ruhetage.

Noch vor wenigen Jahrzehnten war der Unterschied zwischen Alltag und Feiertag entschieden deutlicher als heute. Man braucht diese Zeit weiß Gott nicht zu idealisieren, aber man kann im Vergleich mit der Gegenwart die verändernde Entwicklung erkennen, die sich während des letzten halben Jahrhunderts vollzogen hat.

Es gab eine Zeit, da trennten Welten Alltag und Feiertag: Außer den Kirchenglocken war an Sonntagen buchstäblich nichts zu hören von den Fuhrwerken in der Stadt und in den Dörfern, wenn die Bauern morgens auf die Felder fuhren und abends zurückkamen. Nichts war zu hören vom Geräusch der Bandsägen in Schreinereien und anderem Arbeitslärm in handwerklichen und industriellen Betrieben. Einzig in der Großindustrie gab es gelegentlich Sonn- und Feiertagsschichten. – Die Arbeit ruhte, von Ausnahmen abgesehen. – Natürlich mußte die Eisenbahn fahren! Und zu den Ausnahmen gehörten auch die Wirte und die Landwirte, die im Stall das Vieh versorgen mußten, aber dafür zogen sie sich jedes Mal um; morgens und abends – vom Sonntagsstaat in die Arbeitskleidung und umgekehrt. Erwachsene wie Kinder trugen noch Sonntagskleidung und Werktagskleidung. Textilien waren wertvoll! Heute ist Kinder-, Damen- und Herrenkonfektion zwar nicht gerade billig, aber erschwinglich. Es gibt sie in unterschiedlichen Preis- und Qualitätsstufen bei durchaus vergleichbarer Ansehnlichkeit. Wer irgend kann, meint zu Beginn jeder Saison wenigstens *ein* neues Teil kaufen zu müssen, – nicht, weil ein altes zerschlissen wäre, sondern weil man es sich gönnen möchte. Und der größere Teil aller Arbeitnehmer verrichtet keine schmutzige Arbeit mehr. Ja, die Freizeitgesellschaft neigt dazu, die dem Alltag geschuldete Korrektheit in der Kleidung am Sonn- und Feiertag durch lässigen ‚Freizeit-Look' zu kompensieren. Der Kirchgang, zu dem man noch eine ‚Ausgehkleidung' nötig haben könnte, ist vielerorts ohnehin aus der Übung gekommen ...

Was die Kleidung angeht, so haben Sonntag und Werktag geradezu ihre Rollen getauscht: Wer die Woche über geistig arbeitet, entspannt sich am Sonntag als Heimwerker. Wer einem Büroberuf nachgeht, freut sich auf ein bißchen Freizeitsport, wer schwere Arbeit zu verrichten hat, liebt leichte Gartenarbeit oder das gemütliche Sich-Flözen daheim. In jedem Falle hat das, was man heute als sonntäglichen ‚Freizeit-Look' bezeichnet, mit Festtagskleidung nichts mehr zu tun! Da die Feste vor allem auch Orte von Zeichen, Symbolen und Zeichenhandlungen sind – von der Osterkerze bis zu Krippe und Weihnachtsbaum, vom bänderflatternden Kranz beim Richtfest bis zum traditionellen

Maitanz und den prallen Fruchtkörben des Erntedanks – scheint mit den Festen auch die Welt der Symbole an Wert und Gewicht verloren zu haben. Feste ohne Anlaß und Grund kennen keine Symbole. Und die Inflationierung zufälliger ‚events' entwertet gleichzeitig die wirklichen Anlässe zum Feiern.

Der Verlust des Rhythmus

Wo das Feier alltäglich wird, gehen weitere kostbare Erfahrungen zugrunde: Eine Besonderheit der Feste lag, wie wir gesehen haben, seit jeher darin, daß sie die arbeitsgeprägte Eintönigkeit der Zeit unterbrochen und gegliedert haben. Sie gewährten Ruhepausen im Zweck- und Funktionsgefüge des Arbeitslebens. Kein Wunder, daß man sich da von einem Fest auf das nächste freute, kein Wunder auch, daß die Alten – Juden wie Griechen – ihre Kalender nach Festzeiten gliederten und z. B. ein Ereignis danach datierten, in welcher ‚Olympiade', d. h. zwischen welchen Olympischen Spielen es stattgefunden hatte. Die Vorfreude und ein gewohnter Rhythmus haben also früher einmal das ganze Jahr strukturiert. Wenn aber heute die Osterhasen schon Ende Januar in den Schaufenstern stehen, im September bereits die Lebkuchen bei den Supermärkten angefahren werden und zu Allerheiligen die Schokolade-Nikoläuse im Sturmschritt einbrechen, da kommt es einem vor, als seien in einer malerischen Landschaft die Berge durch riesige Bagger geschleift worden: Berge, die früher einmal als weithin sichtbare ‚Höhepunkte' über das Land ragten.

Nun wirkt das Jahr eingeebnet – ohne deutliche Höhepunkte und auch ohne stimmungsmäßig abgesenkte Zeiten, wie Advent und Fastenzeit. Denn auch das Warten und das Warten-Können gehört zum Fest! Eine analoge Einebnung ergibt sich übrigens durch die Vorzüge des modernen Transportsystems: Während man sich noch vor 40/50 Jahren im frühen Jahr auf die ersten Spargel, auf die Erdbeerzeit, auf frische Kirschen vom Baum, im Spätsommer auf die ersten Frühkartoffel und im Herbst auf Trauben gefreut hat, stehen heute alle diese einmal saisongebundenen Produkte das ganze Jahr über zur Verfügung – wenn nicht frisch, so zumindest aus den Tiefkühltruhen des Einzelhandels.

Was die eingeebneten Berge betrifft: Es war ja gerade der Sinn eines Festes, Höhe-Punkt im Leben zu sein. Man hielt an einem ‚erhöhten Punkt' inne, um zur Ruhe zu kommen, nach rückwärts und nach vorne zu schauen und mit neu gewonnener Orientierung in den Alltag zurückzukehren. – Genau genommen läßt sich ein dreifacher Rhythmusverlust konstatieren:

- durch die Alltäglichkeit *sogenannter* Feste,
- durch den Verlust ruhiger Besinnungszeiten,
- durch den Saison-Verlust bei Essensgewohnheiten und -gelüsten.

Weil das alles so anders ist als ehedem, gibt es nostalgische Trauer. Großeltern erzählen, wie es früher war – und was sie erzählen, das ist so weit vom Leben der Enkel entfernt wie eine Raumstation von Peter Roseggers Heimat, als er noch der ‚Waldbauernbub' war.

Warum ‚richtige' Feiern so schwer fällt

Woran liegt es, daß das Feiern nicht mehr recht gelingen will? Dazu fünf Thesen:

1. Vielerorts ist die Gemeinsamkeit verloren gegangen.

Überall, wo funktionstüchtige Freundeskreise, Familien, Sippen, wo gemeinsam Engagierte in Vereinen oder Initiativen, wo Kirchengemeinden feiern, da gelingen auch heute noch Feste. Aber wie oft kommen Menschen zusammen, die weder einen Bezug zueinander haben, noch die mindeste Anstrengung unternehmen, sich mit einander bekannt zu machen, auf einander zuzugehen. Die Interaktion ist häufig geschrumpft auf den Bezug der jeweiligen Gäste zum Gastgeber. Wer ist schuld an solcher Unfähigkeit zur Gemeinschaft? Die Gesellschaft, dieser Popanz, auf den sich trefflich schießen läßt, weil keiner sich getroffen fühlt? – Die modernen Architekten? Anonymität und Vereinsamung sind hinter den Tuja-Hecken der Villenviertel nicht seltener als in modernen Wohnsilos! Und wie viele ‚Fensterläden' sind innerhalb ein und derselben Familie geschlossen? Wie viele leben mehr nebeneinander als miteinander ...?

2. Ehemals Mitfeiernde sind zum Publikum geworden.

Viele lassen sich unterhalten, warten, was ihnen geboten wird. Vielleicht ist das böse Fernsehen daran schuld, das aus dem Familienkreis einen Halbkreis gemacht und uns gelehrt hat, per Knopfdruck Unterhalter zu bestellen. Solche Gewöhnung legt man auch vor einem Fest so leicht nicht ab: Die Haltung der verschränkten Arme aber ist der Tod jedes Festes!

3. Haben wir das Spielen verlernt?

Offenbar ja! Wer kontaktunfähig ist, wird unfähig zu spielen. Und nur wer nicht passiv bleibt, kann spielen. Publikum hat noch nie gespielt, weder im Konzertsaal noch auf dem Fußballplatz.

Was aber hat das Spielen mit dem Fest zu tun? Beide sind enger verwandt, als es scheint. Sie stehen dem Sinn näher als dem Zweck, sind nicht an Leistung und Gewinn orientiert ... Wer feiern will, muß locker sein, beweglich, kontaktfreudig, offen für alles, was auf ihn zukommt, bereit, aufgeschlossen mitzuspielen – wie ein Kind.

4. Den Festen ist die religiöse Dimension abhanden gekommen.

Die Geschichte der Menschheit ist voll von Beweisen dafür, daß die Preisung der Götter im Kult schon immer zum Wesen jedes Festes gehörte. Für Plutarch bedeutete das Fest die geheimnisvolle „wohlwollende Anwesenheit der Gottheit". Der Mensch hat das Fest als Geschenk von oben empfunden und es dankbar begangen als Antwort auf die Huld der Götter. Auf Preis und Dank gründete das antike Fest!

Wie sollte das bei Christen anders sein? Fast alle Feste des Jahreskreises sind aus dem Glauben erwachsen, haben in ihm ihre Wurzeln. Wo er nicht mehr vorausgesetzt werden kann, müssen Weihnachten als Feier der Menschwerdung Gottes und Ostern als Fest der Auferstehung Christi in Verlegenheit geraten. Überdies spricht vieles dafür, daß man eigentlich keinen Geburtstag, kein Examen, kein Berufsjubiläum, keinen Hochzeitstag, also keinen noch so profanen Anlaß feiern kann, ohne daß ein Dank durch den Anlaß hindurch auf etwas ‚hinter allem' geht – auf Das oder auf Den, Dem wir uns verdanken!

5. Der Verlust der Symbole

Symbole oder Zeichen sind sowohl in sichtbaren Bildern und Erscheinungen zu sehen wie in Tätigkeiten und Bräuchen. Man denke nur an ‚klassische' äußere Einstimmungen auf die Sonn- und Feiertage, z. B. in dem damals üblichen Bad am Vorabend (vgl. Wilhelm Buschs ‚Bad am Samstag Abend'), oder im Kehren der Dorfstraßen (jeder vor seinem Haus), im häuslichen Kuchenbacken mit seinem vielversprechenden Duft wie im Transport großer Kuchenbleche, je nach Jahreszeit mit Streusel-, Apfel- oder Zwetschgenkuchen bestückt, zum Bäcker und zurück.

Beim Fest selbst – aber auch am gewöhnlichen Sonntag – bedeutete es etwas, wenn man sich in der Kleidung über den Alltag hinaushob. Und weil alle es taten, verlieh es der feiernden Gemeinsamkeit sichtbaren Ausdruck. Bei Hochzeiten wurde und wird die Zusammengehörigkeit verstärkt, wenn alle als Gäste gekennzeichnet sind durch das gleiche Ansteck-Sträußchen oder durch selbstgefertigte Plaketten, etwa mit den Bildern oder Initialen des Brautpaares.

Gibt es noch gemeinsames Singen, gibt es noch die Abholung, den Umzug, den Festzug, die Prozession – je nach Anlaß und Öffentlichkeit des Festes? Wie verbreitet sind noch Musik und Tanz? Wird die gemeinsame Unterhaltung nicht oft genug bezahlten ‚Alleinunterhaltern' überlassen, die sich in Kleinanzeigen anbieten? Der Autor hat vor einiger Zeit an einer Hochzeit teilgenommen mit vielen überwiegend jungen Gästen, Freunden und Freundinnen des Brautpaares. Niemand von ihnen hatte sich auch nur ein Wort, geschweige denn eine Tischrede, ein Gedicht, einen Sketch oder ein Quodlibet einfallen lassen .... Stattdessen verging nach dem Essen die Zeit damit, daß eine Leinwand umständlich aufgestellt wurde und die Funktionsuntüchtigkeit des vorgesehenen Schmalfilm-Projektors (vor den versammelten Gästen) festgestellt wurde. Dann galt es einen betriebsfähigen Ersatz zu beschaffen, und dann wurden endlich ungeschnittene

Filme aus den Kinderjahren der Brautleute vorgeführt und zurückgespult und vorgeführt .... Und das war es! Bis eine Stereoanlage zum Tanz ‚aufspielte', waren mehr als 1 ½ Stunden vergangen. Die Gäste waren inzwischen durch die langweilenden Wartezeiten und die ungekonnte Präsentation zu Tode erschöpft – und die Stimmung entsprechend!

Fassen wir zugespitzt zusammen: Zu Beginn des 21. Jahrhunderts fällt hierzulande das Feiern offenkundig schwerer als ehedem. Dahinter stehen Entwicklungen, die schwerlich rückgängig zu machen sind. Und doch scheinen sie so neu wiederum auch nicht zu sein. Wie sonst hätte vor 190 Jahren Jean Paul schreiben können: „In nichts offenbart sich die herzlose Maschinenhaftigkeit der Neueren mehr als in der Dürre ihrer Feste."

So wird es bis auf Weiteres an Feiertagen wie 1. Mai, Christi Himmelfahrt, Fronleichnam oder Buß- und Bettag überwiegend bei arbeitsfreien Tagen, als tarifrechtlich gesichertem sozialen Besitzstand bleiben.

Die ‚Maschinenhaftigkeit' und das Mensch-Sein

Das Jean-Paul-Zitat von der ‚Maschinenhaftigkeit' erinnert an eine Frage des Religions- und Kulturphilosophen Romano Guardini: „Werden wir der Apparatur seinsmäßig nachwachsen?"

Das klingt doppeldeutig und ist wohl auch so gemeint: Wir können uns der Apparatur, der kalten Welt des Machens und Funktionierens anpassen und angleichen. Wir können aber auch versuchen, mit ihr Schritt zu halten, neben und über ihr zu bestehen. Im ersten Falle überlassen wir uns einer Fremd- und Außensteuerung, im zweiten bemühen wir uns, die eigene menschliche Würde zu behaupten.

Bei solcher Bemühung könnten Vorbereitungszeiten wie Advents- oder Fastenzeit wieder etwas von ihrer ursprünglichen Bedeutung zurückerhalten. Das alte *Metanoeite* der christlichen Bußzeiten meint ja Umdenken, Selbstbefreiung, meint Abkehr, Einkehr und Rückkehr: Abkehr von Zwängen, Einkehr zur Ruhe, Rückkehr zu sich selbst. Aus solcher Askese – mit oder ohne Fasten – kann sich ein Fest umso strahlender herausheben!

Was die Zeit zwischen Aschermittwoch und Ostern angeht, so ist in den letzten Jahren so etwas wie eine säkularisierte Fastenbewegung in Gang gekommen, motiviert durch die Werte Gesundheit und Schönheit – , das könnte zu einer gewissen Re-Rhytmisierung führen. Vorerst aber läuft im Erscheinungsbild der Städte das Warenangebot und das Verhalten der Menschen eher noch darauf hinaus, den gesunden Rhythmus der Feste im Jahreslauf samt der Zeit verhaltener Vorfreude einzuebnen.

Dabei scheinen wir doch ganz offenbar die Feste zu brauchen! Wir benötigen sie zu unserem eigenen seelischen Wohl. Sie sind wie große Steine in einem unruhigen Wasser. Über sie können wir – vom einen zum anderen springend – das jenseitige Ufer erreichen. So behalten wir den Kopf oben, wenn es um die Beine noch so sehr strudelt und spritzt.

Ganz offenkundig ist das Fest selbst ein Symbol! Ernst Jünger hat im Zusammenhang mit einem Versuch der Wesensbestimmung des Kunstwerks etwas gesagt, das auch in unserem Zusammenhang erwägenswert ist: „Das Vergängliche wird zum Symbol, wenn ein Unvergängliches durchleuchtet. Es bleibt immer ein Wunder, wenn dem Menschen so die Schuppen von den Augen fallen und er Mitmenschen, Tiere und Dinge in diesem Glänze sieht.“ Wir brauchen Feste aber auch, weil wir sie einander schulden. Es ist nicht selbstverständlich, daß man Angehörige hat und Freunde, daß man Hilfe erfährt, daß es Liebe gibt und Menschen, die Großes schaffen und Gutes tun in unserer Welt.

Im Fest freut man sich an dem, was zur Freude Anlaß gibt. Man nennt beim Namen, was nicht selbstverständlich ist. Und man dankt für das, was Dank verdient ...

Was ist es, das ein Fest ausmacht?

Was aber macht es eigentlich aus, daß man ein Fest so sehr genießt? Was ist das Geheimnis eines gelingenden Festes? – Es gab und gibt eine Kultur des Feierns, sie ist so alt wie die Menschheit. Der niederländische Historiker und Kulturphilosoph Johan Huizinga hat deren Hintergründe in seinem Buch *Homo ludens* aufgehellt. Eigentlich hat er drei entscheidende Charakteristika des Spiels herausgestellt. Aber sie in Erinnerung zu rufen, heißt, die eingangs erwähnte enge Verwandtschaft von Spiel und Fest zu bestätigen:

- „Das Spiel“, so sagt Huizinga, „ist zweckfrei aber sinnvoll.“

Dem *Zweck* sind die Maschinen zugeordnet und unser Agieren im Herstellen, Handeln und Disponieren. Diesem Zweck, unserem eigenen Funktionieren, der Leistung, dem Unterhalt dient der Alltag. Vom Zweck her gesehen, ist das Spiel ebenso überflüssig wie das Fest – so überflüssig wie Blumen, Wein, Tanz, Gedichte und Musik! Das Spiel gehört auch nicht in den Alltag, allenfalls zum Feier-Abend!

Dem Zweck steht der *Sinn* gegenüber. Und dem Sinn entspricht alles Lebendige, alles, was wächst. Sinn meint *innere Zielrichtung,* bekommt also vom Ziel her Richtung und Bedeutung. Das *Spiel* ist auf Entfaltung ganzheitlich menschenwürdigen Lebens gerichtet, dessen eigentliches und letztes Ziel weit jenseits unserer technisierten und zerstückelten Arbeitswelt liegt – für Christen letztlich in Gott, in dem unser unruhiges Herz einmal zur Ruhe kommen soll. Könnte man auch vom *Fest* Treffenderes sagen, als daß es sinnvoll sei?

- „Im Spiel fallen Freiheit und Bindung versöhnt in eins zusammen“.

Während wir jeden Tag und überall unsere Freiheit durch Gesetze und Regeln eingeschränkt sehen – von den Zehn Geboten bis zum BGB und zur Straßenverkehrsordnung – , nehmen wir im Spiel freiwillig Einschränkungen auf uns: Die Spielregeln! Und obwohl wir uns diesen Regeln unterwerfen, fühlen wir uns im Spiel dennoch wie befreit. Ja, – wer die Regeln verletzt, zerstört das Spiel und ist ein Spiel-Verderber.

Was hier vom Spiel gesagt wird, trifft exakt auch auf das Fest zu: Seine traditionellen Formen wie sein geregelter Ablauf werden nicht als Einschränkung empfunden, sondern geradezu als hilfreicher Rahmen zur Ermöglichung befreiender Entfaltung. – Schließlich die vielleicht erstaunlichste Feststellung:

- „Spiel und Fest ermöglichen – im deutlichen Unterschied zum Alltag – die Erfahrung, einer ‚zeitweilig begrenzten Vollkommenheit'".

Spiel und Fest gewähren Erfüllung und Beglückung – aber nur für eine bestimmte Dauer. In dieser Welt erfahrbares Glück läßt sich nicht beliebig ausdehnen, geschweige denn verewigen. Das ist schon am Kinderspiel abzulesen: ‚Blindekuh' kann man ein paar Mal wiederholen; aber irgendwann trägt das Spiel nicht mehr, so sehr die Kinder auch betteln: „noch einmal – noch einmal!"

So kann man auch ein Fest nicht beliebig ausdehnen. Wer das nicht wahrhaben will und ‚kein Ende findet', zerstört das Fest, treibt es in den Kater hinein ... Es kann nur für begrenzte Zeit die Erfahrung von Glück und Vollkommenheit schenken! Und es scheint, als entspräche der Untugend des erwähnten Nicht-Warten-Könnens das Kein-Ende-Finden.

Jedes gelingende Fest aber wirkt wie eine Erinnerung an das verlorene Paradies und zugleich wie eine Vorahnung künftigen Glückes. Auch in diesem Zusammenhang treffen wir auf die Weisheit der Alten. Daß ein Kirchenlehrer des 4. Jahrhunderts wie Athanasius „unsere Feste" als „einen ungehinderten Durchgang zu jenem Leben" bezeichnet, kann nicht verwundern.

Interessanter ist schon, daß die Griechen bei dem großen attischen Fest, der *„Kronia"*, für einen Tag das selige Leben führen wollten, wie es ehedem war, im Goldenen Zeitalter unter Kronos! – Und der fromme Blick des Athanasius nach vorne, zu „jenem Leben", begegnet uns auch in der jüdischen Tradition, die in jedem Sabat eine ahnende Vorwegnahme der messianischen Erlösung sieht: Erinnerung an das Paradies und Ahnung künftiger Herrlichkeit!

Sinne und Ganzheit

Was ist es nun im Einzelnen, was Menschen auf solch ehrwürdige Gedanken bringt? Es ist die Erfahrung des Festes als Reichtum an Erleben und Genießen mit allen Sinnen, es ist die Begegnung mit Bildern und Ritualen und das Verspüren höchster Lebensintensität.

Was wäre ein Fest ohne den Augenschmaus der Farben und festlich gekleideter Menschen, ohne den Ohrenschmaus der Musik, ohne Tanz und Unterhaltung, ohne die Köstlichkeiten der Küche und die edlen Produkte der Brauer und Winzer. Der ganze Mensch will sich freuen und in der Freude ganz werden! „Mache Deinem Leib öfter eine

Freude, damit die Seele umso lieber in ihm wohne!" Dieses freundliche Wort wird der großen Theresia von Avila zugeschrieben. Und das Freuen gelingt umso so besser, je mehr man das Spielerische für sich und andere wiederentdeckt: das Loslassen, das Lockerwerden und Offensein. Verkopftheit und Enge, aber auch Geist- und Phantasielosigkeit sperren sowohl die Empfänglichkeit für Zeichen und Rituale als auch die Erfahrung von Gemeinschaft. Und die Freude eines Festes wird nun einmal vor allem im Teilen erfahren!

Das Geschenk als Symbol

Deutlichstes Zeichen teilender, mit-teilender Gemeinsamkeit, Zeichen für Wohlwollen, Verbundenheit und Liebe, ist das Schenken. Mehr noch: Das Geschenk ist Symbol, als ein stellvertretendes ‚Stück' vom Schenkenden selbst. Ob und in wieweit es das tatsächlich ist oder nicht, das merkt man einem Geschenk an. Nirgendwo steht geschrieben, daß Geschenke nichts kosten dürften, daß gekaufte Geschenke schlecht wären. Aber zum Schenken gehört mehr als ein voller Geldbeutel!

Und das Schenken als Vorgang braucht seinen Rahmen, braucht Stil! So eben einmal jemandem etwas formlos in die Hand drücken, das reicht nicht! Das Geschenk bedarf z. B. der Verhüllung in schöner Verpackung. Es hat aber auch seinen guten Grund, wenn man es vor dem Übergabetermin in Überraschungsabsicht mit einem gewissen Geheimnis umgibt. So wie im Alltag der gegenseitigen Wertschätzung nicht ständig Ausdruck verliehen werden kann, sondern nur bei besonderem Anlaß, so muß auch ein Geschenk warten können. Es sollte nicht vor dem Fest irgendwann „den Besitzer wechseln", etwa mit dem trockenen Hinweis: „So, das ist jetzt für Weihnachten ...!"

Die engagierte Suche nach einem passenden Geschenk für die/den Betreffende(n), die zu seinen/ihren Gunsten investierte Zeit und Mühe, das Ritual der spielerischen Geheimhaltung, die gelungene Überraschung – das alles kommt dem Fest, kommt der Disposition der Feiernden zugute. Schließlich ist jedes Geschenk auch Symbol dessen, was einem zu-fällt, dessen, was man sich wünscht, worauf man aber keinen Anspruch hat. Damit wird etwas Nicht-Verfügbares angedeutet, eine Beglückung wie das Fest selbst. Es kommt einem ‚aus heiterem Himmel' zu. Unverdient? Aus Liebe?

Verachtet gute Bräuche nicht!

Bräuche sind anschauliche, symbolhafte Elemente der Feste, oder zeichenhafte Hilfen zu ihrer einstimmenden Vorbereitung. Am Beispiel Advent und Weihnachten wird das jedem einleuchten. Es geht aber nicht nur um Adventskranz, Christbaum und Barbara-Reis, auch nicht nur um Palmbuschen, Moos-Sammeln, Eierfärben und Eiermalen vor Ostern. Gemeint sind genauso die vielen kleinen Bräuche, die zur Familientradition gehören oder sich in der Familie entwickeln. Sie bedeuten emotionale Nahrung der Seele, die vor allem Kinder zu schätzen wissen: Das Nikolaus-Spielen in der Familie oder für Kinder in der Nachbarschaft, bestimmte jährlich wiederkehrende Besuche vor dem Fest oder das strikte Verschließen des Weihnachtszimmers, das traditionelle Feiertagsessen an Heilig Abend, Silvester oder am Ostermorgen, der feste Platz des Weihnachtsbaumes und der Stil seines Schmucks ...

Interessant, daß Kinder in solchen Dingen bis ins Jugendalter durchaus konservativ zu empfinden scheinen. Immer wieder plädieren sie dafür, daß alles so aussehen und ablaufen muß wie gehabt. Wie viel Nachahmung da wohl die Schaufenster eines bekannten Münchner Kaufhauses finden, in denen vor Weihnachten zur Auswahl silbern, golden, blau, rot, bäuerlich, biedermeierlich oder surrealistisch geschmückte Weihnachtsbäume präsentiert werden? – Brauchtum unter dem Diktat wechselnder Moden?!

Was hingegen an neuen Bräuchen zu erwähnen wäre, ist der zumindest in Bayern sich zunehmend verbreitende *Babybaum*. Irgendwer stellt verwandten oder befreundeten Eltern zur Geburt eines Kindes eine mittelhohe Stange vor das Haus, ähnlich geschmückt wie ein bayerischer Maibaum. Nur, wo bei jenem die Zunftzeichen der einheimischen Handwerker zu sehen sind, finden sich hier Einzelteile von Babykleidung, Spielzeug etc.. Gekrönt wird die ‚Installation' von einem plastischen oder gemalten Storch, darunter ein Schild mit dem Namen des Neugeborenen, vielleicht um ein paar mehr oder minder gelungene Verse ergänzt ....

Feiern – trotz Alltag, Sorgen und Tod?

Haben wir mit unseren Überlegungen das Thema Fest nicht allzu wichtig genommen? Wurde da nicht einer ‚heilen Welt' das Wort geredet? – In einer Zeit, die für sich in Anspruch nimmt, durch das Stichwort ‚Erlebnis' geprägt zu sein, und unter Zeitgenossen, die von einem ‚event' zum nächsten eilen, um der Eintönigkeit des Alltags zu entkommen, scheint es sehr wohl angebracht, dem Fest und dem Feiern besonderes Augenmerk zu schenken. Was die Frage nach der ‚heilen Welt' betrifft: Wer ein Fest dankbar als einen besonderen Tag begeht, kennt ja gerade den Alltag sehr genau, aus dem das Fest herausragt: Den Alltag, der nicht heil ist. Sonst würde er ja auch das Fest nicht als etwas Beglückendes und Heilendes erfahren! Andererseits wissen wir, daß sogar an Feiertagen gelitten und gestorben wird.

Erlauben Sie bitte dem Autor, zu dieser Frage ein persönliches Erlebnis mitzuteilen, das runde 40 Jahre zurückliegt:

Es war an einem sonnigen Pfingstsamstag, morgens gegen 10 Uhr, als ich zum erstenmal in den Passauer Dom kam. Ich ging langsam durch den lichtdurchfluteten Raum nach vorne, um mir die Stephanusdarstellung über dem Hochaltar anzusehen. Ein Küster rüstete für den Feiertag.

Unmittelbar vor dem Chorraum stehend, bemerkte ich eine auffällige rechteckige Bodenöffnung und eine schmale Steintreppe, die hinunterführte. Dieser Zugang stand, wie sich später herausstellte, nur zufällig offen. Ich vermutete jedenfalls eine Krypta und stieg hinab. Da stand ich unversehens auf engstem Raum einem Sarg gegenüber und erkannte im Halbdunkel nach und nach eine ganze Reihe von Särgen und Sarkophagen ringsum an den Wänden.

Der Bischof von Passau wird also in seinem Dom bei jedem Festtagsgottesdienst daran erinnert, wohin er selbst einmal gehen – besser: getragen wird! Die Leiber seiner Vorgänger sind gegenwärtig. Ihr Abstand von den Lebenden beträgt nicht mehr als 18 Stufen. Der Bischof hat seine toten Vorgänger nicht nur an Karfreitag und Allerseelen so nah bei sich. An jedem Fest entfaltet sich 18 Stufen über den Toten das heilige Spiel der festlichen Liturgie: Gottesdienst zwischen der Ebene der Särge und der Gloriole der Dreifaltigkeit zu Häupten des Stephanus, zwischen Tod und Auferstehung!

Wir feiern unter den Bedingungen, unter denen wir leben, im Wissen um unsere Endlichkeit und um die Welt, so wie sie ist. Wer das nachvollziehen kann, der wird Alltag und Fest als zwei Seiten einer Wirklichkeit sehen. Wer das akzeptieren kann, ist auch gefeit gegen den Defätismus, man könne, ja man dürfe heute überhaupt keine Feste mehr feiern. Sie bleiben Zeichen der Hoffnung in unserem Alltag, selbst wenn vom klassischen Rhythmus nicht mehr viel übrig bleiben sollte!

FRANZ JOSEF RÖLL

Mythen und Symbole in populären Medien

Eine immer größer werdende Anzahl von Medienprodukten wird auf eine begrenzte Zielgruppe gerichtet. Dies führt zu einer Divergenz zwischen Angebot und Nachfrage und steigert zwangsläufig die Konkurrenz. Diese Situation verschärft sich unter der Bedingung gesättigter Märkte, wie dies bei uns in der Regel der Fall ist. In dieser Situation ist die Erzielung von Aufmerksamkeit die Ausgangsbedingung zur Wahrnehmung der eigenen Botschaft. Da Bildkommunikation schnelle Kommunikation bedeutet und potentielle Zuschauer aktiviert und emotionalisiert werden, erhalten Bilder (und Töne) eine immer höhere Bedeutung. Der Erfolg von Bildern wird folgenden Eigenschaften zugeschrieben:

- Bilder haben eine Aktivierungsfunktion,
- Bilder haben eine Pförtnerfunktion,
- Bilder werden ganzheitlich erfaßt,
- Bilder erhöhen die Gedächtniswirkung,
- Bilder transportieren Emotionen,
- Bilder lösen Assoziationen aus,
- Bilder unterlaufen die rationale Kontrolle.[1]

Auf die Zunahme der Bildbotschaften reagieren die Konsumenten allerdings mit oberflächlicher und flüchtiger Wahrnehmung (Low-involvement-Verhalten). Bildproduzenten wiederum versuchen mit in der Regel nur unbewußt wahrnehmbaren Subtexten die rationale Kontrolle der Konsumenten zu unterlaufen. Dazu haben sie drei Strategien entwickelt. Die erste Strategie ist die Mehrfachcodierung und Multioptionalität. Integriert werden in die Bild-Botschaften mehrfache Bedeutungsebenen, um so viele Interessenten als möglich anzusprechen. Bei der zweiten Strategie wird die Botschaft nur auf eine special-interest-Gruppe gerichtet. Dies verlangt genaueste Kenntnisse über Lebensstile und aktuelle ästhetische Ausdrucksformen der avisierten Zielgruppen, d. h. hier ist eine angemessene Berücksichtigung der Zeitgeist-Ästhetik notwendig. Trend-Scouts werden in die Szenen geschickt, deren Informationen werden dann von den Designern zu einer Bildbotschaft codiert. Damit ist gewährleistet, daß die Zielgruppe erreicht wird. Ist beabsichtigt, eine Botschaft an eine globale Zielgruppe oder ein amorphes (zielgruppenübergreifendes) Publikum zu richten, gelingt dies nur, wenn globale Botschaften (archetypische Muster) in die audiovisuellen Botschaften integriert werden. Im Verlauf meines Beitrags werde ich die monomythische Struktur des Symbolgehalts von erfolgreichen Spielfilmen analysieren und Hinweise geben auf die polymythische Struktur von Bildbotschaften in anderen Medien, wobei ich mich an dieser Stelle auf die Werbung beschränke. Sowohl im Spielfilm, der Werbung und in den anderen Medien dienen die Symbole dazu, die jeweilig transportierten Botschaften mit Sinn(-bildern) aufzuladen.

Die monomythische Struktur des Spielfilms

Der Erfolg der modernen Unterhaltungsindustrie ist ohne den gezielten Einsatz von Mythen nicht möglich. Gerade aufgrund der Absicht der Kulturindustrie, ihre Produkte weltweit zu vermarkten, bedarf es Geschichten, die auf interkulturell vertraute Muster zurückgreifen und *alle* Menschen berühren. Die internationale Vormachtstellung der amerikanischen Unterhaltungsindustrie verdankt ihren Erfolg den Kenntnissen und dem Einsatz von Mythologien.[2] Während bis in die zweite Hälfte der siebziger Jahre die Erzählmuster der Märchen und Heldensagen, die mythogenen Stoffe, eher unbewußt benutzt wurden, setzten danach die Regisseure Trends, die von der Bedeutung mythischer Themen wußten. Sowohl George Lucas (*Krieg der Sterne*) als auch Steven Spielberg (*E.T. – Der Außerirdische, Jäger des verlorenen Schatzes, Jurassic Park*) waren Schüler des Mythenforschers Joseph Campbell.[3] Umgekehrt fällt es Campbell nicht schwer, in den Spielfilmen seiner Schüler die Bearbeitung von mythischen Botschaften zu erkennen. *Krieg der Sterne* ist kein simples moralisches Rührstück, es geht darin um die Kräfte des Lebens, wie sie durch das Handeln des Menschen entweder verwirklicht oder verletzt und unterdrückt werden.[4] Ausgehend von Campbells Forschungen entwickelten Keith Cunningham und Thomas Schlesinger eine eigenständige Drehbuchlehre, die inzwischen als Handwerkszeug von erfolgreichen Hollywoodautoren eingesetzt wird. Sie knüpfen an den von Campbell geprägten Begriff „Monomythos" an. Monomythen enthalten, so die These von Campbell, eine gemeinsame Struktur und verbindende Erzählmuster, die allen Kulturen gleich sind. „Geschichten nach der Struktur des Monomythos entsprechen der Landkarte unserer Psyche und werden daher von Menschen aller Kulturen dieses Planeten als psychologisch überzeugend und emotional glaubhaft anerkannt."[5]

Da die Motive der Heldenreise dem universellen kollektiven Unbewußten entspringen und damit universelle Befindlichkeiten widerspiegeln, können sie von allen Menschen empfunden werden. Was dem Helden geschieht, geschieht somit auch uns. Der Mythos (als Metapher) dient dazu, die geheimnisvollen Aspekte unseres Selbst zu verstehen. Die Story selbst ist damit nur das Modell eines bestimmten Aspekts menschlichen Verhaltens. Mit Hilfe der Story überprüfen wir unsere Vorstellung und Empfindungen über bestimmte menschliche Eigenschaften.

Christopher Vogler hat ebenfalls ein Drehbuchkonzept erarbeitet, das auf der Heldenreise aufbaut.[6] Nach seiner Überzeugung hat der Held bei seiner mythischen Reise zwölf Stationen zu durchleben. Das Erfolgsrezept des Spielfilms verläuft wie folgt: Die meisten Filme beginnen mit der Darstellung der gewohnten Umgebung des Helden (1. Gewöhnliche Welt). In der gewöhnlichen Welt sind bereits die künftigen Spannungen und Herausforderungen zu finden. Die Probleme und Konflikte des Helden warten darauf, aktiviert zu werden. Es tritt eine Störung ein oder ein Konflikt entsteht. Daraufhin wird ein Held (Erlöser) gesucht (2. Berufung). Der Held steht vor der Herausforderung, sich auf das Abenteuer einzulassen. Das Ziel des Helden wird deutlich. Er muß eine Herausforderung bestehen, sein Leben ändern, einen Schatz finden, einen Traum verwirklichen, Unrecht aus der Welt schaffen, einzelne Personen oder eine Gruppe aus einer Zwangslage befreien, die lokale oder die universelle Ordnung, die aus dem Lot ist, wiederherstellen. Meist zögert der Held, die Schwelle zum Abenteuer wirklich zu übertreten. Der Held weigert sich (3. Weigerung), er muß erst seine Ängste überwinden. Es bedarf eines zusätzlichen Motivs, wie z. B. das Eintreten neuer Umstände, ein weiteres Vergehen, die Ermutigung durch den Mentor, den Tod oder die Entführung eines Freundes oder eines Verwandten. Bevor der Held aufbricht zu seinem Abenteuer, holt er sich Rat. Meist wird die Quelle verkörpert durch einen Mentor (4. Begegnung mit dem Mentor). Der Mentor steht für die Quelle der Weisheit. Er bringt die allgemeine Erfahrung zum Ausdruck, daß wir jemand brauchen, von dem wir Lektionen über das Leben lernen. In der Märchen- und Sagenwelt suchen die Helden Rat und Hilfe bei Zauberern, Hexen, Geistern und Göttern. Der Held übertritt nunmehr eine Schwelle (5. Übertreten der Schwelle), dabei begegnet er den Schwellenwächtern. Die Schwelle zeigt die Grenze zwischen der alten und der neuen Welt. Sie wird versinnbildlicht durch Türen, Tore, Durchgänge, Bögen, Wüsten, Schluchten, Mauern, Klippen, Meere und Flüsse. Hier beginnt das eigentliche Abenteuer. An diesem Punkt hat der Held seine Angst überwunden. Er hat sich entschlossen zu handeln. Der erste Eindruck der neuen Welt steht im scharfen Kontrast zur gewöhnlichen Welt. Der Held muß Proben bestehen. Dabei handelt es sich um die Fortführung der Ausbildung durch den Mentor. Der Held macht sich Feinde. Der Feind tritt ihm als Schatten, Schwellenhüter oder als Trickster gegenüber. Der Held gewinnt aber auch Verbündete und findet Unterstützung bei Freunden (6. Prüfungen, Feinde und Verbündete). Der gefährlichste Ort für den Helden (geheimste Höhle) ist oft im Untergrund verborgen (Hauptquartier des Feindes, Reich der Toten). Dort befindet sich das Ziel seiner Wünsche. Dabei wird die zweite wichtige Schwelle übertreten (7. Annäherung an den heiligen Bereich der Erkenntnis). Es kommt zu Konflikten und Kämpfen als Ausdruck des inneren Kampfes, auch zu einer Konfrontation mit dem Tod (allergrößte Gefahr). Der Held stirbt (scheinbar) und wird im wörtlichen und symbolischen Sinne wiedergeboren (8. Äußerste Prüfung – Tod und Wiedergeburt). Er hat die wichtigste Probe überstanden. Die begrenzten bisherigen Vorstellungen und damit auch das Ego sterben, an die Stelle tritt ein neues Bewußtsein der Allverbundenheit (apotheosis). Aus dem Überstehen tödlicher Gefahren erwachsen neue Kräfte und neue Fähigkeiten. Der Held gewinnt neue Erkenntnisse, er wird in ein Mysterium eingeweiht. Es kommt zu einer Initiation – Aufstieg zu einem höheren Rang (Bewußtsein). Der Held erkennt, wer er eigentlich ist, und nimmt seinen Platz in der Ordnung der Dinge wahr (9. Belohnung und Elixier). Der Held erlebt die Konsequenzen aus einer Begegnung mit den dunklen Mächten (Verfolgungsszenen). Die Reise des Helden entspricht einer Kreisbewegung. Obwohl die andere Welt eine magische Anziehungskraft besitzt, entscheidet sich in der Regel der Held zurückzukehren. Oft bedarf es eines Anstoßes, um wieder zum Licht zu gelangen (10. Rückkehr). Ehe er in die gewöhnliche Welt zurückkehrt, muß er sich einer allerletzten Prüfung, seiner Auferstehung, stellen. Das Geschehen um Sterben und Wiedergeburt wird wiederholt. Zum letzten Mal holen die Mächte des Todes noch einmal zu einem letzten Schlag aus. Es handelt sich daher um eine Abschlußprüfung nach dem Erlebnis von Tod und Wiedergeburt. Es kommt zu einem abschließenden Kampf (11. Abschlußprüfung). Jetzt kehrt der Held in die gewöhnliche Welt mit seinem neu erworbenen Wissen (mit dem Elixier) zurück (12. Rückkehr). Er wird die neue Erkenntnis an die Gemeinschaft weitergeben.

Wenn auch die Reihenfolge bei vielen erfolgreichen Spielfilmen variiert wird, ist es gleichwohl verblüffend, wie in erfolgreichen Spielfilmen diese zwölf Handlungsmuster immer wieder Verwendung finden. Aktuelle Erfolgsfilme, in denen die Muster deutlich zu erkennen sind, finden sie in den Harry-Potter-Filmen und in der *Herr-der-Ringe*-Serie. Deutlich ist in diesem Monomythos auch der christliche Mythos erkennbar. Beim monomythischen Film handelt sich daher vor allem um ein erfolgreiches Erzählmuster in patriarchalischen Kulturen. Erstaunlicherweise läßt sich beobachten, daß seit Mitte der achtziger Jahre durch Videoclip und Werbung der Monomythos der Heldenreise seine Dominanz verloren hat. Bei modernen Genres gibt es zwar auch noch christliche Mythen, sie konkurrieren aber mit anderen Mythen um die Aufmerksamkeit des Publikums. Dies möchte ich am Beispiel der Werbung aufzeigen.

Werbung als subtextuelle Ersatzreligion

Die Werbeindustrie hat das Interesse, möglichst viele Konsumenten von einem Produkt zu überzeugen. Daher müssen Werbestrategien präsentiert werden, die bei unterschiedlichen Konsumenten Akzeptanz zur Folge haben. Während die Filmindustrie weiterhin auf die monomythische Dramaturgie setzt, reagiert die Werbeindustrie auf den ‚produktiven' Zuschauer mit der Mehrfachcodierung und dem Einsatz von polysemen Symbolgestalten.

Der Konsument erhält mehrere Deutungsangebote, aber weiterhin wird er mit mythischen Stoffen konfrontiert. Die zu beobachtende Erosion des patriarchalischen (christlichen) Monomythos führt nicht zu einem Ende des Mythischen in den Medien, sondern eher zum Gegenteil, einer Reaktualisierung scheinbar verlorengegangener früherer mythischer Denkweisen. Die heutigen Medien greifen auf nahezu alle mythologischen Wurzeln zurück und entwerfen zudem neue, gesellschaftsbezogene Mythen. Die Ursprungsmythen erscheinen jedoch meist nicht in ihrer substantiellen Struktur, sie werden durch die gesellschaftlichen Erfahrungen jeweils präfiguriert.

Im Medienzeitalter ‚floaten' symbolisch aufgeladene Bildwelten in einem präfigurativen Erlebnisfeld, bei dem das logisch-kausale Denken Interventionspotentiale hat. Die Mediengesellschaft bietet ein breites Angebot mythogener Stoffe, aus denen die einzelnen oder die *Peergroups* Teile ihrer Identitätsfragmente zusammenstellen. Während im Spielfilm der Erlösermythos weiterhin eine wichtige Rolle spielt, werden im Videoclip und in der Werbung sogar sich widersprechende Mythen inszeniert (Motiv des Zusammenführens, Motiv des Differenzierens). Gestaltpsychologische, animistische, schamanistische, transreligiöse, matrilineare, austrolineare, afrilineare, hinduistische, buddhistische, patrilineare (christliche) und gesellschaftliche konnte ich identifizieren.[7]

Spielfilme, Videoclips und insbesondere Werbung treten an die Stelle früherer Orte der ‚Sinnstiftung' (Kirche, Staat, Familie). Das massensuggestive Heilsversprechen der Religion wird von ihnen ‚beerbt'. Die Akzeptanz mythischer Bilder in den Medien könnte ein Hinweis für das Bedürfnis der Menschen nach Orientierung, nach Sinnerklärung durch „Vorbilder" sein. Die Medien bieten (Sinn-) Suchenden durch die Identifikation mit dem erzählten Mythos eine partielle Verortung an (ontologische Vergewisserung). Es hat den Anschein, als ob der Medienkultur die Funktion einer subtextuellen Ersatzreligion zukommt. Sechs Bildrekrutierungsbereiche möchte ich beispielhaft beschreiben, um die Relevanz symbolischer Bildmotive in der Werbung aufzuzeigen.

1. Christliche Symbole

Weiterhin bietet der christliche Mythos noch ein Rekrutierungsfeld für die Werbung. Christliche Motive wie Bilder vom Paradies (z. B. Renault Clio, Bacardi), die Schöpfung Adams durch Gott (z. B. Drums, Online today) schöpfen aus dem christlichen Bildreservoir. Allerdings fällt auf, daß immer mehr Werbekampagnen den christlichen Mythos dekonstruieren. Eine der letzten West-Kampagnen integrierte beide Nutzungsformen.

Auf Druck der Öffentlichkeit nahm die Agentur, die West vermarktet, ihre aktuell laufende Anzeigenkampagne, bei der mit christlichen Motiven für die Zigarettenmarke „West" geworben wurde, zurück. Bei einem Plakatbild ist eine Schachtel zentralperspektivisch positioniert. Im Hintergrund sind Kirchenfenster zu sehen. Ornamente des Hintergrundmotivs sind auf der Schachtel zu sehen. Jeweils diagonal von unten links und von unten rechts verlaufen Strahlen zur Bildmitte. Sie treffen sich unterhalb des Markennamens „West". Dieser Schriftzug ist exakt auf der Höhe des Goldenen Schnittes positioniert. Licht bedeutet in der Tradition der christlichen Kultur das unschaubare Göttliche und Heilige, es steht für die Erleuchtung der Seele und damit für die Erkenntnis des wahren Gottes. Im Verlaufe der Säkularisierung wurde Licht in den Medien als Motiv für Erkenntnis an sich eingesetzt. Mit dem Bildmotiv soll bei den RezipientInnen der Eindruck entstehen, daß „West" Erleuchtung bringt. Diese Botschaft wird visuell noch einmal durch die linke, sogenannte aufsteigende Diagonale von zwei Linien, die den Markennamen unterstreichen, unterstützt.

Der Schriftzug „West" ist optisch so positioniert, daß er die waagerechte Linie des christlichen Kreuzes einnimmt. Die senkrechte Linie des Kreuzes wird nur virtuell gezeigt. Sie entsteht durch den axialen Punkt des Treffens der beiden Lichtstrahlen und wird imaginär durch das Ornament des Bildes auf der Schachtel nach unten fortgesetzt. Als Bild im Bild ist in der Schachtelbildmitte das Logo von „West" abgebildet. Auf dem Logo ist eine Person mit der Adorantenhaltung, der Anbeterhaltung des Göttlichen, abgebildet. Verstärkt durch den die Schachtel umschließenden Kreis und die oben folgenden Linien im Innenkreis (Dreieck nach oben) ergibt sich eine Vertikale. Im oberen Bildbereich steht der Schriftzug: ‚Da strahlt die Gemeinde'. Bei dieser Werbung für „West" werden religiöse Motive als ‚added value', als Wert neben dem Produkt, eingesetzt. Wer „West" raucht, gehört zu einer religiösen Gemeinde und hat gute Aussichten, erleuchtet zu werden.

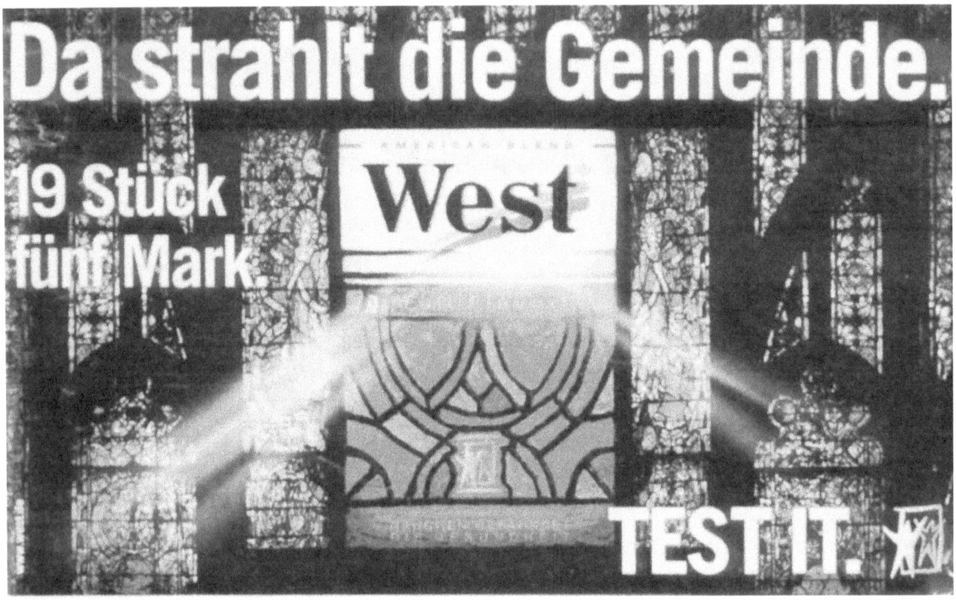

Abb. 1 Kirchenfenster („West")

Hatte bereits dieses Motiv Aufsehen erregt, führte die Kampagne des Beichtstuhlmotivs zu Protesten. Bei dem Beichtstuhlmotiv raucht ein lachender Pfarrer. Die (Zigaretten-) Gläubige hat ihr rechtes Bein leicht erhöht, damit ist durch den Schlitz des Kleides eines ihrer Beine zu sehen. Das gibt ihr eine erotische Ausstrahlung. Die Haltung der Hände ist in etwa auf einer Höhe. Während die linke Hand des Pfarrers den Rosenkranz um die Hand gewickelt hat, hält die Frau in ihrer linken Hand eine Zigarette. Ihr Rosenkranz ist eine Zigarette. In der rechten Hand des Pfarrers befindet sich eine Zigarette, in der rechten Hand der Frau ein Schachtel. Eine dritte visuelle Parallelspannung ergibt sich durch die Augenhöhe. Der Gebrauch oder, wie viele meinen, der Mißbrauch eines religiösen Motivs ist bei dem Beichtstuhlmotiv noch irritierender als bei dem Kirchenfenstermotiv. Das für die Situation der Beichte untypische Lachen läßt sich als Hinweis für die RezipientInnen deuten, daß es sich hier nicht um eine Rekonstruktion der symbolischen Bedeutung des ‚Beichtstuhls' handelt (sich von Sünden, Schuld frei machen), sondern um ein, zugegebenermaßen, provozierendes Spiel mit einem religiösen Motiv. Genau genommen wird der ursprüngliche Sinn dekonstruiert.

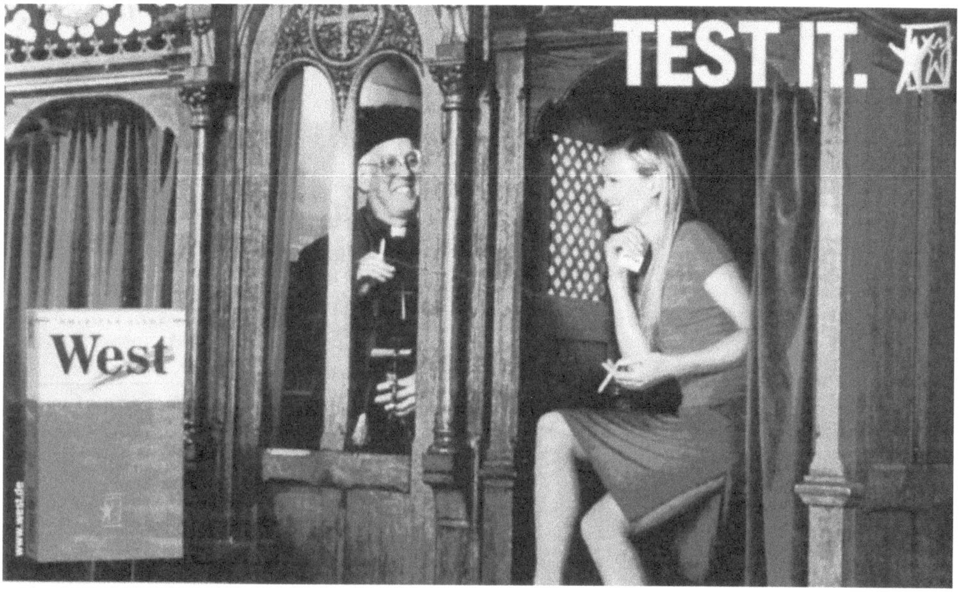

Abb. 2: Beichtstuhl („West")

2. Transreligiöse Symbole

Einige Symbole (z.B. Mandala) haben in fast allen Kulturen Bedeutung erlangt. Dennoch gibt es in der Kulturgeschichte der Menschheit eine symbolische Geste, die eine besondere Stellung einnimmt. Einzigartig ist die Verbreitung eines kultischen Gestus, die Gebärde der parallel erhobenen Hände, die Adoranten bzw. Oranten-Haltung. In zeitlich und räumlich ganz unterschiedlichen Kulturkreisen tritt dieser Gestus unabhängig voneinander auf. Spätestens seit dem Neolithikum hatte diese Gebärde die Bedeutung einer Kommunikation zwischen dem Menschen und dem Göttlichen sowie zwischen dem Göttlichen und dem Menschen. Sie war ‚das Signal' eines religiösen Geschehens. In vielen Kulturen entspricht sie dem Gestus der ‚erscheinenden' Gottheit, ebenso verkörpert sie die Haltung des Anbeters der Gottheit (Orant). Sie läßt sich daher als eine der zentralen religiösen Archetypen bezeichnen oder als die ‚*Ur-Gebärde des religiösen Leben*' und zugleich als die ‚*Urgebärde des Lebens*', da sie auch als profane Gebärde vorkommt.[8]

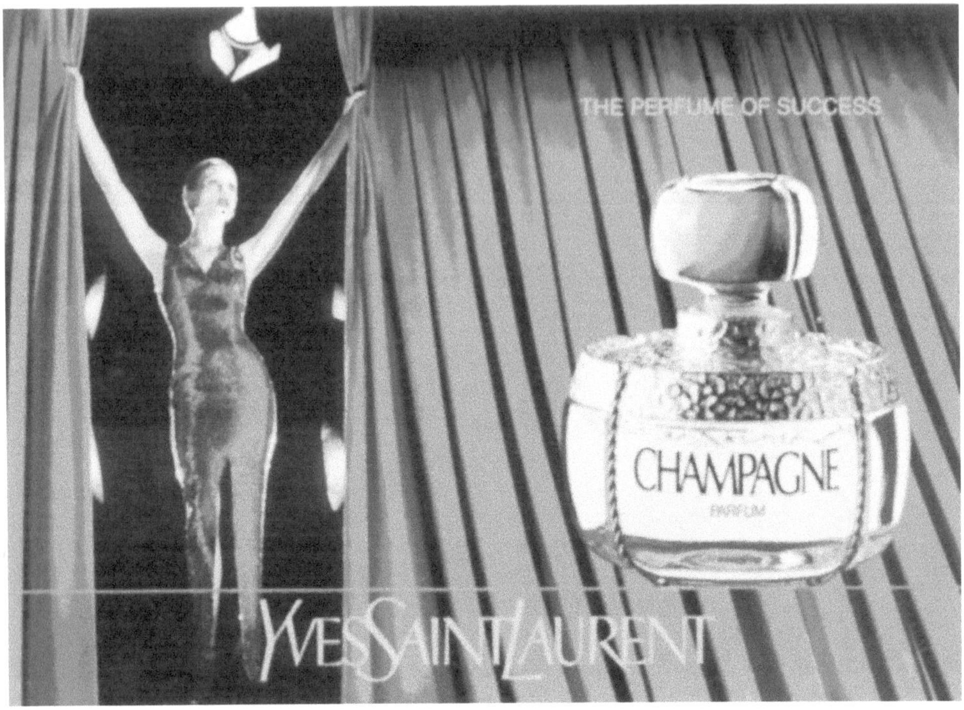

Abb. 3: Yves Saint Laurent: Champagne

Bei der Adorantenhaltung handelt es sich um eines der meist genutzten Motive aus dem religiösen Kontext. Neben „West" (Logo) wird diese Geste von „Escape", „Calvin Klein", „Davidoff" und „Champagne" eingesetzt. Alle Bedeutungen der Adorantenhaltung in den unterschiedlichen Kulturen haben eine Beziehung zum Phänomen Leben, und dies in einem zeitlosen Sinn. Die Werbung greift dieses Lebenssymbol auf, um an der symbolischen Kraft des Symbols zu partizipieren.

3. Animistische Symbole

Mitte der neunziger Jahre schaltete die Firma Helberger im Raum Frankfurt/Offenbach auf Litfaßsäulen eine Werbung, die animistische Symbole enthielt. Im großflächigen, reduzierten Fließtext war zu lesen: „Sie brauchen keine Mode, sie brauchen Helberger". Dazu ergänzend gab es eine Fotografie von einem See. Der Vordergrund wird bestimmt von einem Kleid, das auf einer Astgabel hängt. Das Kleid ist somit, ästhetisch gesehen, optimal in die Natur eingebunden.

Die textile Botschaft der Werbung lautet: Hellerer benötigt keine Mode, d.h. ständig neue Formen, weil Helberger universelle Mode anbietet, die nie veraltet. Das Verständnis des Universellen ist typisch für den Animismus. Eine seiner zentralen Aussagen lau-

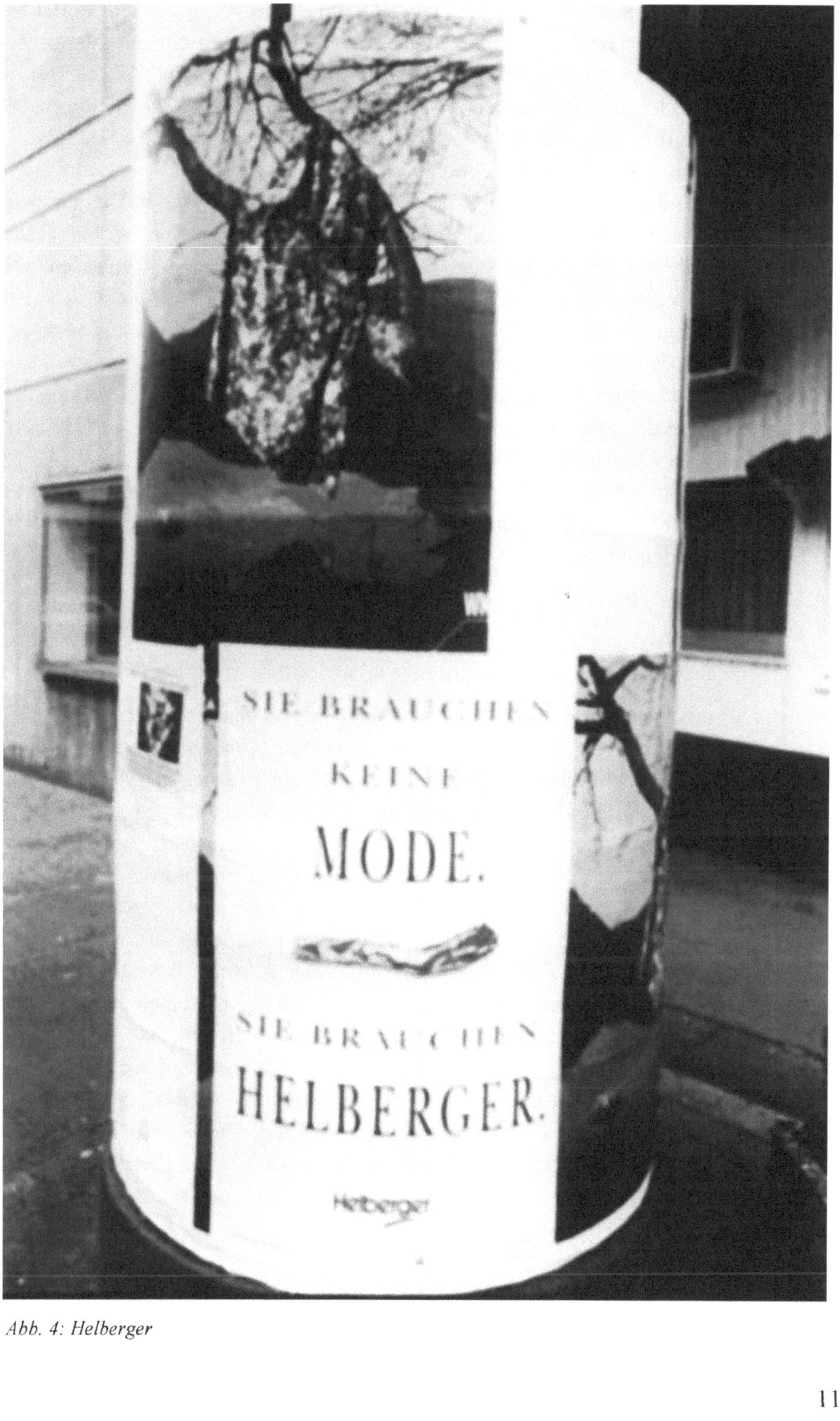

Abb. 4: Helberger

tet: Innen und Außen sind nicht getrennt. Es gibt eine ewige Wiederkehr des Gleichen. Das Bild knüpft genau an dieses Selbstverständnis an. Wir sehen eine Seenlandschaft, die typisch für Südsibirien (z.B. Altaigebirge) ist, eines der bedeutendsten Zentren des Animismus. Die Baumart (Birke) verweist gleichfalls auf dieses Gebiet. Trotz jahrzehntelanger Unterdrückung hat sich dort bis heute ein Brauchtum, das Hängen von Stoffbändern an die Bäume, nicht eliminieren lassen.

Mit diesen Bändern heiligen Animisten ihre zentralen Orte. Dieser Brauch wurde später von den Schamanen, aber auch von den Buddhisten übernommen. Die Bänder waren ursprünglich ein Symbol für Haut. Der Mensch hängt einen Teil von sich, seine künstliche Haut, in Form eines Stoffstreifens an einen Baum und verbindet sich durch diesen Akt mit einem heiligen Ort. Da die göttliche Kraft durch die Natur verkörpert wird, erhält der Mensch durch den Stoff die energetische Kraft der Natur zurück. Da der Animist nicht zwischen innen und außen trennt, erlebt der Opfernde die Kraft des heiligen Ortes mit Hilfe des Stoffes. Genau dies wird auch bei der Werbung von Helberger transportiert. Die Subtextaussage könnte heißen: Wir besitzen Kleider, die an heiligen Orten mit Kraft und Energie aufgeladen wurden, und dies ist bedeutsamer, als einer sich ständig wandelnden Mode nachzulaufen. Wenn ihr unsere Kleider kauft, dann werdet ihr an dieser Kraft partizipieren.

4. Schamanistische Symbole

Im Schamanismus wird davon ausgegangen, daß wir Menschen ein ‚alter ego' im Tierreich haben. Ausgehend von dieser Prämisse ist es ergiebig, eine Otto Kern-Werbung zu reflektieren. Kern stellt mit dieser Werbung intentional einen Bezug zur Mythologie her. Kern wirbt ebenfalls für Kleider. Bei einer seiner Printwerbeschaltungen zeigt er auf einer Doppelseite jeweils eine Frau mit Pferd. Es gibt keinen Fließtext, sondern nur den Namen ‚Otto Kern' mit der Ergänzung ‚The magic'. Das K ist rot gedruckt, während die Bilder in schwarz/weiß gehalten sind. Auf beiden Bildern ist im Hintergrund eine Urlandschaft mit verdorrten, umgeknickten Hölzern zu sehen. Auf dem linken Bild liegt im Vordergrund links eine weiße Frau mit einem weißen Kleid. Hinter ihr steht ein schwarzes Pferd auf den Hinterbeinen, wobei das Pferd gegen einen weißen Himmel abgegrenzt wird. Die Bewegungsrichtung des Pferdes geht dabei nach rechts. Auf dem rechten Bild sehen wir fast mittig eine schwarze Frau mit Hut in einem Kostüm, das der Trapperkleidung von Männern nachgebildet ist. Im Bildmittelgrund sehen wir ein weißes Pferd vor einem schwarzen Himmel, das ebenfalls auf den Hinterbeinen steht. Es richtet sich nach links, so daß es den Anschein hat, als ob beide Pferde miteinander kämpfen.

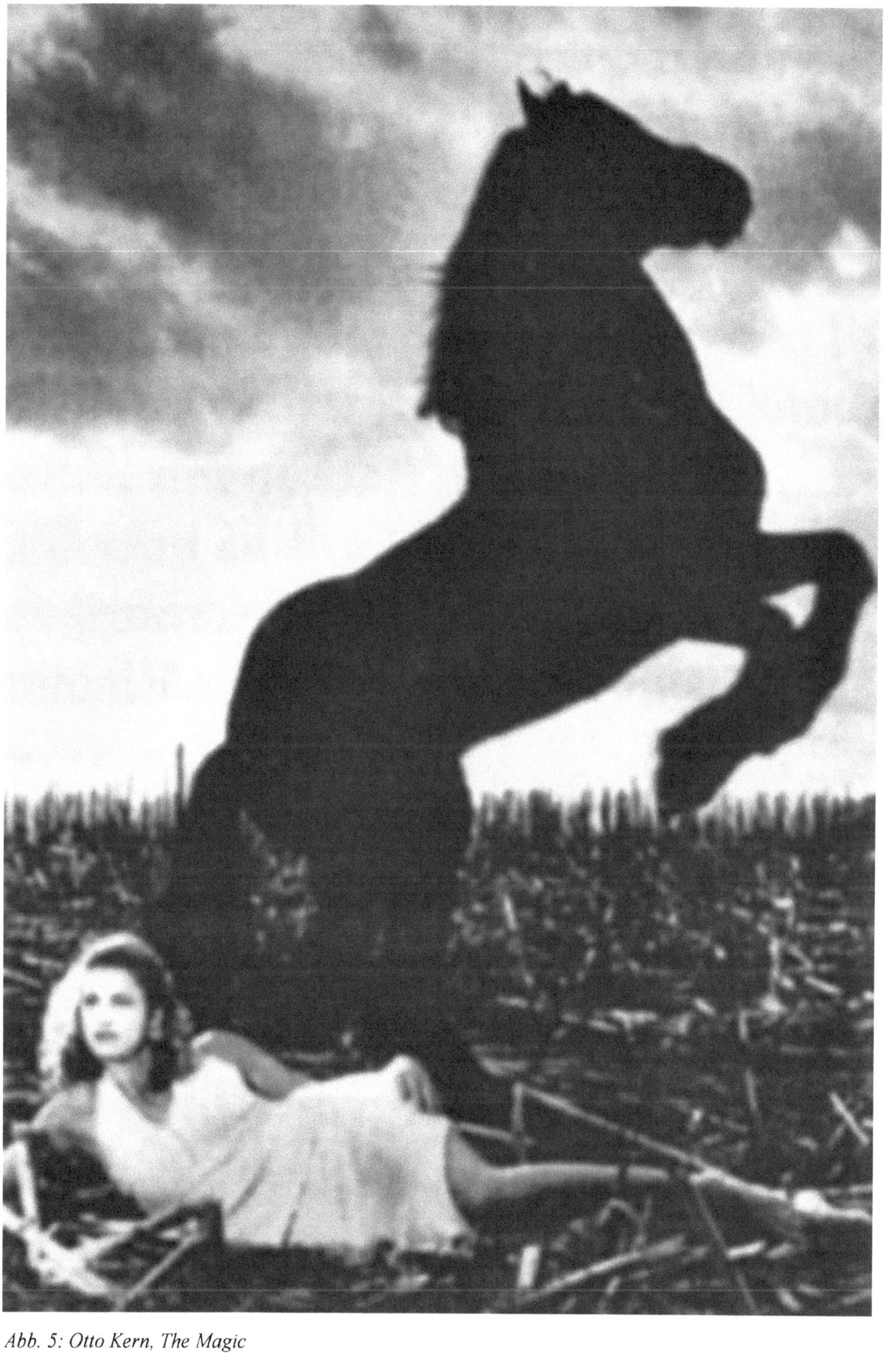

Abb. 5: Otto Kern, The Magic

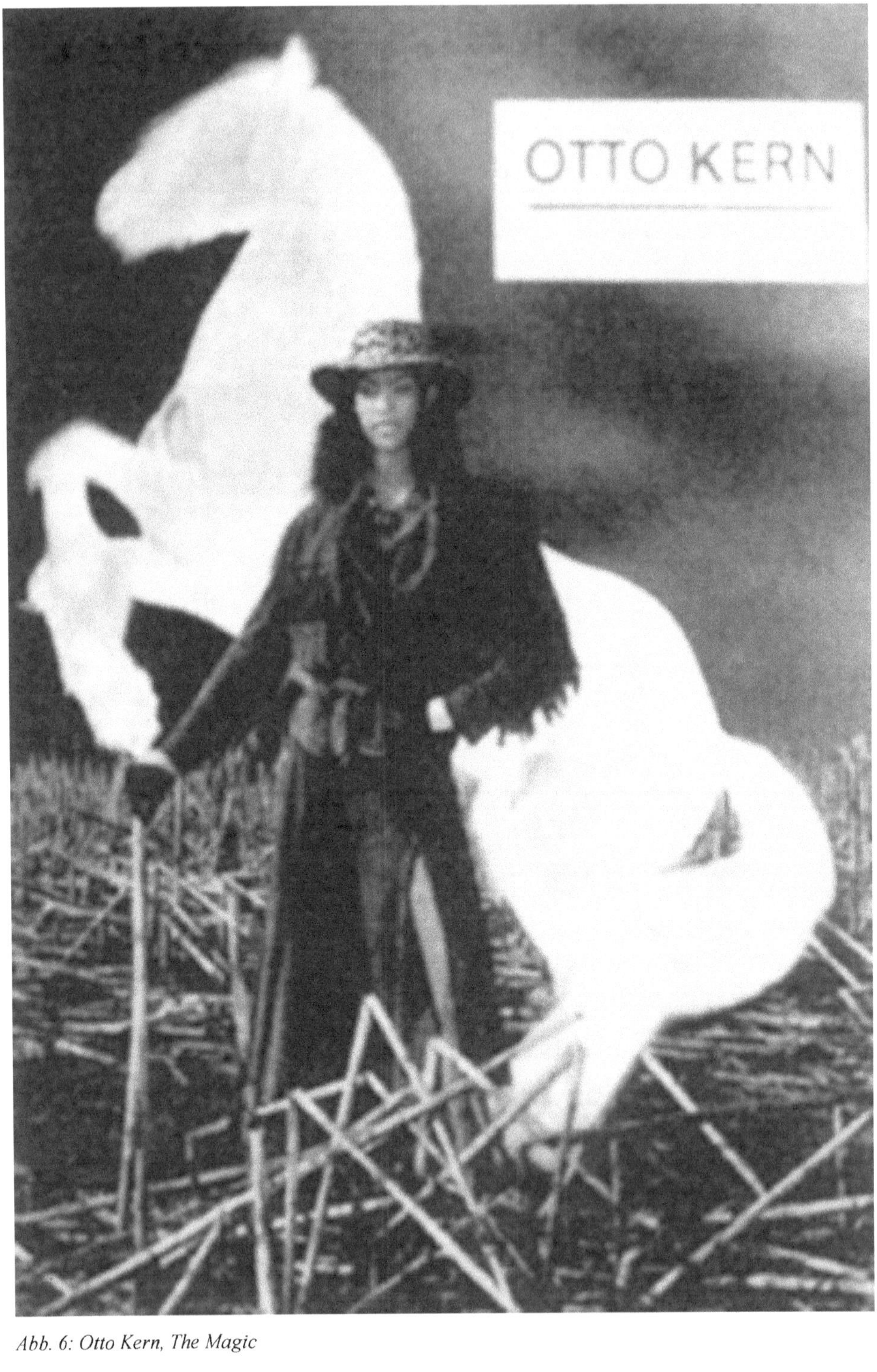

Abb. 6: Otto Kern, The Magic

Obwohl beide Frauen nach links schauen, ergibt sich eine optische Linie von links unten nach rechts oben, vermittelt über das weiße Kleid der Frau, die schwarze Frau und das Logo (das den hellsten Hintergrund hat). Eine starke optische Gegenlinie bildet das weiße Pferd, dem wiederum eine schwächere optische Linie (schwarzes Pferd) gegenübersteht. Die weiße Frau bildet eine Waagerechte (Synonym für weiblich), die schwarze Frau eine Senkrechte (Synonym für männlich). Weiß und schwarz bilden polare Gegensätze, wie Himmel und Erde. Sie könnten ebenfalls den Geschlechtern zugeordnet werden. Die Werbung ‚spielt' mit diesem Mythos. Das Dunkle (Weibliche) und das Helle (Männliche) werden umgekehrt. Dadurch gewinnen die Bilder an Spannung, da dieser Widerspruch im Kontrast zu den bilddominanten Pferden steht.

Beide Pferde bilden durch ihre Körper ein Dreieck mit der Spitze nach oben. Sie sind leicht unscharf abgebildet und deutlich erkennbar in das Bild hineinmontiert. Sie wirken daher wie ein innerer Schatten der beiden Frauen, nicht wie ein reales, sondern wie ein Traumbild (alter ego). Die Blickrichtung der Tiere geht von schwarz zu schwarzer Frau und weiß zu weißer Frau. Die Werbung könnte daher die Botschaft enthalten, daß die Pferde eine Schutzfunktion ausüben, womit wir bei einem schamanistischen Subtext wären.

Das Pferd gilt im Schamanismus als Opfertier. Der Schamane hatte die Aufgabe, die Seele des Opfertiers auf seinem mythischen Reiseweg zu begleiten. Das Opfer diente u. a. dazu, von den Göttern Wetter- und Erntevoraussagen zu erhalten. Passend dazu stehen die Pferde, wie auch die beiden Frauen, auf einer Fläche, die unfruchtbar aussieht. Die klare Unterscheidung zwischen schwarz und weiß könnte daran erinnern, daß es schwarze und weiße Schamanen gab. Frauen konnten nur schwarze Schamanen werden. Die Schamanin auf dem Bild wäre damit die schwarze Frau, deren Bezug zum Erdhaften auch durch die Kleidung deutlich wird. Ihr zur Seite steht das weiße Pferd, das nach der Mythologie anderer Kulturen den Weg zu den kosmischen Göttern öffnet. Da im Schamanismus den Frauen nur die ‚Reise' zu den erdgebundenen Geistern/Göttern möglich war, enthält die Werbung eine mythologisch-emanzipative Bedeutung. Das weiße Pferd gilt in späteren Kulturen als solares Symbol und wird daher als kosmisches Pferd verehrt. Mit ihm verbunden war die Vorstellung von Unschuld, Makellosigkeit und reinem Intellekt. Das schwarze Pferd ist dem lunaren System zugeordnet. Es symbolisiert das Chaos, die instinktive Tiernatur, die chthonischen und feuchten Mächte und kündet den Tod an.

5. Matriarchalische Symbole

Weitere mythische Motive, die immer wieder in der Werbung auftauchen, sind der Drache (die geflügelte Schlange) und die Schlange. In der Apokalypse, der Offenbarung des Johannes (letztes Buch des Neuen Testaments), werden die ‚listige' Schlange und der furchterregende Drache, dem der Erzengel Michael im endlosen Streit gegenübertritt, gleichgesetzt mit dem Teufel. Der Teufel wird im Christentum als Antithese von

Christus gedeutet, wie sich auch das Christentum als Antithese zu den alten Naturreligionen verstand. Der Teufel, der erst mit dem Christentum in der Kulturgeschichte ‚auftritt', wurde zum Symbol der Natur, der Materie und der Fleischeslust der Frau. Die Schlange, die Adam verführt, wurde anfangs mit einem weiblichen Gesicht abgebildet. Der christliche Weg der Erlösung verstand sich als Überwindung durch den Geist. Der Sieg über den Drachen durch den mythischen Helden wird in vielen Kulturen, so z. B. in der christlichen Mythologie, als Sinnbild der Erkenntnis der Welt und damit des Sieges an sich verstanden.

Im Symbol von Drache/Schlange verkörpert sich im Christentum das Bild der weiblichen Naturkräfte. In den Ackerbaukulturen war die geflügelte Schlange (Drache) ein Symbol der Manifestation des lebensspendenden Wassers (Schlange) und des Lebensatems (Vogel). In der Symbolik stehen Drache und Schlange oft für das Indifferenzierte, das Chaos, das Verborgene und die ungezähmte Natur. Durch die Fähigkeit des Drachen wie auch der Schlange, sich durch Hautwechsel zu erneuern, werden in der asiatischen Philosophie (Tantrismus) der Drache und die Schlange zum Sinnbild des ewigen Kreislaufs der Kräfte und Energien der Welt, der kosmischen Lebenskraft. Im Orient ist der Drache eine gütige, himmlische Macht. Durch ihn symbolisieren sich Weisheit, Stärke, übernatürliche Macht und verborgenes Wissen. Im Okzident stellt er das Chthonische, Destruktive und das Böse dar.[9]

Die Symbolik der Schlange/des Drachen ist polyvalent, ursprünglich war sie weiblich und männlich (in China wird sie heute noch als *yang*-Kraft verehrt). Die Schlange ist gleichzeitig auch das Symbol der Gottheiten, die sich aus sich selbst heraus schaffen, und steht für die schöpferische Kraft der Erde. Alle weiblichen Gottheiten und die Große Mutter werden von dem Symbol der Schlange begleitet.[10] Die Schlange umwindet sie oder die Große Mutter hält die Schlange in ihren Händen. Der Sündenfallmythos des Christentums, die Verführung Adams durch Eva, die durch eine Schlange motiviert wurde, vom Baum der Erkenntnis zu essen, läßt sich, so Elga Sorge, auch als patriarchalischer Versuch lesen, „die Göttin zu stürzen und weibliche Fruchtbarkeit-, Lebens- und Göttin-Weisheit zu entwerten, zu dämonisieren und zu verfluchen."[11]

Die Werbekampagne für den Renault-Clio und die HB-Werbung ‚Offen für Verführer' spielt unmißverständlich mit der Verführung Adams durch Eva. Nur hat Adam (der Mann) jetzt die Rolle der Frau übernommen. Eva ist nicht zu sehen. Der Konsument ist in die Rolle von Eva geschlüpft. Während in der mythischen Verführungsszene Adam eine passive Position einnimmt und Eva aktiv handelt, steht bei der HB-Werbung der Mann im Aktionsfeld. Er raucht die Zigarette der Erkenntnis. Sein leichtes Lächeln deutet an, daß er der Verführung gewachsen ist und er sich durch die von Gott drohende Strafe (Lungenkrebs) und damit der Ausweisung aus dem Paradies (Leben) nicht irritieren läßt. Ebenfalls partizipiert das Bild am Mythos der Urmutter, die meist mit einer Schlange gezeigt wurde. Der Mann hat auf dem Bild die Schlange lässig um seine nackten Schultern gelegt. Einerseits drückt dies seine Angstlosigkeit vor der Schlange aus, andererseits handelt es sich um ein typisches Bild dafür, wie ursprünglich weibliche Symbole durch patriarchalische Symbole umgewertet werden.[12]

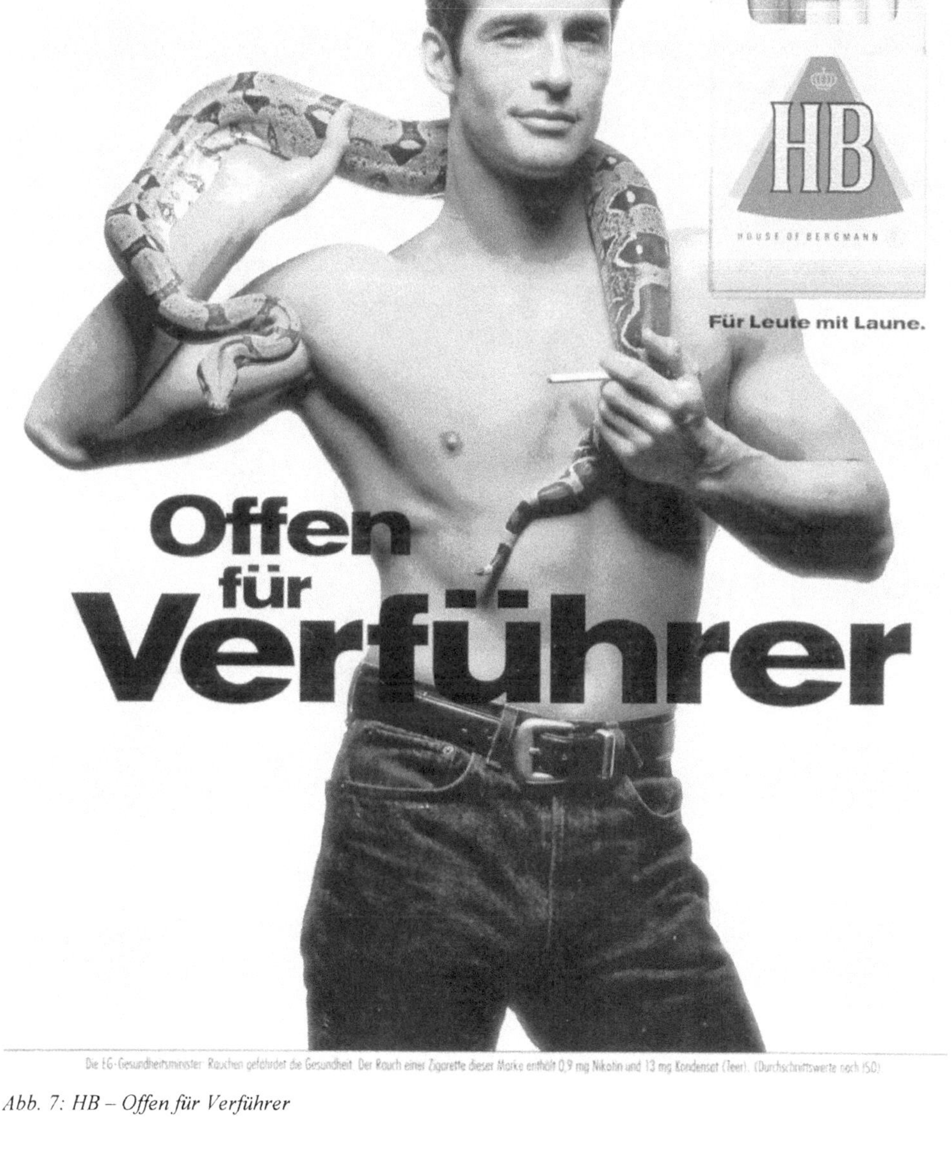

Abb. 7: HB – Offen für Verführer

6. Hinduistische und buddhistische Symbole

In der Werbung wird ebenfalls auf asiatische Mythen zurückgegriffen. So ist das Logo der Deutschen Bank aus der Grundstruktur eines Mandalas entwickelt. Das Produkt

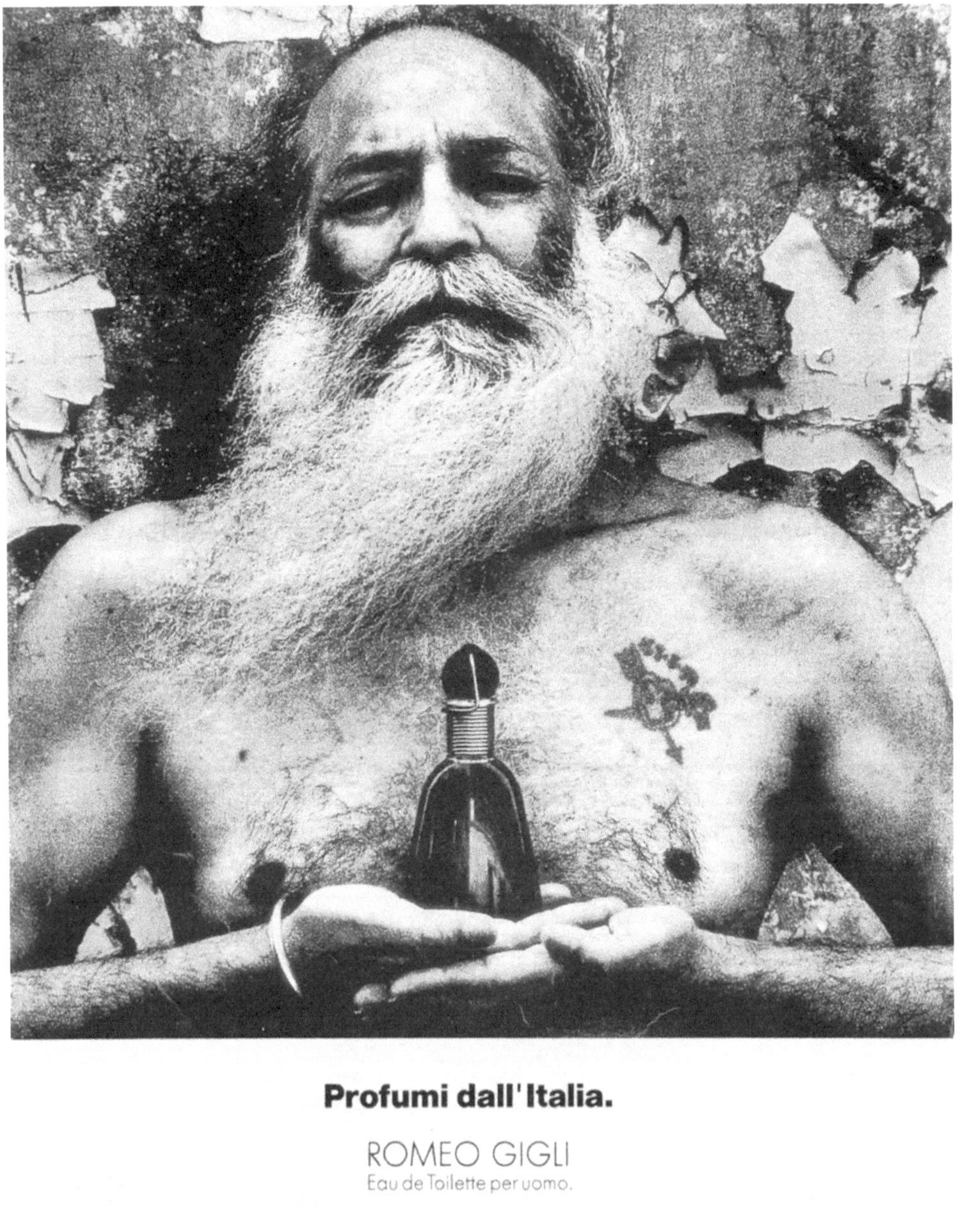

Abb. 8: Romeo Gigli – Hinduistische Meditationshaltung

„Romeo“ von der Firma Gigli wird mittels hinduistischer Symbolik beworben. Ein indischer Heiliger wird in sitzender Haltung gezeigt. Seine Hände sind nach der Dhyana-Haltung geformt. Dies ist gemäß der hinduistischen Lehre die Symbolik für Meditation. Die Hände befinden sich auf der Höhe seiner Brust. In den Händen steht das Werbeprodukt. Es entsteht der Eindruck, daß es sich um ein religiöses Kultobjekt handelt. Das Parfum zu nutzen, kommt einer Meditation gleich.

Ein weiterer Beleg läßt sich in einer Sculpture-Werbung finden. Das beworbene Produkt hat eine phallische Form und erinnert an das Lingham der Hinduisten. Im Hintergrund des Produkts sehen wir graphisch angedeutete Kreise, die das Produkt umschließen und damit eine Yoni-Scheibe bilden. Die leicht schräge Form des Produkts ergibt eine strukturelle Linie mit dem Kopf des abgebildeten Mannes, damit entsteht eine positive Spannungslinie. Der Mann wirkt, als ob er eine Skulptur wäre. Damit setzt das Abbild den Namen des Produkts in Bildsprache um. Entlang des Halses sehen wir Schweißtropfen herunterlaufen, während das Gesicht des Mannes kontemplativ und ‚ehrfurchtsvoll‘ gen Himmel schaut. Das Parfüm, so eine Erklärung, verschafft Entspannung, obwohl kurz vorher eine Anstrengung vollbracht wurde, was an den zerzausten Haaren zu erkennen ist. Das Gesicht des Mannes ist angeschnitten, er blickt in den Himmel und damit aus dem Bild heraus. Der Blick transzendiert den Bildrand, schafft eine Beziehung zwischen Innen (Bildebene) und Außen.

Bildbotschaften aus dem Motivkreis des Buddhismus setzt die „BASF“ ein. Ein liegender Buddha und, auf ihm stehend, vier buddhistische Mönchsnovizen bilden den Bildhintergrund für folgenden Text: „Umweltschutz ist keine Frage des Standorts, sondern des Standpunkts. BASF-Leitlinien gelten weltweit.“ „Condor“ präsentiert auf einem Werbephoto einen sitzenden Buddha in der *Vitarka*-Handhaltung, das buddhistische Symbol für Argumentation. „Pirelli“ wirbt mit dem dritten Auge von Buddha.

7. Afrikanische Symbole

In letzter Zeit lassen sich auch schwarzafrikanische Mythen decodieren. In einem Werbespot der Firma *Central Beheer* (Niederlande) geht ein junger Mann in eine Ausstellung afrikanischer Kultobjekte. Unachtsam kommt er gegen eine Figur, die herunterfällt. In Parallelmontage sehen wir, wie der aktuelle amerikanische Präsident Clinton alle Bewegungen nachahmt, die die Figur in der Hand des jungen Mannes macht. Dies wäre ein Beispiel der Nutzung des *Voodoo*-Glaubens. Beim *Voodoo*-Glauben wird davon ausgegangen, daß Objekte Symbolträger des Verhaltens von anderen Personen sein können. Wird einem Stellvertreter-Objekt etwas angetan, geschieht dies auch dem Objekt selbst. Aktuell wirbt „Axe“ mit dem Schriftzug *Voodoo* für seinen *New Pump Spray* und das Produkt *New Fragrance*.

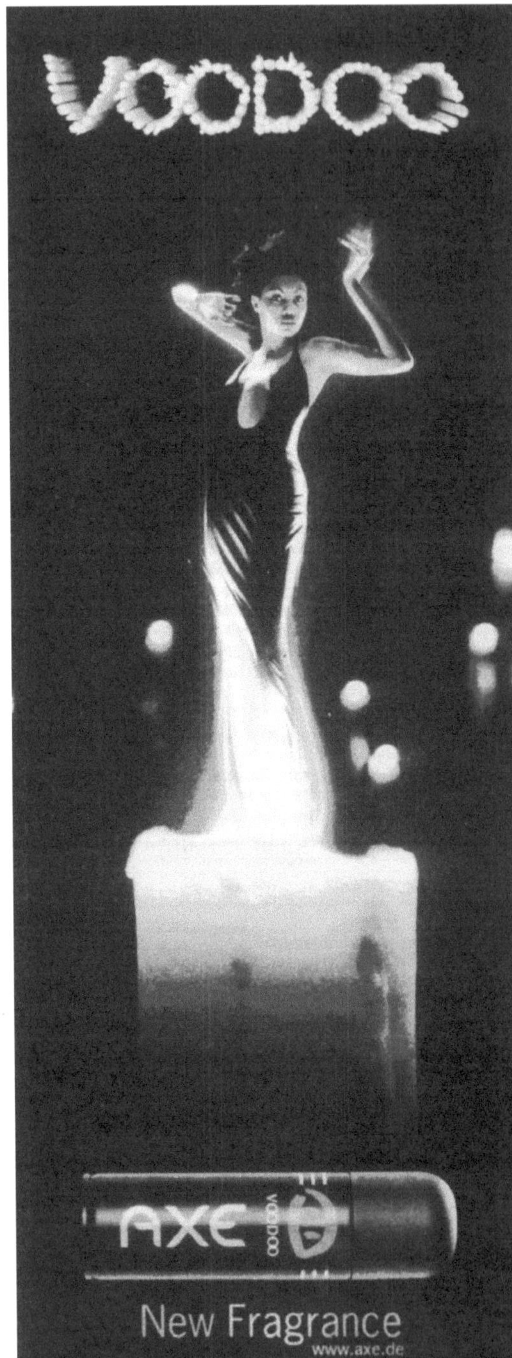

Abb. 9: Axe – Voodoo

Sinnangebote durch Symbole

Die hohe Nutzung von mythen- und symbolträchtigen Medienprodukten, die auch in anderen Genren nachzuweisen sind,[13] spricht für einen ‚Bedarf an Mythen'. Personen in Übergangssituation sind besonders sensibel für Angebote, die ihnen bei der Suche nach Sinn und Verortung Anregung geben. Das macht sie aufnahmebereit für symbolische und mythische Botschaften, zumal sie beim Versuch der Identitätsstabilisierung und Sinnorientierung von den traditionellen gesellschaftlichen Institutionen keine Unterstützung zu erwarten haben oder von ihnen keine Hilfe haben wollen. „Gesucht werden neue (und in diesem Falle: alte) Werte, Rituale und Mythen, welche Verbindlichkeiten, Hoffnungen, Befürchtungen und auch Ängsten Gestalt(en) geben und damit die unübersichtlich gewordene Lebenspraxis in eine sinnstiftende Transzendenz einordnen."[14] Auch in der Moderne benötigt der Mensch, speziell der Jugendliche, eine Daseinsvergewisserung. Es gibt ein Interesse der modernen Subjekte nach ‚Inszenierung ihrer Innerlichkeit'.[15] Die präsentative Symbolik von Rockmusik, Spielfilmen, Videoclips, Werbung, Videokunst und Computeranimationen tritt an die Stelle traditioneller Symbole. Sie gestattet ein (trivial-)mythisches Erleben, ohne den Status eines aufgeklärten und rationalen Bürgers aufzugeben.

Die Medien machen (Sinn-)Angebote, die be- oder unbewußt wirken können. In den symbolisch aufgeladenen Bildern der Werbung (Medien) sind Motive gebunden, die an Gefühle der Geborgenheit und der Verlassenheit erinnern. Sie eröffnen Orientierungsmöglichkeiten, sind gestaltete Formen gegen Sinnlosigkeit und bieten Konstitutionshorizonte an. In dem immer diffuseren Raum der gesellschaftlichen Normierung stoßen die Medien in eine Lücke. Dabei darf nicht vergessen werden: Der Umgang mit Bildern ist kein passiver Akt. Kulturelle und individuelle Faktoren sind ganz wesentlich daran beteiligt, wie und ob sich die jeweilige Botschaft aktualisiert. Die einzelnen Rezipienten suchen und finden, geprägt durch ihre Biographie und die gesellschaftlichen Umstände, die Bilder, die ihnen helfen bei der Suche nach ihrer inneren Stabilisierung. Das schließt nicht aus, daß Rezipienten bei der Medienaneignung produktiv beteiligt sind.

Selbst wenn symbolische und mythische Botschaften nur zum Teil wirken, ist dies bedeutsam genug, um einen produktiven Reflexionsprozeß anzuregen. Allein die hier entschlüsselten Bildmotive als unbewußte Verkaufsargumente sind Grund genug, über die Notwendigkeit der Aktivierung der Wahrnehmungsfähigkeit des Betrachters und dessen Formbewußtsein aufmerksam zu machen. Dazu gehört auch die Fähigkeit, Subtext-Botschaften zu erkennen sowie die Bedeutung und Funktion von Mythen zu interpretieren. Dabei geht es jedoch nicht um die Zerstörung der Faszination, die diese Mythen auslösen können. Es geht vielmehr um einen komplexeren Umgang mit Bildern und Tönen, dessen Möglichkeit, Faszination auszulösen, als wichtige Kraft interpretiert wird. Wir müssen lernen, mit unserem ‚Bedarf an Mythen' zu leben, das bedeutet freilich nicht, sich den Mythen zu unterwerfen. Es geht um die ‚Arbeit am Mythos',[16] d. h. der Bewußtwerdung und der die Transformation des (re-gressiven) Potentials von Medienmythen hin zu einer progressiven Aneignung.

Anmerkungen

1 Vgl. Werner Kroeber-Riel: *Bildkommunikation – Imagerystrategien für die Werbung*, München 1993.
2 Vgl. Michael Görden / Hans Christian Meiser: *Madonna trifft Herkules – Die alltägliche Macht der Mythen*, Frankfurt am Main 1994, S. 39.
3 Joseph Campbell: *Der Heros in tausend Gestalten*, Frankfurt am Main 1978.
4 Joseph Campbell: *Die Kraft der Mythen*. Bilder der Seele im Leben der Menschen, Zürich und München 1989, S. 171.
5 Görden / Meiser, *Madonna trifft Herkules*, S. 4.
6 Christopher Vogler: *Die Odyssee des Drehbuchschreibers*. Über die mythologischen Grundmuster des amerikanischen Erfolgskinos, 2. Aufl., Frankfurt am Main 1998.
7 Vgl. Franz Josef Röll: *Mythen und Symbole in populären Medien*. Der wahrnehmungsorientierte Ansatz in der Medienpädagogik, Frankfurt am Main 1998.
8 Vgl. Heinz Demisch: *Erhobene Hände – Geschichte einer Gebärde in der bildenden Kunst*, Stuttgart 1984, S. 9.
9 Vgl. J. C. Cooper: *Illustriertes Lexikon der traditionellen Symbole*, Leipzig 1986, S. 35.
10 Vgl. Barbara G. Walker: *Das geheime Wissen der Frauen – Ein Lexikon*, Frankfurt am Main 1993, S. 969.
11 Elga Sorge: *Religion und Frau – Weibliche Spiritualität im Christentum*, Stuttgart 1985, S. 107.
12 Vgl. Carola Meier-Seethaler: *Von der göttlichen Löwin zum Wahrzeichen männlicher Macht – Ursprung und Wandel großer Symbole*, Zürich 1993.
13 Vgl. Joan Kristin Bleicher: *Fernsehen als Mythos*. Poetik eines narrativen Erkenntnissystems, Opladen / Wiesbaden 1999; Röll, *Mythen und Symbole* (Anm. 7).
14 Jo Reichertz: „*Religiöse (Vor)Bilder in der Werbung – Zu Anzeigen von Benetton, Kern und Diesel*", in: medien praktisch, Heft 2 / 1994, S. 18-23.
15 Vgl. Helmut Voulliéme: *Die Faszination der Rockmusik – Überlegungen aus bildungstheoretischer Perspektive*, Opladen 1987, S. 68.
16 Hans Blumenberg: Arbeit am Mythos, Frankfurt am Main 1979.

KATHARINA LIEBSCH

Plakativ, eindeutig und grundlegend. Zur Konstruktion, Funktion und Wirkung politischer Symbolik

Einleitung: Politische Symbole und Symbolische Politik

Auch das Feld der Politik bedient sich der Symbole, Rituale, Bilder und gängigen Schemata zum Zwecke der Komplexitätsreduktion. Innerhalb politischer Kommunikation werden – genau wie in anderen Formen von Kommunikation auch – ausgewählte, symbolisch verdichtete Themen präsentiert. Zum einen dient dies schlicht der Darstellung und Vermittlung von Politik und politischen Entscheidungen. Zum anderen aber braucht Politik symbolisch verdichtete, strategische Arrangements und Inszenierungen, um im Feld medialer Aufmerksamkeit zu bestehen. Dabei helfen diverse *politische Symbole*, von der Nationalflagge über den Neubau des Bundeskanzleramts bis hin zu Schwertern und Pflugscharen.[1] Von *symbolischer Politik* ist hingegen die Rede, wenn zum Zwecke der Darstellung von Politik eine Reduzierung auf Vordergründiges, Plakatives, auf theatralische Darbietungen und dramaturgische Handlungslogiken und Inszenierungstechniken erfolgt. So kursiert seit einigen Jahren die Einschätzung, daß Formen von Symbolischer Politik insgesamt zunähmen, einer ‚Ästhetisierung der Politik',[2] einer theatralisierten ‚Als-ob-Politik' und einem ‚ästhetisch-ikonischen' Diskurs[3] Vorschub leisteten. Dies, so die häufig geäußerte Vermutung, lasse den argumentativen Verweisungszusammenhang und den rationalen Nachvollzug der Entscheidungsgründe von Politik in den Hintergrund treten.[4] Beispiele für diese These lassen sich eine ganze Reihe nennen: Von der Debatte über das Einwanderungsgesetz im Bundesrat im Frühjahr 2001 bis hin zu Wahlkampfauftritten, die statt inhaltlicher Auseinandersetzung auf Effekthascherei und Selbstdarstellung setzen, ist eine symbolische Verdichtung politischer Kommunikation zu beobachten. Es ist deshalb auch nicht weiter verwunderlich, daß die gestiegene Bedeutung von theatralisierten Präsentationen und Ritualen im Feld medialer Inszenierung von Politik auch die Soziologie und die Politikwissenschaft zunehmend beschäftigt.[5]

Die Analyse einer solchen *Symbolischen Politik* aber setzt ein Verständnis von politischer Symbolik im Allgemeinen voraus: Wie werden Symbole zu politischer Symbolik? Wie entstehen politische Symbole? Wie werden sie verwendet? Wie wirken sie? Der folgende Beitrag sucht diese grundlegenden Fragen zumindest ansatzweise zu beantworten. Er geht der Frage nach, was, warum und auf welche Weise im politischen Feld symbolträchtig wird, oder abstrakter formuliert: Es geht um das Verstehen der Konstruktion, Funktion und Wirkung politischer Symbolik. Ich spreche dabei bewußt von *Symbolik* und *Symbolisierungen* und nicht von politischen Symbolen, um eine strategisch-funktionale Qualität im Prozeß der Herstellung politischer Inhalte zu akzentuieren. Um diesen Themenzusammenhang zu beleuchten, werde ich so vorgehen, daß ich meinen Gegenstand, nämlich die politische Symbolik, zunächst einmal aus soziologischer Perspektive zu bestimmen versuche. Dann werde ich in einem zweiten Schritt den Prozeß der Symbolisierung ausgewählter Inhalte genauer betrachten. Ausgehend von der Überlegung, daß sich der Prozeß politischer Symbolisierungen an einem Extrem-Beispiel besonders gut veranschaulichen läßt, nehme ich die politischen Symbole und die politische Rhetorik des religiösen Fundamentalismus genauer in den Blick. Hier spielt, man denke nur an die *Taliban*, die Symbolisierung des Geschlechterverhältnisses eine zentrale Rolle. Die Erklärung der Intention, Funktionsweise und die Gründe dieser Variante politischer Symbolisierung erfolgt in einem dritten Schritt.

1. Was sind Politische Symbole?

Politik ist, folgt man gängigen Auffassungen, organisiertes, kollektives Problemlösen öffentlicher Konflikte. In einem spezifischen Feld politischer Kultur definieren beteiligte Akteure die Themen, die als politische Probleme begriffen werden. So ist beispielsweise die Erhöhung der Mineralölsteuer nicht per se ein politisches Problem; sie wird erst in einem politischen Prozeß als solches definiert. Dabei wird z. B. die ‚Öko-Steuer' zu einem politischen Symbol, zu einer widersprüchlichen Einheit, einem Ausdruck verschiedener Deutungen eines Problems. Die Bedeutung von Symbolen des politischen Feldes wird in Auseinandersetzungen zwischen verschiedenen politischen Teilkulturen festgelegt. Die Durchsetzungsfähigkeit einer Deutung hängt zum einen von der Machtposition seiner Trägergruppe ab. Zum zweiten ist entscheidend, ob die Deutungen im Einklang stehen mit den Mustern ihrer kulturellen Umgebung, ob sie an existierende Deutungen anschließen. Drittens spielt es eine Rolle, ob die Deutungen ‚praktikabel' erscheinen, d. h. ob sie eine Problemlösung erwarten lassen. Des Weiteren wird mit jeder Deutung auch ein kollektives Selbstverständnis begründet. Jeder politische Diskurs, jede politische Symbolik begründet einen sozialen Zusammenhalt, ein Kollektiv, und definiert zugleich auch Grenzen eines Kollektivs.

Da Symbole zum Bestandteil des gemeinsamen Zeichenvorrats einer Gemeinschaft gehören, verweisen sie auf grundlegende Gemeinsamkeiten von Überzeugungen und Werten. Das Selbstverständnis eines Gemeinwesens, seine Traditionen, Erfahrungen und Überzeugungen werden über symbolische Repräsentationen veranschaulicht. Auch in Vorgehensweisen und Verfahren, beispielsweise im Procedere des argumentativen Streits, symbolisiert sich Politik, die, beispielsweise in einer Demokratie, selbst eine prinzipielle Unabgeschlossenheit der Sinndeutung symbolisieren.

Die Verwendung von Symbolen und die Symbolisierung von ausgewählten Inhalten ist deshalb als eine zentrale Strategie der politischen Interessenvertretung anzusehen. Die thematische Auswahl und der diskursiv-rhetorische Umgang mit den Symbolen ist ein Element politischer Kommunikation.

Diesen Symbolisierungsprozeß möchte ich im Folgenden am Beispiel solcher politischer Kollektive beschreiben, deren Diskurse, Deutungen und Symbolbezüge besonders markant und eindeutig sind. Dazu gehört neben anderen politischen Gruppierungen auch der religiöse Fundamentalismus, dessen protestantische, islamische, hinduistische und jüdische Varianten seit ca. 15 Jahren weltweit an Bedeutung zunehmen.[6] So ist einerseits ein Wachstum der Anzahl radikal religiöser Gruppen mit politischem Anspruch zu verzeichnen, andererseits dient der religiöse Fundamentalismus zunehmend häufiger als politisches Feindbild, man denke nur an *Samuel Huntingtons* ‚Kampf der Kulturen' oder an die Vermischung von Islam und Terrorismus in den Feuilletons einiger deutscher Tageszeitungen.

1.1. Was wird symbolisiert? Die Wahl der kollektiven Selbstverständnisse

Die verschiedenen Formen radikaler Religiosität sind ihrerseits durch ein zentrales Element gekennzeichnet. Sie alle kritisieren westliche, postindustrielle Gesellschaften als „gottlos" und „ohne Moral und Werte" und reden einer Lebensführung das Wort, die sich an Glaubenssätzen, nicht an eigenem Wissen und Gewissen orientiert. Demzufolge ist jedes radikalisierte religiös-politische Denken gekennzeichnet durch eine Polarisierung von Kritik und Heilserwartung. Auf der einen Seite wird ein ‚Verfall', eine ‚Krise' westlicher Gesellschaften postuliert. Es wird moniert, daß die Bindungskraft der Gesellschaft schwinde, daß statt übergreifenden Werten und Orientierungen nun partikularistische Gemeinschaften und Vorlieben dominierten. Statt eines gemeinschaftlichen Zusammenhalts gebe es eine Vielzahl kultureller Einzelgruppierungen – Türken und Deutsche, Bayern und Schalke, Schwule und Heterosexuelle, Hip-Hopper und die Bayreuth-Szene – , die kaum etwas miteinander zu tun haben. Das, was Jürgen Habermas ‚Die neue Unübersichtlichkeit' genannt hat, führe zu Orientierungslosigkeit, Amoralität und Verhaltensunsicherheiten. Mit dieser Einschätzung steht die religiöse Kritik keineswegs allein da.

Auf der anderen Seite postulieren die verschiedenen Ausprägungen des religiösen Fundamentalismus gegen eine derartige Gesellschaftsdiagnose die gemeinschaftliche Solidarität des Glaubens, geregelte Organisationsstrukturen, eindeutige Erkenntnis und Interpretation. Mit Hilfe der Religion werden Leitlinien, Vorbilder, Grenzen der Lebensführung festgelegt, die gesellschaftliche und politische Fragen und Probleme definiert und soziale Interessen und Besonderheiten zum Ausdruck gebracht. Auf diese Weise werden Fragen der Lebensführung zu Fragen des ‚richtigen' oder des ‚falschen' Verhaltens, werden entsprechend symbolisiert und zu einem Zeichen der Gruppenzugehörigkeit. Der Konsum von Alkohol oder Schweinefleisch, voreheliche Enthaltsamkeit, regelmäßiges Beten werden zu Aspekten oder Dimensionen des Symbols der ‚Reinheit', die abgetrennt von dem ‚Schmutz' westlicher Gesellschaften neue soziale Ordnung begründen sollen.

Im Zentrum diverser Formen politisch-religiöser Radikalität steht also das Postulat eines ‚moralischen Verfalls' der Gesellschaft, der, wie diverse Studien über den islamischen, protestantischen, hinduistischen und jüdischen Fundamentalismus zeigen, sehr häufig anhand von Veränderungen der Familienstrukturen und am Beispiel der Frauen-Rolle veranschaulicht werden.[7] Als Beleg eines gesellschaftlichen Abfalls vom ‚göttlichen Gesetz' dienen Prostitution, Ehebruch, Scheidungen etc. Demzufolge zielt das fundamentalistische Denken darauf, ‚Reinheit' im Denken, Verhalten und Handeln zu verankern und entsprechend zu symbolisieren. Indem Fragen des Geschlechterverhältnisses verquickt werden mit sowohl Fragen nach dem angemessenen Umgang mit dem eigenen Körper (Essen, Kleidung, Genuß) als auch mit Kommunikationsformen und Interaktionsregeln (Reden/Schweigen, Autoritätsbereiche), entsteht eine spezifische Körper- und Sexualpolitik, die symbolisch codiert zum Ausdruck gebracht wird.

An je einem Beispiel aus dem protestantischen, dem islamischen und dem jüdischen Fundamentalismus möchte ich die Funktion und Wirkung einer solchen Symbolisierung veranschaulichen.

2. Symbolisierung von Geschlecht als symbolische Politik

Beispiel 1: Postulat der sexuellen Reinheit im Christentum

Als US-Justizminister John Ashcroft am 3. Februar 2002 vor die Presse trat, um zu den Attentaten des 11. Septembers und deren Folgen Stellung zu nehmen, wurde ein Photo von ihm aufgenommen, das im Hintergrund die steinerne Büste der *Justitia* zeigte. Auf dem Photo war neben dem Kopf des Justizministers die entblößte Brust der Statue zu sehen, woraufhin Ashcroft die Verhüllung der Statue in die Wege leiten ließ. Als Begründung ließ der bekennende Christ Ashcroft verlauten, daß die öffentliche Rede über so ernste Angelegenheiten wie Terror und Krieg durch anstößige Nacktheit verunglimpft und lächerlich gemacht würde.

Die steinerne *Justitia* verändert in dieser Episode ihren symbolischen Gehalt in doppelter Hinsicht. Zum einen symbolisiert sie durch Ashcrofts Verhalten nicht länger Gerechtigkeit, sondern auf einmal Nacktheit. Diese Bedeutungsverschiebung nimmt Ashcroft als Justizminister des mächtigsten Landes der Welt vor, und er bezieht sich dabei auf einen Bestand an bekannten und verbreiteten Deutungsmustern: In den USA ist die christliche Rechte eine wichtige und einflußreiche politische Kraft, deren kollektive Symbolik, wenn auch nicht von allen geteilt und aktiv verwendet, so doch als bekanntes Deutungsmuster verbreitet ist.

Zum zweiten wird die steinerne Nacktheit der *Justitia* zur Realität, zum Faktum. Der Busen aus Stein ist ein Stein des Anstoßes, weil er als ‚echte' und tatsächliche Blöße begriffen wird. Die Verhüllung einer Brust aus Stein und der Ikonoklasmus der afghanischen Taliban, die im Sommer 2000 – trotz oder vielleicht sogar wegen – weltweiter

Empörung zwei Buddha-Statuen zerstörten, liegen auf derselben Ebene. Sie zielen darauf, ‚das Böse' zu bändigen, indem sie ein Symbol neu deuten.

Mit diesem doppelten Wechsel der Bedeutungsebenen wird ein demokratisches Prinzip verhüllt und ein neues Prinzip etabliert. Die Verhüllung der Gerechtigkeit symbolisiert als Verhüllung nun ihrerseits Moralität und Sittlichkeit. In der Ersetzung des Symbolgehaltes der *Justitia* vollzieht sich eine Verlagerung vom Recht zur Moral. Darüber hinaus werden dadurch die politische Kultur von Akteur und Gegner angeglichen. Der Regierungsvertreter der USA und der von ihr bekämpfte Islamismus vereinen sich im Kampf gegen die Sünde, die Nacktheit und den „moralischen Verfall". Indem *Justitia* verhüllt wird, symbolisiert sie nicht länger Gerechtigkeit, sondern den moralischen Verfall der US-amerikanischen Gesellschaft; also genau das, was ja auch der Islamismus – unter anderem – gegen die USA vorbringt. Der Kampf der freien westlichen Welt gegen den Terrorismus der Gläubigen findet seine Symbolisierung auf der Ebene der Moral, ein Feld, auf dem der religiöse Fundamentalismus und nicht der demokratische Rechtsstaat zu Hause ist.

Beispiel 2: Ehebruch in der islamischen Rechtssprechung

Mehrere Bundesländer in Nigeria haben am 27. Januar 2000 die *Scharia* als Rechtssystem neu etabliert. Die Verfassung Nigerias sah schon immer ein staatliches, ein islamisches und ein traditionelles Rechtssystem vor, die mit entsprechenden Gerichten und verfassungsmäßigen Zuständigkeiten ausgestattet sind. Dabei unterstehen das islamische und das traditionelle Rechtssystem der staatlichen Rechtsordnung. Die Zuständigkeit des *Scharia*-Gerichts beschränkt sich auf das islamische Personen-, Ehe- und Familienrecht und wird seit Januar 2000 nun wesentlich strikter ausgeübt als vorher. Alle Beteiligten (Kläger, Angeklagte, Zeugen, Richter, Gerichtsdiener) müssen dem Islam angehören.[8]

Für Furore sorgte zu Beginn des Jahres 2002 der Fall einer schwangeren Frau, die wegen außerehelichen Geschlechtsverkehrs zum Tod durch Steinigung verurteilt wurde.[9] Gemäß der *Scharia* müssen mindestens vier Erwachsene Zeugen von Ehebruch sein, damit ein Todesurteil verhängt werden kann. Diese konnten im vorliegenden Fall nicht beigebracht werden, und so wurde der Fall zum Spielball politischer Einflußnahmen. Verschiedene Vertreter des islamischen Establishments in *Nordnigeria* und im Bundesstaat *Sokoto* sowie die dortige Landesregierung wollten das Urteil vollstreckt sehen, die Zentralregierung hingegen war wesentlich zurückhaltender und unterstützte die Frau bei ihrer Berufung gegen das Urteil.[10] *Human Rights Watch* initiierte daraufhin eine Unterschriftenkampagne per Kettenbrief, in denen Menschen aus aller Welt E-mails an das nigerianische Außenministerium schickten. Das Urteil ist derzeit ausgesetzt.

Das Beispiel veranschaulicht die Verflechtung von Glaube und Gesellschaft, von Religion und Politik, von Aufklärung und Tradition. Die Einschätzungen und Verhaltensweisen könnten nicht unterschiedlicher und widersprüchlicher sein: Da wird mit Beginn eines neuen Jahrtausend die *Scharia* eingeführt, ein Seitensprung mit der Todesstrafe verfolgt, werden E-mail-Kettenbriefe gegen Steinigungen geschrieben. Religion wird im vorliegenden Fall als eine Art zu leben verstanden, die Rechte und Pflichten eines jeden Gläubigen festlegt und ein Ordnungssystem etabliert, welches das Leben nach den als ‚göttlich' deklarierten Vorschriften der *Scharia* organisiert und zivil- und strafrechtliche Verfahren einem religiösen Gericht unterstellt. Recht wird hier an einer moralischen Frage exemplifiziert. Weibliche Ehre und weibliche Tugendhaftigkeit dienen als Herzstück und Symbol einer moralischen Ordnung auf der Grundlage der *Scharia*. Der außereheliche Geschlechtsverkehr wird mit einer besonders plakativen und symbolisch aufgeladenen Todesart bestraft. Während der sündig gewordene Leib bereits im Boden vergraben ist, wird der Kopf mit Steinen traktiert. Da er die Regel gekannt, aber nicht befolgt hat, den Willen nicht durchgesetzt hat, werden seine Denk- und Reflexionsfähigkeiten öffentlich Stein für Stein zerstört.

Beispiel 3: Geschlechterklassifikation im Judentum

1998 gelang es Vertretern der ultraorthodoxen *Shas*-Partei zu verhindern, daß im Rahmen der Feierlichkeiten zum 50. Jahrestag der Staatsgründung *Israels* eine lang geplante Ballettaufführung gegeben wurde. Hier sollten Tänzer mit nacktem Oberkörper auftreten. Weniger erfolgreich war die Partei kurze Zeit später, als die transsexuelle Sängerin *Dana International* als Repräsentantin *Israels* beim *Grand Prix d'Eurovision* vorgeschlagen wurde. Die Nominierung der Transsexuellen war von großem Protest begleitet und ihre Geschlechtsumwandlung wurde als ein Akt „schlimmer als Sodomie" bezeichnet. Als die Sängerin den Wettbewerb schließlich noch gewann, war die Rede von einer „Schande für Israel", durch einen Beitrag „schlimmer als *Sodom* und *Ghomorra*"[11] vertreten zu sein. Im benachbarten *Ägypten* wurde das preisgekrönte Lied sofort verboten. Die arabische Jugend, so lautete die Begründung, solle nicht durch jüdische Sittenlosigkeit verwirrt werden. Ein Jahr zuvor war die Sängerin im eigenen Land während der Pessachwoche von 200 schwarzgekleideten Orthodoxen auf einer Freilichtbühne in Tel Aviv mit Flaschen attackiert worden, ehe man ihrem Auftritt dadurch ein Ende setzte, daß die Lautsprecherkabel gekappt wurden. Die Angegriffene sagte später: „Das kommt mir so vor, als sollten wir in *Israel* bald wie im *Iran* leben."[12]

Hier wird um die Rolle der Symbolisierung von Geschlechtlichkeit im Prozeß der Auseinandersetzung um den Volkskörper gestritten. Die öffentliche Präsentation halbnackter Körper auf der 50-Jahr-Feier eines schwer umkämpften Staates wird als künstlerische Darstellung erfolgreich verhindert, weil die Aufhebung der Grenze von öffentlich und privat als verwerflich und unzüchtig gilt, weil sie eine Aufhebung von Grenzen auch territorialer Art symbolisieren könnte, weil Nacktheit Verletzlichkeit symbolisiert und deshalb in einer solchen Feierstunde als ein Zeichen von Schwäche verstanden werden könnte.

Auch im Falle von *Dana International* werden Grenzziehungen und Ordnungsmuster verhandelt. *Dana* wird als Affront gesehen, weil sie eine als ‚natürlich' angesehene Geschlechterunterscheidung aufhebt, die mit der Überschreitung der Grenze zwischen Mensch und Tier (,Sodomie') verglichen wird. Diese Grenzen gilt es auch nationalstaatlich zu wahren und zu stabilisieren. Während das islamische *Ägypten* sich von einem als ,areligiös' und ,verwestlicht' deklarierten *Israel* abgrenzt, vergleicht die moderne Sängerin die Kritik der *Ultra-Orthodoxen* mit den traditionalen Verhaltensanforderungen im islamischen Iran. Verwoben mit Religion, Orthodoxie und Nationalität symbolisieren Geschlechterordnungen und Geschlechterunterscheidungen verschiedene, als grundlegend begriffene Grenzen.

Alle drei Beispiele veranschaulichen Formen der Symbolisierung des Geschlechtlichen im Zusammenhang von Politik, Nation und internationalen Beziehungen. Warum, so muß man sich fragen, wird im Rahmen radikaler Religiosität ausgerechnet die Kategorie ,Geschlecht' zum Gegenstand symbolischer Transformation und zum Thema von Symbolisierungen? Welche Ursache, welche Funktion und welche Wirkungen hat die Auswahl gerade dieser Thematik? Dazu im Folgenden einige Überlegungen.

3. Funktion und Wirkung der Symbolisierung von Geschlecht

Die Beispiele zeigen, daß die Symbolisierung von Geschlecht verbunden ist mit einer spezifischen Form der Moralisierung von politischen Konflikten. Diese Moralisierung wirkt als Gruppenmoral, die keine umfassende Gültigkeit beanspruchen kann und sich von anderen Formen des Verhältnisses von Moral und Recht unterscheidet.[13] Über die gruppenspezifische Moral wird nach innen die Gruppenzugehörigkeit reguliert: Mittels Geschlechterpolitik wird versucht, direkt auf die sozialen Strukturen der Familien und primären Gemeinschaften Einfluß zu nehmen. Nach außen hin übernimmt die religiös fundierte Moralisierung die Funktion, soziale Unterschiede zu befestigen. Sie markiert den Unterschied zwischen ,wir' und ,die Anderen'.

Dieser Unterschied wird exemplarisch anhand der Geschlechter-Thematik inszeniert. Die Ordnung der Geschlechter wird am Beispiel sexueller Reinheit, außerehelicher Enthaltsamkeit und der Geschlechterdifferenz festgemacht. Das Thema wird politisiert, aus der Privatheit in die Öffentlichkeit gebracht und zu einer Frage von grundlegenden Alternativen zwischen einer ,wahren' oder ,falschen' Lebensführung stilisiert. Die Geschlechterordnung wird als geeignet angesehen, stellvertretend ethische Fragen, die Wahrheit und umfassende Gültigkeit moralischer Handlungen zu veranschaulichen, weil sie als ein ,Kern' der Sozialität angesehen wird, grundlegende Ambivalenzen im ,Inneren' des Individuums thematisiert und im ,Zentrum' der Gewissensbildung lokalisiert wird. Wenn Familie, Ehe und Generativität als Keimzelle des Staates und der Nation verstanden werden und als zentraler Dreh- und Angelpunkt für die politische Gestaltung von Öffentlichkeit und Privatheit gelten, ist ihre moralische und/oder rechtliche Regulierung und Reglementierung eine notwendige Folge.

Da sich die gewählte Thematik als ,allgemeingültig' präsentieren läßt – die Reproduktion der Gemeinschaft, Gesellschaft und der Gattung, die Identität der Individuen als

Männer oder Frauen wie auch Formen von Gewalt und Unterwerfung und deren Ächtung oder Tolerierung von der gesellschaftlichen Regelung der Sexualität abhängen – hoffen die Akteure, auch ihren gruppenspezifischen Vorschlag zur Regulierung verallgemeinern zu können. Durch Postulate der Reinheit, Eindeutigkeit und des Verzichts und deren Symbolisierung durch Verhüllung, Verbot und Kritik von geschlechtlichen und sexuellen Pluralitäten sollen Menschen ‚besser' und soziale Widersprüche befriedet und geregelt werden. Da das moralisch ‚Richtige' und ‚Gute' jedoch vom Prozeß der gesellschaftlichen Aushandlung abgetrennt und schlicht gesetzt, der Diskurs durch Doktrin ersetzt wird, bleibt das Engagement der Akteure auf die Sicherung von Gruppeninteressen beschränkt. Die thematische Konzentration auf die Geschlechterordnung und auf die Regulierung der Sexualität erfüllt deshalb auch die Funktion, vermittels der Verbreitung der Idee der Reinheit in der Lebensführung eine kleine Gruppe als moralisch höher stehend, reiner und besser zu deklarieren, eine enklavenartige Gemeinschaft von moralischen Dissidenten zu schaffen.

Symbolisierungen des Geschlechtlichen erfüllen also drei Funktionen, die sonst in und durch Politik nur schwierig erfüllt werden können:

1. Sie ermöglichen eine politische Einflußnahme auf den Bereich des Privaten.
2. Da sich die gewählte Thematik als allgemein präsentieren läßt, zielen die Symbolisierungen des Geschlechtlichen darauf, die politisch gewollte Strategie als allgemeingültig zu etablieren.
3. Sie dienen der moralischen Distinktion, schaffen soziale Unterschiede und liefern deren Legitimation gleich mit.

Mit dieser Benennung von Funktionen ist jedoch noch nicht geklärt, wie diese Funktionen umgesetzt und wie sie wirksam werden: Wie wirken diese Symbolisierungen?

3.1 Imaginäre Suggestionen und performative Identifizierungen[14]

Moralische Urteile und symbolisierte Deutungen sind kollektive Vorschläge zur Absicherung von Verhaltensstandards. Als kollektiv geteilte und vergemeinschaftende Vorstellung von gut und böse, richtig und falsch, regeln sie das gemeinschaftliche Handeln und haben transzendierende Qualität. Sie strukturieren Konflikte und machen Widersprüche erträglich. Sie suggerieren Kontinuität und Verläßlichkeit und versprechen vereinheitlichende und verbindliche Umgangsformen. Wenn sie als gemeinschaftliche Leitlinie des Denkens und des Handelns konventionalisiert sind, liefern sie Bausteine und Sinnelemente im Prozeß der ‚Mitvergegenwärtigung'[15] all dessen, was in Interaktionsprozessen unsichtbar und nicht-materialisiert ist, aber doch als gemeinsamer Bezugspunkt existiert. Der gemeinschaftliche Bezug auf ein religiöses Symbol- und Moralsystem ermöglicht eine Verständigung über Nicht-Konkretes und Kontingentes und erschafft zugleich eine Welt, auf die sich phantasierend und kommunizierend zu Deutungszwecken bezogen werden kann.

Diese symbolisch-moralischen Kodifizierungen haben zudem auch suggestive Qualitäten. Sie bringen Gedanken, Gefühle und Verhaltensweisen hervor, die dem Bewußtsein der Beteiligten entzogen sind, weil sie als ‚intuitiv richtig', als ‚authentisch' und stimmig erlebt werden. Diese Art der Normalisierung produziert eine illusionäre Selbstverständlichkeit. Sie verschleiert den Prozeß der Herstellung der moralischen Übereinkünfte, ihre Konventionalisierung und ihre potentielle Veränderbarkeit. Die suggestive Wirkung von moralischen Urteilen und moralischen Übereinkünften beruht zum einen auf ihrer kognitiven Besetzung als ‚gut', ‚richtig' und ‚authentisch' bzw. ‚wesensgemäß' und zum anderen auf ihrer emotional-affektiven Einfärbung. Moralische und religiöse Deutungen sind mit Gefühlen von Zufriedenheit, Stimmigkeit oder auch Schuld und Versagen verbunden. In diesem doppelgleisigen kognitiven und affektiven Prozeß werden mit Hilfe der moralischen und religiösen Symbolsysteme Affekte und Wahrnehmungen gestaltet und orientiert. Sie haben strukturelle und strukturierende Wirkung, dienen als Strukturgitter für andere Erlebnisse und bilden ein Raster oder Muster, das dabei hilft, andere, nachfolgende Erlebnisse wahrzunehmen und deutend zu verstehen. Bilder und Vorstellungen, Symbole und Ideen sind gleichermaßen Mittel zur Gestaltung psychischer Strukturen. Sie können den Umriß der erworbenen Weisen des Denkens und Fühlens ansprechen, sichtbar machen und als projektive Aufmachung erhellend wirken und tätig sein. Die religiös-moralischen Erfahrungen, Rituale und Symbole reflektieren ihrerseits gesellschaftlich produzierte psychisch-mentale Zustände und Bedürfnisse, die in speziellen Sozialisationsprozessen und im Verlauf von gesellschaftlichen Veränderungen bearbeitet werden.

So gesehen eignen sich moralische und religiöse Deutungsmuster sowohl für die Bearbeitung innerer, psychischer Zustände wie auch für die Abbildung kollektiver öffentlicher Meinungsbilder, obwohl sie im Gebrauch für das eine oder das andere stark voneinander abweichen können. Individuell gesehen, ist der Rückgriff auf eine moralische symbolische Ordnung eine Art, mit Bedeutungsverlust und Orientierungslosigkeit eines Individuums umzugehen. Kollektiv betrachtet, repräsentieren die Symbole eine Verbindung mit Geschichte und Menschheitsgeschichte; die religiöse Symbolik verweist auf zweitausend Jahre Tradition und abendländische Kultur. Moral und Religion werden in verbalisierter oder anders symbolisierter Form im Gedächtnis behalten und kommuniziert, also in kulturell bedingten Formen ausgedrückt. Sie transportieren auch immer eine Wertung, die sich aus der psychologischen Realität der religiösen Erfahrung ableitet und eine kulturelle Leistung eines deutenden Individuums darstellt.

In den hier beschriebenen Prozessen der Moralisierung und fundamentalistisch-religiösen Symbolisierung ist die Vereinfachung und Entdifferenzierung ein wichtiger Mechanismus. Die Forderung, auf bestimmte lebensweltliche Aktivitäten und Wahrnehmungen vorsätzlich zu verzichten, produziert einen Mangel an emotionaler Aufmerksamkeit und kognitiver Deutungsarbeit bei den tabuisierten Themen. Auf diese Weise entsteht ein Bruch mit der bislang erfahrenen Realität; es kommen neue Erfahrungen zustande, die durch die Heranziehung etablierter Symbolsysteme, wie zum Beispiel der Religionen, neue Deutungen und Leitlinien zur Verfügung stellen. Die herangezogenen neuen Rhetoriken und Deutungsmuster gestalten und orientieren Affekte und Wahrnehmungen, indem sie sie benennbar machen und ihnen auf diese Weise einen Deutungszusammenhang, einen Sinn, geben. Energie wird abgezogen bzw. auf solche Objekte verschoben, die weniger strukturiert und differenziert sind. Die neu entstandene Wahrnehmung oder neue Realität wird nicht selten als wichtiger, echter und bedeutsamer als die alte erfahren. So erscheint die fundamentalistische, religiöse Erfahrung auf der kognitiven Ebene als eine Kondensation struktureller Ebenen, die sich als große Einsichten und in Form wichtiger und pathetischer Bilder darstellt. Auf der emotionalen Ebene zeigt sich dieser Prozeß als eine Intensivierung und Vergrößerung von Gefühlen und Erlebnisqualitäten.

Diese neue Symbolisierung ihres sozialen Zustandes wie auch ihrer individuellen Befindlichkeiten vollziehen die Akteure des religiösen Fundamentalismus interaktiv, affektiv, erlebnisbezogen, gestisch, mimisch verbal, sie findet also auf mehreren Ebenen statt. Der Be-Deutungsprozeß, der hier vonstatten geht, kann als *Identifizierung* genauer beschrieben werden.

Mittels Identifizierung setzen sich die Individuen in Beziehung zu ihrer Umwelt. Dies geschieht, indem verschiedene Interaktionserfahrungen – leibliche wie verbale, bewußte wie unbewußte – symbolisiert, d. h. als Symbole veräußert werden. Dabei ist die sprachliche Abbildung von Interaktionserfahrungen nur eine mögliche Ausdrucksform des Identifizierungsprozesses. Ästhetische Vorlieben, habituelle Gepflogenheiten und geschmackliche Präferenzen können weitere Symbolisierungsformen von Interaktionserfahrungen sein. Identifizierungsprozesse gleich welcher Art werden darüber vollzogen, daß Individuen Symbole als Ausdrucksformen verwenden, mit denen sie eine Vorstellung, ein Abbild, eine mimetische Nachahmung ihrer Umwelt entwickeln. Dabei spielen immer auch projektive und phantastische Vorstellungen eine Rolle, die mit Hilfe symbolisch-diskursiver Strategien entfaltet werden. Der Typus der Identifizierung wird über die inhaltliche Auswahl der bevorzugten Symbole und Deutungsmuster bestimmt.

Diese Identifizierungen sind jedoch als Prozesse von Benennung und symbolischer Markierung nie von Dauer. Sie sind Entwürfe, vorübergehende Suggestionen, die immer wieder bestätigt und durch die permanente, Wirklichkeit suggerierende Verwendung von Symbolen stabilisiert werden müssen. Ein stabiles religiöses und moralisches Selbstbild und ein fester religiöser Verhaltensstandard werden, so gesehen, durch eine ständig aktualisierte Identifizierung mit den immer gleichen Symbolen religiöser Herkunft hergestellt. Diese Art der Identifizierung ist ‚entsinnlicht', um einen Ausdruck von Alfred Lorenzer[16] zu verwenden, wenn sie nicht flexibel gehandhabt wird, den Interaktionspartnern und Interaktionssituationen nicht angepaßt, sondern ausschließlich ausgeübt und vollzogen werden. Der Identifizierungsprozeß ist dann verfestigt und als Prozeß still gestellt und bewirkt so die erwähnte Vereinfachung kognitiver Strukturierungen und die Intensivierung affektiven Erlebens.

4. Fazit: Geschlecht als politisches Symbol im Rahmen symbolischer Politik

Für das hier beschriebene Beispiel läßt sich festhalten, daß die religiös-moralische Symbolisierung der Geschlechterordnung im Rahmen politischer Rhetorik und politischer Praxis darauf abzielt, traditionale gesellschaftliche Ordnungsvorstellungen zu stärken. Symbolisch verdichtet, auf inhaltliche Auseinandersetzung weitgehend verzichtend und konzentriert auf wirkungsvolle Inszenierungen, sind die Symbolisierungen der Geschlechterordnungen ein Stück symbolischer Politik. Sie arbeiten mit der Wirkungsmächtigkeit von Ritualen und theatralischen Gesten im Feld medialer und gemeinschaftlicher Inszenierungen von Politik und lassen den argumentativen Verweisungszusammenhang und den rationalen Nachvollzug der politischen Entscheidungsgründe in den Hintergrund treten.

Für ein allgemeines Verständnis der Funktionsmechanismen von Symbolen in der Politik verdeutlicht das Beispiel der religiösen Symbolisierung des Geschlechtlichen zunächst, daß politische Symbole zwar auf Eindeutigkeit zielen, jedoch keinesfalls unumstritten und von Dauer sind, sondern vielmehr als Produkt von Auseinandersetzungen in und zwischen verschiedenen politischen Teilkulturen und anhand verschiedener politischer Situationen und Konflikte festgelegt, revidiert und neu belebt werden. Weiterhin hat das Beispiel gezeigt, daß die Verwendung, Autorität und Deutungsmacht eines politischen Symbols an die Machtposition seines Trägers bzw. seiner Trägergruppe gebunden ist und an existierende Deutungen anschließen. So kann beispielsweise die Steinigung als Vergeltung für außereheliche sexuelle Aktivitäten nur dann zu einem Streitobjekt politischer Symbolisierung werden, wenn das zu Symbolisierende sich auf existierende Deutungsmuster oder Traditionen bezieht – einerseits den Islam und andererseits eine westliche Kultur feministischer Aktivitäten gegen Frauendiskriminierung. Die Verhinderung der Steinigung einer einzelnen Frau durch westliche Menschenrechtsorganisationen ist insofern ein Stück symbolischer Politik, als daß hier exemplarisch und stellvertretend der Einflußbereich westlicher Politik markiert wird, der den politischen Alltag in Nigeria jedoch unberührt läßt. Umgekehrt kann aus nigerianischer Perspektive der Vollzug der Steinigung der Frau als symbolischer Ausdruck nationalen Souveränität ansehen werden.

Drittens zeigt das Beispiel der religiösen Symbolisierung des Geschlechtlichen, daß die mit den Deutungen des Symbolisierten verbundenen Problemlösungen und deren Praktikabilität hochgradig selektiv und gruppenspezifisch sind. Die Verhüllung einer Statue, das Erfinden von ‚Strafen' und die Definition von ‚Vergehen'/‚Verbrechen' wie auch die Zensur von künstlerischen und musikalischen Darbietungen und Musik sind symbolische Handlungen, die den Geltungsbereich bereits vorhandener Symbole und symbolischer Handlungen einzuschränken und zu verändern versuchen. Jeder Diskurs und jedes Symbol ist als kultureller Ausdruck verbunden mit einem kollektiven Selbstverständnis, hinter dem eine Gruppe, ein sozialer Zusammenhalt steht. Über Symbolische Politik werden diverse Themen unterschiedlicher Interessensgruppen zum Ausdruck gebracht. Politische Symbole, die langfristig Mehrdeutiges transportieren, können auf diese Weise jedoch nicht etabliert werden.

Literatur

Berking, Helmuth / Hitzler, Ronald / Neckel, Sighard (Hrsg.): *Politikertypen in Europa*, Frankfurt/M. 1994.

Bourdieu, Pierre: *Das politische Feld.* Zur Kritik der politischen Vernunft, Konstanz 2001.

Brink, Judy / Mencher, Joan: *Mixed blessings.* Gender and religious fundamentalism cross culturally, New York 1998.

Bruns, Thomas / Marcinkowski, Frank: *Politische Informationen im Fernsehen*: Eine Längsschnittstudie zur Veränderung der Politikvermittlung in Nachrichten und politischen Informationssendungen, Opladen 1997.

Champagne, Patrick: „*Die Sicht der Medien*", in: Pierre Bourdieu / u.a. (Hrsg.): *Das Elend der Welt*, Konstanz 1997, S. 75-86.

Dörner, Andreas: *Politischer Mythos und symbolische Politik*, Reinbek 1996.

Dux, Günter / Welz, Frank (Hrsg.): *Moral und Recht im Diskurs der Moderne.* Zur Legitimation gesellschaftlicher Ordnung. (Theorie des sozialen und kulturellen Wandels 2), Opladen 2001.

Edelman, Murray J.: *Politik als Ritual.* Die symbolische Funktion staatlicher Institutionen und politischen Handelns, Frankfurt a. M. / New York 1990.

Fischer-Lichte, Erika: „*Inszenierung und Theatralität*", in: Willems, Herbert / Jurga, Martin (Hrsg.): *Inszenierungsgesellschaft.* Ein einführendes Handbuch, Opladen / Wiesbaden 1998, S. 81-90.

Fischer-Lichte, Erika: „*Theatralität und Inszenierung*", in: Fischer-Lichte, Erika / Pflug, Isabel (Hrsg.): *Inszenierung von Authentizität*, Tübingen und Basel 2000, S. 11-27.

Franck, Georg: *Ökonomie der Aufmerksamkeit.* Ein Entwurf, Wien 2000.

Habermas, Jürgen: *Die Neue Unübersichlichkeit.* (Kleine Politische Schriften V), Frankfurt/M. 1995.

Jansen, Andrea / Ruberto, Rosaia: *Mediale Konstruktion politischer Realität.* Politikvermittlung im Zeitalter der Fernsehdemokratie, Wiesbaden 1997.

Kugler, Christine: „‚*Die staatsmännische Performanz*' – *Mediale Öffentlichkeit und politische Inszenierung in modernen Politiksendungen*", in: Göttlich, Udo / Nieland, Jörg-Uwe / Schatz, Heribert (Hrsg.): *Kommunikation im Wandel.* Zur Theatralität der Medien, Köln 1998, S. 154-168.

Kugler, Christine: „*Wie verkaufen sich Kanzlerkandidaten? Schröder und Kohl in ‚Die Jahrtausendwahl*'", in: Schicha, Christian / Ontrup, Rüdiger (Hrsg.): *Medialisierung im Wandel*, Münster 1999, S. 182-198.

Kurt, Ronald: „*Der Kampf um Inszenierungsdominanz. Gerhard Schröder im ARD-Politmagazin ‚ZAK‘ und Helmut Kohl im ‚Boulevard Bio‘*“, in: Willems, Herbert / Jurga, Martin (Hrsg.): *Inszenierungsgesellschaft*, Opladen 1998, S. 565-582.
Liebsch, Katharina: *Panik und Puritanismus*. Über die Herstellung traditionalen und religiösen Sinns, Opladen 2001.
Lorenzer, Alfred: *Das Konzil der Buchhalter. Die Zerstörung der Sinnlichkeit*. Eine Religionskritik, Frankfurt/M. 1981.
Marty, Martin / Appleby, Scott (Hrsg.): *Fundamentalism and Society*. The Fundamentalism Project Volume 2, Chicago1993.
Meyer, Thomas / Ontrup, Rüdiger / Schicha, Christian: *Die Inszenierung des Politischen*, Wiesbaden 2000.
Meyer, Thomas / Ontrup, Rüdiger / Schicha, Christian: „*Von der Verkörperung der Politik zur Entkörperlichung im Bild. Körperkonstrukte und Bildfunktionen in politischen Fernsehsendungen*“, in: Fischer-Lichte / Horn / Warstat 2001, S. 199-219.
Meyer, Thomas: *Die Inszenierung des Scheins*. Essay-Montage, Frankfurt a.M. 1992.
Meyer, Thomas: *Identitätspolitik*. Vom Mißbrauch kultureller Unterschiede, Frankfurt a. M. 2002.
Meyer, Thomas: *Mediokratie*. Die Kolonisierung der Politik durch die Medien, Frankfurt/M. 2001.
Meyer, Thomas: „*Öffentlichkeit als Theater? Zum Wandel des politischen Diskurses in der Mediengesellschaft*“, in: Göttlich, Udo /Nieland, Jörg-Uwe / Schatz, Heribert (Hrsg.): *Kommunikation im Wandel*. Zur Theatralität der Medien, Köln 1998, S. 126-140.
Münch, Richard: *Dialektik der Kommunikationsgesellschaft*, Frankfurt a. M. 1992.
Münkler, Herfried: *Politische Bilder, Politik der Metaphern*, Frankfurt a. M. 1994.
Raab, Jürgen / Grunert, Manfred / Lustig, Sylvia: „*Der Körper als Darstellungsmittel: Die theatrale Inszenierung von Politik am Beispiel Benito Mussolinis*“, in: Fischer-Lichte, Erika (Hrsg.): *Verkörperung*, Tübingen / Basel 2001, S. 171-198.
Raab, Jürgen / Tänzler, Dirk: „*Charisma der Macht und charismatische Herrschaft. Zur medialen Präsentation Mussolinis und Hitlers*“, in: Honer, Anne / Kurt, Ronald / Reichertz, Jo (Hrsg.): *Diesseitsreligion*. Zur Deutung und Bedeutung moderner Kultur, Konstanz 1999, S. 59-77.
Riesebrodt, Martin: *Fundamentalismus als patriarchalische Protestbewegung*. Amerikanische Protestanten (1910-28) und iranische Schiiten (1962-79) im Vergleich, Tübingen 1990.
Sarcinelli, Ulrich (Hrsg.): *Politikvermittlung und Demokratie in der Mediengesellschaft*. Beiträge zur politischen Kommunikationskultur. (Schriftenreihe der Bundeszentrale für politische Bildung, Bd. 352), Bonn 1998, S. 74-94.
Sarcinelli, Ulrich: „*Symbolische Politik und politische Kultur. Das Kommunikationsritual als politische Wirklichkeit*“, in: PVS, 2/1989, S. 292-309.

Schütz, Alfred: „*Die intersubjektive Welt und ihre Appräsentationsbeziehung: Zeichen*", in: Ders.: *Gesammelte Aufsätze*, Bd.1: Das Problem der sozialen Wirklichkeit, Den Haag 1971, S. 360-380.

Soeffner, Hans-Georg: „*Erzwungene Ästhetik. Repräsentation, Zeremoniell und Ritual in der Politik*", in: Willems, Herbert / Jurga, Martin (Hrsg.): *Inszenierungsgesellschaft*, Wiesbaden 1998, S. 215-23.

Ullrich, Wolfgang: *Mit dem Rücken zur Kunst.* Die neuen Statussymbole der Macht, Berlin 2000.

Wittven, Andreas: *Infotainment.* Fernsehnachrichten zwischen Information und Unterhaltung, Bern 1995.

Wohlrab-Sahr, Monika / Rosenstock, Julika: „*Religion – soziale Ordnung – Geschlechterordnung. Zur Bedeutung der Unterscheidung von Reinheit und Unreinheit im religiösen Kontext*", in: Lukatis, Ingrid / Sommer, Regina / Wolf, Christof (Hrsg.): *Religion und Geschlechterverhältnis*, Opladen 2000, S. 279-298.

Anmerkungen

1 Vgl. z. B. Herfried Münkler: *Politische Bilder, Politik der Metaphern,* Frankfurt/M. 1994; Murray J. Edelman: *Politik als Ritual.* Die symbolische Funktion staatlicher Institutionen und politischen Handelns, Frankfurt a. M./New York 1990; Andreas Dörner: *Politischer Mythos und symbolische Politik*, Reinbek 1996; Thomas Meyer: *Die Inszenierung des Scheins.* Essay-Montage, Frankfurt a.M. 1992; Thomas Meyer / Rüdiger Ontrup / Christian Schicha: *Die Inszenierung des Politischen,* Wiesbaden 2000.

2 Hans-Georg Soeffner: „*Erzwungene Ästhetik. Repräsentation, Zeremoniell und Ritual in der Politik*", in: *Inszenierungsgesellschaft.* Hrsg. von Herbert Willems und Martin Jurga, Wiesbaden 1998, Zitat S. 215.

3 Thomas Meyer: *Mediokratie.* Die Kolonisierung der Politik durch die Medien, Frankfurt/M. 2001, S. 12.

4 Vgl. z. B. Andreas Wittven: *Infotainment.* Fernsehnachrichten zwischen Information und Unterhaltung, Bern 1995; Ulrich Sarcinelli (Hrsg.): *Politikvermittlung und Demokratie in der Mediengesellschaft.* Beiträge zur politischen Kommunikationskultur. (Schriftenreihe der Bundeszentrale für politische Bildung; Bd. 352), Bonn 1998, S. 74-94; ders.: „*Symbolische Politik und politische Kultur. Das Kommunikationsritual als politische Wirklichkeit*", in: PVS, 2/1989, S. 292-309; Thomas Bruns / Frank Marcinkowski: *Politische Informationen im Fernsehen: Eine Längsschnittstudie zur Veränderung der Politikvermittlung in Nachrichten und politischen Inform*ationssendungen, Opladen 1997; Patrick Champagne: „*Die Sicht der Medien*", in: *Das Elend der Welt.* Hrsg von Pierre Bourdieu u.a., Konstanz 1997, S. 75-86; Pierre Bourdieu: *Das politische Feld.* Zur Kritik der politischen Vernunft, Konstanz 2000.

5 So zum Beispiel diskutiert und verhandelt auf der Tagung der Sektion Politische Soziologie ‚Öffentliche Repräsentation, mediale Inszenierung politischer Images und Konstruktion politischer Themen' im Februar 1999 in Konstanz (vgl. dazu Soziologie 3/1999, S. 46-56). Siehe dazu auch z. B. Helmuth Berking / Ronald Hitzler / Sighard Neckel (Hrsg.): *Politikertypen in Europa*, Frankfurt/M. 1994; Christine Kugler: „*‚Die staatsmännische Performanz' – Mediale Öffentlichkeit und politische Inszenierung in modernen Politiksendungen*", in: *Kommunikation im Wandel.* Zur Theatralität der Medien. Hrsg von Udo Göttlich, Jörg-Uwe Nieland und Heribert Schatz, Köln 1998, S. 154-168; Christine Kugler: „*Wie verkaufen sich Kanzlerkandidaten? Schröder und Kohl in ‚Die Jahrtausendwahl'*", in: *Medialisierung im Wandel.* Hrsg. von Christian Schicha und Rüdiger Ontrup, Münster 1999, S. 182-198; Erika Fischer-Lichte: „*Theatralität und Inszenierung*", in: *Inszenierung von Authentizität.* Hrsg. von Erika

Fischer-Lichte und Isabel Pflug, Tübingen und Basel 2000, S. 11-27; Ronald Kurt: „*Der Kampf um Inszenierungsdominanz. Gerhard Schröder im ARD-Politmagazin ‚ZAK' und Helmut Kohl im ‚Boulevard Bio'*", in: *Inszenierungsgesellschaft*. Hrsg. von Herbert Willems und Martin Jurga, Opladen 1998, S. 565-582; Jürgen Raab / Manfred Grunert / Sylvia Lustig,: „*Der Körper als Darstellungsmittel: Die theatrale Inszenierung von Politik am Beispiel Benito Mussolinis*", in: *Verkörperung*. Hrsg. von Erika Fischer-Lichte, Tübingen/Basel 2001, S. 171-198; Jürgen Raab / Dirk Tänzler: „*Charisma der Macht und charismatische Herrschaft. Zur medialen Präsentation Mussolinis und Hitlers*", in: *Diesseitsreligion*. Zur Deutung und Bedeutung moderner Kultur. Hrsg. von Anne Honer, Ronald Kurt und Jo Reichertz, Konstanz 1999, S. 59-77.

6 Vgl. z. B. Martin Marty / Scott Appleby (Hrsg.): *Fundamentalism and Society*. The Fundamentalism Project Volume 2, Chicago 1993; Thomas Meyer: *Identitätspolitik*. Vom Mißbrauch kultureller Unterschiede, Frankfurt a. M. 2002.

7 Vgl. Monika Wohlrab-Sahr / Julika Rosenstock: „*Religion – soziale Ordnung – Geschlechterordnung. Zur Bedeutung der Unterscheidung von Reinheit und Unreinheit im religiösen Kontext*", in: *Religion und Geschlechterverhältnis*. Hrsg. von Ingrid Lukatis, Regina Sommer und Christof Wolf, Opladen 2000, S. 279-298; Judy Brink / Joan Mencher: *Mixed blessings*. Gender and religious fundamentalism cross culturally, New York 1998; Martin Riesebrodt: *Fundamentalismus als patriarchalische Protestbewegung*. Amerikanische Protestanten (1910-28) und iranische Schiiten (1962-79) im Vergleich, Tübingen 1990.

8 Vgl. *Afrika-Forum* 1/2000 oder auch *http://www.uni-bonn.de/~afrika/deutartikel/scharia.htm*

9 *taz* Nr. 6582 vom 24. Oktober 2001, S. 11.

10 *die tageszeitung* vom 3. Januar 2002, S. 10.

11 *Süddeutsche Zeitung* vom 6. Mai 1998, S. 16.

12 *die tageszeitung* vom 21. April 1998, S. 7.

13 Vgl. Günter Dux / Frank Welz (Hrsg.): *Moral und Recht im Diskurs der Moderne*. Zur Legitimation gesellschaftlicher Ordnung. (Theorie des sozialen und kulturellen Wandels 2), Opladen 2001.

14 Zur ausführlichen Darstellung dieser theoretischen Überlegungen siehe Katharina Liebsch: *Panik und Puritanismus*. Über die Herstellung traditionalen und religiösen Sinns, Opladen 2001.

15 Alfred Schütz: „*Die intersubjektive Welt und ihre Appräsentationsbeziehung: Zeichen*", in: Ders.: *Gesammelte Aufsätze*, Bd.1: Das Problem der sozialen Wirklichkeit, Den Haag 1971, S. 360-380.

16 Alfred Lorenzer: *Das Konzil der Buchhalter. Die Zerstörung der Sinnlichkeit*. Eine Religionskritik, Frankfurt/M. 1981, S. 7.

BOTHO HERRMANN

Riten in der säkularen Gesellschaft

I Riten zur Begrüßung

Es wäre ein merkwürdiges Verhalten, wenn wir beim Wiedersehen die Nasen aneinander reiben wollten; und in der bürgerlichen Gesellschaft würden wir als Sittenstrolch verschrien, wenn wir uns durch Fingerschnalzen begrüßen würden, obwohl das in anderen Breiten Sitte ist. Kaum denkbar, daß wir wie die Frauen eines afrikanischen Stammes aus Wiedersehensfreude Purzelbäume schlagen, obwohl es uns als Kinder auch nahe gelegen haben mag, unserer Freude auf diese Weise Ausdruck zu verleihen. Riten sind variabel und von entsprechenden körperlichen Gesten begleitet, denn Riten spiegeln auch ein Körpergefühl wider. Es gibt ein körperliches Ausdruckverhalten, das unmittelbar in Riten eingeht.

Wir haben feine Nuancen in der Begrüßung. Selbst eine Umarmung kann sehr kühl sein, aber schon ein Blick kann viel Herzlichkeit ausdrücken und die Stärke oder Laschheit des Händedrucks sagt etwas über die Beziehung und manchmal über den Charakter des Grüßenden aus. Der Vollzug von Riten fordert zu ihrer Deutung heraus, je stärker wir beteiligt sind, desto mehr. Dagegen ist die formale Gestaltung des Grußes gar nicht so aussagekräftig. Die Botschaft ist wichtig, die von der Geste zum Ausdruck gebracht wird, aber das Gruppenbewußtsein hängt an der Geste. Man muß die jeweiligen Gesten der Region beachten, um eine Kränkung zu vermeiden. Das macht die Nachfrage nach den unterschiedlichen Wertorientierungen, die durch Rituale ausgedrückt und internalisiert werden, dringend.

Heutzutage können wir uns viele der fremden Gebräuche auch als Modegag und fortschreitend sogar als gängigen Ritus einer Gruppe hierzulande vorstellen. Alles ist möglich bei uns, auch alle fragmentarisch vollzogenen Riten in der global geöffneten Gesellschaft. Erkauft ist diese Offenheit durch den Verlust der kulturellen und religiösen Traditionsvermittlung in den Riten, die damals auch ‚rite' vollzogen sein mußten.[1] Zwar sind Riten immer für fremdkulturelle Gebräuche offen gewesen, aber nur so, daß diese im Zusammenhang des eigenen Bekenntnisses und der vertrauten Mythen ihren Platz fanden. Die modische Aufnahme fremder Riten heute geschieht dagegen fragmentarisch und ohne Integration in einen grundlegenden Wertekanon. Auch die traditionell bei uns begangenen Riten wie Weihnachten, Gedenktage oder Feiern zu Lebensabschnitten haben kaum noch eine Rückbindung in einen verbindenden Werterahmen, sondern werden als Fragmente einer kulturellen Tradition begangen. Identität wird eher in gruppenspezifischen Verhaltensweisen gefunden, die global geöffnet sind und aus dem Brunnen fremder oder fremd gewordener Kulturen schöpfen. Dennoch zeigt sich gerade in dieser Situation das Bedürfnis nach Riten als einer anthropologischen Konstante. „Der innere

Lebensglaube lebt vom Rhythmus, Regel und Lebensfigur gewordenen äußeren Glauben. Formen, Figuren sind nicht nur ein äußeres und entbehrliches Gewand; sie sind die Aufführung und das Spiel der Innerlichkeit, ohne die diese Innerlichkeit und der Geist blaß und kraftlos bleiben. Bewußtsein seiner selbst ohne äußere Gestaltung ist wie eine Partitur, die nicht Musik wird."[2]

In unserem Beitrag werden wir einige exemplarische Rituale daraufhin ausleuchten und beginnen mit der Nachwirkung des in jüdischen Riten tradierten Freiheitsgedankens in unserer säkularen Gesellschaft.

II Die Passahfeier als Gründungsritual des Volkes Israel

Eine Grußformel, die auch bei uns weite Verbreitung gefunden hat, ist das israelitische ‚*Shalom*', Frieden; es meint nicht nur die Beendigung von Kampf und Streit, sondern Befreiung, Gerechtigkeit, Harmonie mit der Natur, wie das Erich Fromm in seiner berühmten Interpretation der Sabbatruhe gedeutet hat. Diese zentralen Werte in der jüdischen Tradition wurden durch die Riten des *Passah* immer wieder erneuert. Riten sind Ausdrucksformen und gebrauchen Symbole, um auf etwas Hintergründiges, auf etwas, das über die unmittelbare Erscheinung hinausführt, zu verweisen. Hier ist es die Befreiung aus Knechtschaft. Der durch Riten tradierte Gedanke der Befreiung der Israeliten aus der Unterdrückung läßt sich besonders gut an einem symbolträchtigen Festmahl darstellen, dem *Seder*, dem Zentrum der Passahfeier.

Die Begehung des *Passah* hat eine so starke Wirkungsgeschichte in der säkularen Welt gehabt, daß man sogar von einer politischen Brisanz in unseren Tagen sprechen kann. Ich werde diesen Zusammenhang später unter dem Titel ‚Civil-Religion' aufzeigen. Die Passah-Feier ist mehr noch als unser Weihnachten ein bekenntnishaftes Fest, in dem sich das Bewußtsein, Jude zu sein, spiegelt. Das *Passah*-Fest ist eine Feier, die an das historische Gründungsereignis der Volkwerdung erinnert. Die Befreiung aus der Sklaverei in Ägypten wird im Passah zum erneuerten Bekenntnis und zum erneuerten Aufbruch in die Freiheit. Es handelt sich nicht um ein „datenmäßiges Besinnen auf den Ablauf geschichtlicher Begebenheiten; es ist vielmehr ein persönliches Erfahren, die Ansprache des Früher an das Heute."[3] Ein Bekenntnis ist das Leitsymbol: Die Befreiung Israels aus der Sklaverei, die als das bleibende Handeln Gottes erlebt wird. Darauf weisen alle Symbole des Festrituals, deren Deutung für die nachwachsende Generation zum wesentlichen Inhalt des Ritus gehört. Das Buch *Exodus* gibt die Weisung: „Wenn dich heute oder morgen dein Kind fragen wird: Was ist das?, sollst du ihm sagen: Der Herr hat uns mit mächtiger Hand aus Ägypten, aus der Knechtschaft geführt."[4] Das Fest beginnt schon zwei Tage vor dem eigentlichen *Passah* mit dem Ausräumen von *Chamez*, der rituellen Reinigung des Hauses bei Kerzenlicht von allen Produkten, die aus Getreide hergestellt sind. Denn es darf nur Ungesäuertes, Speisen des spontanen Aufbruchs, vorhanden sein. Die Kinder leiten die *Seder*feier durch ihre Fragen ein. So lautet der berühmte Text der vier Fragen, auf den die Kinder ungeduldig warten, um ihn laut zu singen: „Warum unterscheidet sich diese Nacht von allen anderen Nächten?" Das ist die Frage, auf die die *Haggada*[5] den ganzen Abend lang Antwort zu geben sucht. Alle Symbole des *Seder* weisen auf Befreiung aus der Sklaverei. Es ist klar: Diese pädagogische Art der Begehung des Festes bleibt nicht im sakralen Raum, sondern prägt das Bewußtsein für die ganze Lebensführung.

Der Tisch ist am *Seder*abend geschmückt. „Auf Schmuck und Glanz ist der ganze Abend gestellt. Möglichst viele Lichter zündet man an. Silberne und kristallne Becher stehen sogar vor dem Platz jeden Kindes."[6] Auf dem Tisch finden sich die Symbole der Befreiungstat. Sie werden, nachdem der Deutespruch darüber gesagt ist, gegessen. Es sind die *Mazzot*, die ungesäuerten Brote, drei Stücke, die auf einer Schüssel übereinander liegen, Symbol der Armut und des Aufbruchs. Salzwasser erinnert an die Tränen der Sklaverei in Ägypten. Das Bitterkraut, oft Meerrettich, führt die Geschmackssinne an die Bitterkeit der Unterdrückung. Das *Charosset*, die Nachspeise, ist wie ein Ziegel geformt und gefärbt, die Israeliten mußten ja Ziegeln für die Bauten der Herrscher brennen. Der Knochen ist Hinweis auf das Opferlamm, und ein Ei symbolisiert das Tempelopfer in Israel, aber auch die Hoffnung auf Wiederherstellung und Erneuerung.

Das zum *Seder*abend gehörige Getränk ist roter Wein. Er wird in vier Abschnitten des Ritus getrunken, man „soll ihn auf der linken Seite angelehnt leeren, weil nur die freien Menschen auf einem Sofa ausgestreckt essen und trinken durften."[7] Auch das Spiel der Kinder fügt sich in den rituellen Rahmen. Für den Schlußimbiß wird ein Rest der Mahlzeit, das *Afikoman*, aufgehoben und versteckt. Die Kinder wissen, daß sie suchen dürfen, um sich diesen Rest in einem ‚Raubzug' anzueignen. Sie geben den ‚Raub' nur gegen einen Preis wieder heraus.

Noch immer bildet sich in unseren festlichen Mahlzeiten der Ritus der kultischen Feste ab. Die geschmückte festliche Tafel, die Kerzen, das ausgewählte, manchmal erwählte Geschirr, die verschiedenen Gedecke und Gänge, die Becher bzw. Gläser mit Wein. Auch in der säkularen Welt haben wir Freude an einem kultivierten Festessen, wenn es zumeist auch nur noch in Fragmenten einen alten Ritus spiegelt. Festliche Mahlzeiten sind Höhepunkte, weil wir mit den Sinnen viel wahrnehmen und aufnehmen können, was die Bedeutung des Tages unterstreicht. Die Zeit bekommt ein Gesicht. Die Anlässe der festlichen Mahlzeiten sind allerdings manchmal trivialer geworden.

Ein besonderer Akzent liegt beim israelitischen *Seder* auf den Lesungen und Erzählungen. Sie sind ein wesentlicher Bestandteil der Feier. Es werden Texte aus der Bibel und dem Talmud gelesen, aber auch literarische Erzählungen, die sich auf den Anlaß der Feier, auf die Befreiung aus der Unterdrückung, beziehen.

Die Symbole und die sie deutenden Texte haben sich dem Bewußtsein tief eingeprägt. Das Gefühl, Jude zu sein, ist nicht nur durch eine gemeinsame Geschichte und durch die Beschneidung, sondern vor allem durch eine Vielzahl symbolischer Gebräuche bewirkt und hat hier im Passahmahl ihren Ursprung.

Jude zu sein bedeutet etwas. Das Wertesystem der Juden ist durch den Rückblick auf die Befreiung aus der Unterdrückung und die eschatologische, die Welt erneuernde Erwartung des *Messias* geprägt. Beides wird durch symbolische Handlungen während der

*Passah*feier immer neu zum Ausdruck gebracht. Für den *Messias*, den Erlöser der Menschheit – durch die Gestalt des *Elia* verkörpert – wird ein Stuhl freigehalten und die Tür im Ritual symbolisch geöffnet. Die Bedeutung der *Passah*feier für das Judentum bestätigt den Satz von Werner Jetter: „Rituale wirken nicht vorrangig als Doktrinen, sondern als Sitten, und sind mit diesen in einem Grundkonsens, in einem tragenden Wertsystem verankert.“ [8]

Die Feier des *Seder* enthält auch eine ritualkritische Komponente, die dem entgegen wirkt, daß aus dem Fest der Befreiung ein zwanghafter Ritus wird. Die Freiheit des Spiels und der Erzählung soll erhalten bleiben. Eine *chassidische* Geschichte[9] legt den Finger darauf: Da war ein *Rabbi*, der den ganzen Ritus pünktlich und genau vollzogen hatte. Aber in der Nacht träumte ihm, ein anderer, nämlich der Wasserträger *Chajm*, wäre ihm von Gott vorgezogen worden, weil sein *Seder* Gott wohlgefälliger war. Er läßt nach diesem *Chajm* suchen, und es stellt sich heraus, daß es ein verkommener Mensch ist, der schon die Beseitigung von *Chamez* sehr nachlässig gehandhabt hatte und der nach dem Fest vom Alkoholgenuß noch immer nicht richtig erwacht war. Er gibt auch zu, unwissend zu sein und alles nicht richtig gemacht zu haben. Aber er sagt: „Ich weiß nur, daß unsere Väter in Ägypten gefangen waren und unser Gott sie in die Freiheit geführt hat. Jetzt sind wir wieder gefangen, und Gott wird auch uns in die Freiheit führen“. Als ihm das vor dem gedeckten Tisch mit den *Mazzot* bewußt geworden war, hatte er seinen Becher gehoben und gesagt: „Sieh, Gott, diesen Becher trinke ich dir zu! Und du neige dich uns zu und mache uns frei. So saßen wir, und tranken wir und freuten uns vor Gott. Und dann war ich müde, legte mich hin und schlief ein, heißt es abschließend.“[10]

Es geht – so will diese Geschichte sagen – um die Aktualisierung der Befreiung, nicht um die zwanghafte Wiederholung von rituellen Handlungen.

III Trauerrituale zwischen Zwang und Lösung

In kaum einer anderen menschlichen Handlungsweise tritt die Spannung zwischen Befreiung und Zwang so deutlich hervor wie in jeder Art Ritus. Das machen bis in die Gegenwart hinein insbesondere der rituelle Umgang mit dem Tod und die Trauergebräuche sichtbar. Die Trauergebräuche in den Dörfern waren strikt ritualisiert. Das reichte von der Bekanntgabe des Todesfalles, dem Anmelden beim Pfarrer, dem Totenläuten, über die Nachbarschaftshilfe z. B. beim Kuchenbacken bis hin zum Trauerzug nach festgelegter Ordnung. Die Nachbarschaft spielte eine wichtige Rolle bei den notwendigen Verrichtungen.

Die Trauerzeit betrug z.B. im *Marburger Land* vier Jahre. In den ersten beiden Jahren durften von einer Witwe nur einfache schwarze Kleidungsstücke getragen werden. Danach konnte wieder ein dunkelbrauner, dunkelblauer oder dunkelgrüner Rock mit schwarzem Besatz angezogen werden. Die Schürze aber war immer noch schwarz. Im letzten Trauerjahr konnte die Schürze wieder ein wenig weiß aufweisen. Auch das *‚Stülpchen‘*, also die kleine Haube auf dem Haar durfte wieder mit schwarzen und weißen Perlen bestickt sein. Starb ein Nachbar, dann trugen die Nachbarfrauen einige Wochen lang ein schwarzes Brusttuch.

Uns erscheinen diese Vorschriften als unleidlicher Zwang, den wir, Gott sei Dank, überwunden haben. Es war auch ein sozialer Zwang, den das Leben in der engen Dorfgemeinschaft auferlegte. Die Trauergebräuche sind jedoch falsch verstanden, wenn sie als aufgezwungene Gefühlsäußerung gesehen werden. Vielmehr wird der Respekt vor der Begrenztheit menschlichen Lebens und die Ehrfurcht vor Gottes Ewigkeit ausgedrückt. Aller Schmuck verfällt der Nichtigkeit angesichts der Ewigkeit! Zugleich bringt die Gemeinsamkeit des Todesschicksals auch die Nachbarn zueinander. Ehrfurcht vor den jenseitigen Mächten und Kommunikation zwischen den Menschen sind bedeutende Funktionen aller rituellen Bezüge. Die soziale Kontrolle ist dagegen ein Nebeneffekt der rituellen Verhaltensformen.

Wie alle Riten so haben auch die Trauergebräuche zugleich eine Ordnungsfunktion, die dem Eindringen chaotischer Gefühlsausbrüche wehren soll. Daß *Hiob* bei der schlimmsten Hiobsbotschaft seine Kleider zerriß, war nicht vorwiegend ein ungesteuerter Gefühlsausbruch, sondern ein gebräuchlicher Ritus, der deshalb nicht gefühlsarm sein mußte. Die häufige Erwähnung dieser Geste in der biblischen Überlieferung macht sie als Ritus erkennbar, wie auch das Streuen von Asche auf das Haupt oder das Klagen der Klageweiber. Werden die Trauerriten nicht mehr geordnet durchgeführt, oder bleiben sie, aus welchen Gründen auch immer, nichtssagend, dann können sie leicht, statt zu stabilisieren, zu zwanghaftem Handeln werden.

Riten, die einem menschlichen Grundbedürfnis entsprechen wie z. B. die Trauerarbeit, werden auch jenseits der religiösen Bindung fortgeführt, wenn auch oft nur bruchstückartig oder in einem neuen Kontext, der insgesamt zwar die agnostische Einstellung widerspiegelt, aber in einer paradoxen Zusammenstellung doch auch religiöse Elemente enthält. Besonders beliebt sind solche Stücke, wenn sie die Gefühlserregung evozieren und zugleich in einen geordneten Rhythmus bringen. Bei der weltlichen Beerdigung eines führenden Geistes des literarischen Deutschland erklang das ‚*Ave-Maria*‘ aus den Bäumen, das auch sonst gerne bei kirchenfernen Beerdigungen erklingt. Auch das christliche Kreuz bleibt ein Symbol der Trauer um einen Menschen, selbst wenn jegliches Bekenntnis zu *Jesus Christus* abgelehnt wird. Diese Bruchstücke eines einheitlichen Bekenntnisses vermögen dem Gefühl Ausdruck und Würde zu geben, aber sie verlieren oder verändern ihre Bedeutung, was allerdings unterschwellig auch oft schon in der traditionell ausgeübten christlichen Liturgie geschehen ist. Aus dem Sühne- und Erlösungszeichen Kreuz wurde ein Symbol des Todes.

Wie einerseits notwendig Trauerriten sind, damit die Trauerarbeit vollzogen werden kann, und wie andererseits die nicht zustimmend verarbeiteten Riten gefangen nehmen können, wird an einem Beispiel aus einer therapeutischen Praxis deutlich.[11] Ein Therapeut berichtet in einer Fallsstudie von einer Frau, die unter solchen Zwangshandlungen litt. Ihre Mutter hatte ihr vor ihrem Tode das Versprechen abgenommen, täglich zum Grab zu gehen und nach der brennenden Kerze zu sehen. Auch andere Erinnerungshandlungen an die Mutter waren ihr auferlegt. Einmal herrschte am Grab starker Sturm, und der Wind wehte die Kerze aus. Die Frau hat hernach keinen Wind mehr ertragen können und hat sich immer mit dem Rücken gegen den Wind wenden müssen. Die Therapie des Psychiaters bestand darin, daß er eine Beerdigungszeremonie mit der Frau entwickelte, in der alle Erinnerungsstücke an die Mutter in einer Kiste in die Erde versenkt wurden. Diese Beerdigung vollzog sich nach der vorher festgelegten Ordnung in einer strengen Abfolge. Die Handlung, die in ähnlicher Weise häufig eine therapeutische Maßnahme von Psychiatern ist, hat zur Befreiung von den zwanghaften Handlungen geführt.[12] Zwei einander entsprechende rituelle Handlungen haben also sowohl zwanghafte Handlungen herbeigeführt, als auch zur Befreiung davon.

Die Deutung der symbolischen Handlung und die Verläßlichkeit des Vollzugs bewähren bzw. bewahrheiten den Ritus. Anders ausgedrückt: Man muß dem Ritus zutrauen, daß hier etwas nach der Ordnung des Lebens geschieht, etwas Notwendiges, um die Würde des Lebens zu bewahren. In einer Untersuchung zu ‚Ritualen in der Psychotherapie' wird der Lösungsprozeß aus unbeherrschten Emotionen folgendermaßen interpretiert: „Ein Ritual ist innerhalb der Familientherapie dann indiziert, wenn Menschen in einem psychischen Zustand steckengeblieben sind, wie beispielsweise Verlusterleben, Trauer, Festhalten an dysfunktionalen Strukturen. Das Ritual kann dann ein wichtiger Schritt im Prozeß der *Bewußtmachung* sein und gleichzeitig den *Übergang* in eine neue Lebensphase darstellen, und es kann so selbst zum *Symbol der Veränderung* werden."[13]

IV Kontroverse Wertstellungen und ihre Rituale in multikultureller Gesellschaft

Riten bewirken geordnete Kommunikation, Partnerbindung und Gemeinschaftsgefühl nach innen, aber nach außen haben sie eine exklusive und manchmal auch abweisende oder gar abstoßende Wirkung. Das wird in unseren Tagen an den verschiedenen Gerichtsurteilen zum Schächten und auch zum Tragen des rituellen Kopftuchs sehr aktuell. Für den gläubigen *Moslem* ist das Schächten ein emotional hoch besetzter ritueller Vorgang. Hier erweist sich Glaubensgehorsam. Für den aufgeklärten Europäer ist es eine rational nicht zu vertretende Tierquälerei: eine typische Kontroverse im Aufeinandertreffen verschiedener Kulturen mit subjektiv unterschiedlich bewerteten Ritualen.

Nach einem Verbot des Schächtens durch das Bundesverwaltungsgericht hat das Bundesverfassungsgericht in einer Berufungsklage eines islamischen Metzgers dessen Gegenantrag für gerechtfertigt erklärt.[14] In der Urteilsbegründung stehen zwei Argumentationsreihen gegeneinander. Die Vertreter des *Islam* begründen: „Dem Schlachten ohne Betäubung komme in der islamischen Religion zentrale Bedeutung zu. Sein kultischer Charakter ergebe sich nicht nur daraus, daß das Schächtgebot direkt dem Koran zu entnehmen sei. Auch die Art und Weise des Schächtens seien genau bestimmt." Die Auffassung des Bundesverwaltungsgerichts (also der Instanz, die das Schächten ablehnte) verkenne die Bedeutung der Glaubensfreiheit grundlegend, heißt es in der Begründung. „Das Schächten sei den *Muslimen* als wesentlicher Bestandteil der Religionsausübung zwingend vorgeschrieben." Dagegen argumentiert der Tierschutzbund, „daß die Schlachttiere beim betäubungslosen Schlachten stärkere Schmerzen als bei der konventionellen Schlachtung erleiden." Und das Tierschutzgesetz verfügt: „Niemand darf einem Tier ohne vernünftigen Grund Schmerzen, Leiden oder Schäden zufügen."[15] In der Begründung geht es zentral um die Frage, ob das Schächten wesentlicher Bestandteil des islamischen Glaubens sei und deshalb von der Religionsfreiheit geschützt werde.

Die recht kritische Reaktion auf das Verfassungsurteil in der deutschen Öffentlichkeit zeigt, wie wenig plausibel noch der Verfassungsinhalt von der Religionsfreiheit gegenüber einem persönlichen ethischen Urteil ist. Er wird hier von der emotionalen und rationalen Parteinahme für den Tierschutz überlagert. Riten und Gebräuche müssen sich dem Urteil der Vernunft und des Mitgefühls unterwerfen. Tritt ein Dissens zwischen Ritual und Ethik auf, dann hat in der aufgeklärten Welt die Ethik den Vorrang.

Die Ritualkritik ist nicht so modern, wie sie erscheint. In der jüdisch-christlichen Tradition werden die Riten häufig ethischen Kriterien unterworfen. Die Riten und Kulte dürfen nicht als Mantel eines heuchlerischen Verhaltens dienen, sondern müssen sich an dem Kriterium einer sozial gerechten, mitfühlenden Einstellung messen lassen, sie müssen den Weg zum fremden Leben öffnen; und vor allem: Ritualgesetze dürfen die Menschlichkeit – das meint auch die Tierliebe – nicht hindern. *Jesus* wendet sich gegen die, „die Becher und Schüsseln auswendig rein halten, inwendig aber sind sie voll Raub und Gier."[16] Der Tierschutz ist nicht etwa eine Sache der Aufklärung, sondern hat dort immer wieder Raum bekommen, wo die Barmherzigkeit gegenüber allem Leben Vorrang hat vor aller Gesetzlichkeit und Machtausübung, so z. B. bei *Franz v. Assisi*, der vom Bruder Tier redet, aber auch schon im *Alten Testament*. Die jüdisch-christliche Religion stellt das Leben im umfassenden Sinn und die Humanität über das Ritual.

V Theologische Ritualkritik und das Bedürfnis nach Riten

In der Zeit meines Studium wurde der ritualkritischen Linie in der christlichen Überlieferung der unbedingte Vorzug gegeben. Die existentiale Theologie stellte die existentielle Betroffenheit und die unbedingte Entscheidung hier und jetzt heraus. Der Mensch existiert wesentlich in der Entscheidung. Dahinter trat die einfach Teilhabe an Prozessen wie beim Vollzug von Riten zurück. Der Christ soll sich mit ganzer Person drangeben, das allein bedeute Glauben. Heute scheint mir das eine Überforderung. Die entlastenden Funktionen der Riten tragen den Lebensprozeß und bereiten den Punkt der Entscheidung vor. Riten sind eine anthropologische Konstante. Sie sind ein Lebensrhythmus, der das Leben faßbar macht, der die Zeit gliedert und der wie ein Gefäß dem Geschehen Gestalt gibt.

Die Zeiten der Feste in einer Kultur sind nicht zufällig, sondern sie gliedern die Zeit in einem rituellen Rhythmus. Ich zitiere zustimmend Otto Betz aus „Fest und Ritual": „Das stete Fließen und Verrinnen der Zeit wäre unerträglich, wenn wir das Geschehen nicht strukturieren könnten und dabei auf die Beobachtung von Rhythmen stießen. Die Kulturentwicklung ist wesentlich von dieser Erfahrung des Rhythmischen bestimmt: Im

Verlauf der Tage, der Monate und der Jahre lassen sich Wiederholungen konstatieren, die Periodik von Abläufen bringt eine gewisse Verläßlichkeit in das Geschehen."[17]

Besonders Kinder brauchen Rituale: die so wichtige Gute-Nacht-Geschichte, die fünf Kerzen zum 5. Geburtstag, die Geschenke, die zu bestimmten Zeiten versprochen und erwartet sind und vieles andere. Es bedeutet einen Zugewinn an Leben, wenn man gefeiert und beachtet wird, und diese Steigerung des Lebensgefühls ist eine unverzichtbare Gabe wie die Blütenfarbe einer Blume.

Die Pädagogik hat die Riten für die Schule ganz neu entdeckt. Eine Lehrerin hat für ihre Klasse gemeinsame Übungen als ‚rites de passage' eingeführt. Die schwierige Aufnahme einer Neuen in die Klassengemeinschaft gestaltet sie so, daß alle im Kreis sitzen und ein Ball zugeworfen wird. Wer ihn bekommt, muß sagen, was er gut kann und was ihm weniger liegt. Beeindruckt hat mich auch in einer Internatsschule der Umgang mit dem emotional aufgeladenen Moment, wenn die Post verteilt wird. Abwechselnd bekommen Schüler die Postmütze und verteilen die meist häusliche Post. Mit Riten lassen sich die schwierigen emotionalen Übergänge gestalten.[18]

Der aufgeklärte Erwachsene sollte sein Ritenbedürfnis nicht leugnen. Der Jahreswechsel spielt eine Rolle, der Festkalender nicht minder, die persönlichen Jubiläen, die geregelten Mahlzeiten und die Pause oder Ferienzeiten. Sie werden ja meist nicht spontan aufgegriffen, sondern in ihrer rituellen Wiederholung erwartet. Das ist wichtig im Lebensgefühl, auch, daß wir etwas in der Hand haben, wenn wir zu Besuch kommen, Blumen zumeist. Symbole geben dem Ritual Ausdruck und verweisen auf das, was über die pure Handlung hinausweist, dunkelrote Rosen vielleicht. Und da, wo die gewöhnlichen Riten in den Hintergrund treten, wird uns oft ein anderer Ritus sehr wichtig: die stille Stunde etwa, die Zeit in der wir uns abschirmen, um von der konzentrierenden Kraft des Ritus zu zehren. Da ist über den Inhalt noch gar nicht entschieden. Aber wir wissen, wenn es nicht ein Ritus wird, dann zerfließt das, was wir mit unserem Bedürfnis suchen.[19]

VI Ritualfragmente in säkularen Massenveranstaltungen

Eigentümliche Riten hat der Sport entwickelt. Alle emotional hoch besetzten Sportereignisse haben eine Tendenz zur Ritualisierung. Man könnte es an der Olympiade verdeutlichen, aber noch typischer für unsere Zeit ist das Fußballspiel. 16 Milliarden Zuschauer soll die Weltmeisterschaft gehabt haben.

Der Fußball zeigt alle Anzeichen eines differenzierten, aber auch eines fragmentarischen Rituals: die große Arena, in die die Mannschaften mit ihren Farben einlaufen. Zuvor haben sie sich in kleinen Gruppen kontemplativ auf das Spiel vorbereitet. Die Gläubigen, die sich mit ihrer Mannschaft identifizieren und dem durch Transparente, Gesänge, rhythmisches Trommeln und kodifizierte Gesten Ausdruck geben. Von echten Fans wird vor dem Spiel nichts oder wenig gegessen, aber nach dem Spiel gefeiert. Alles läuft nach strengen Regeln ab, die wöchentlichen Tabellen in den Gazetten geben über die

Hierarchie im Fußball-Heiligtum Auskunft. Und der Pokal, den der Sieger übereicht bekommt, wird geküßt. Es lassen sich nahezu alle Merkmale eines Rituals am Fußball-Ereignis beobachten: der weihevolle, vor Übergriffen geschützte Ort des Spielfeldes, die strengen Regeln, die Identifikation der Fans, der Rhythmus der wöchentlichen Wiederholung, die einer Wallfahrt ähnliche Anreise der Fans, die Insignien des Vereins, die akustischen und visuellen Rhythmen, die das Spiel begleiten. „Jedes Match zwischen rivalisierenden Städten, Regionen oder Ländern erhält die Form eines ritualisierten Krieges mit Hymnen, Militärfanfaren, Flaggen, die von Fans geschwenkt werden, die die Unterstützungsfront bilden und sich selber ‚Brigaden', ‚Kommandos', ‚Legionen' und ‚Sturmtruppen' nennen."[20]

Was diesen Ritualen jedoch vollständig fehlt, ist die Transzendenz, etwas, was über das im wahrsten Sinn des Wortes ‚handgreifliche' Geschehen hinausgeht. Manchmal schwappt auch ein religiöser Ritus in dieses sonst rundum säkulare Spielfeld hinein. Südamerikanische Spieler bekreuzigen sich, wenn sie das Spiel beginnen oder wenn sie ein Tor geschossen haben. In Gelsenkirchen gibt es eine christliche Kapelle, in der Spieler – so weit sie noch einer Konfession angehören – sich trauen lassen oder Kinder zur Taufe bringen, aber auch des Spieles gedacht, vielleicht Spielern gehuldigt wird. Es gibt sogar eine Vereinsschrift mit dem nahezu blasphemischen Titel ‚*Schalke unser*'. Aber das sind Rituale, die nur in einem sehr indirekten Zusammenhang mit dem Fußballereignis und seinen genuinen Begleitzeremonien stehen.

In den dem eigentlichen Spiel unablösbar zugehörenden Ritualen wird das Selbstverständnis unserer Gesellschaft ritualisiert. Leistung und Glück werden verehrt und hoch dotiert. Im Prinzip hat jeder eine Chance, nach oben zu kommen. Wenn ihm das nicht persönlich vergönnt ist, so doch durch die Identifikation mit seinem Verein. Es gibt Konkurrenzgruppen, die sich durch Insignien gegeneinander abgrenzen und die um den Erfolg bangen und kämpfen. Die Zeremonien machen jedem deutlich, daß es sich um ein über das konkrete Geschehen hinausgehendes, aber durch und durch weltliches Ereignis handelt. Die innere Beteiligung scheint Identität und Gruppengefühl in einer säkularen Welt zu stiften. Auch wenn man das Spiel nicht als ein quasi religiöses Geschehen ansieht, vermag es doch durch seine freilich fragmentarischen Rituale religiöse Bedürfnisse zu ersetzen oder neu zu deuten: gemeinschaftliche Verehrung und Jubel, Klage und Bangen (Hader mit dem Schicksal), Feiern und Opfer. Denn ich bin Fan einer bedeutenden Mannschaft. Wenn sie versagt, dann leide ich mit, frage mit den anderen nach Schuld oder dem Schuldigen, der geopfert werden muß, und suche mit allen Fans nach dem Weg zur Rückkehr an die Spitze.

VII Nationalstolz durch die Säkularisierung religiöser Symbole und Werte

Riten sind sehr dauerhaft und haben ein ambivalentes Gesicht. Deshalb lenke ich jetzt noch einmal den Blick auf die *Passah*-Riten und das Bekenntnis zur Befreiung in seiner Wirkungsgeschichte. „Im Sommer 1997 zelebrierte die vereinte amerikanische Filmnation mit dem sensationellen Erfolg des Films *Independence Day* nicht allein den 4. Juli als den heiligen Tag ihrer Unabhängigkeit, sondern huldigte zugleich dem alten puritanischen Erwählungstraum von Amerika als ‚God's own country' und ‚Retter der Menschheit'."[21] *Amerika* wird als das *New Israel* gesehen und wie *Jerusalem* als ‚City upon a hill'. Es wird nicht nur die Befreiung Amerikas gefeiert, sondern zugleich als Auftrag wahrgenommen, in der Nachfolge der *Exodus*-Befreiung *Israels*, die Erde aus Finsternis und Unterdrückung zu führen.

Dieses Selbstverständnis *Amerikas*, das sich fern vom europäischen Staatsverständnis der Nach-Weltkriegszeit entwickelt hat, wird unter den Begriff der *Civil-Religion* erfaßt. Es handelt sich nach amerikanischem Verständnis um eine religiöse Einstellung außerhalb der Kirchen, die sich zu bestimmten Werten bekennt und sie in nationalen Feiertagen und Symbolen verehrt: Demokratie, Vaterlandsliebe, Gerechtigkeit, Fortschritt u.a. Die *Civil-Religion* im amerikanischen Verständnis wendet sich an eine multikulturelle Gesellschaft, die viele Konfessionen umfaßt. Sie alle sollen in einem bürgerlichen Glauben vereinigt, das Land soll zu einer „Nation mit der Seele einer Kirche" gebracht werden. Diese *Bürgerreligion* hat die Liebe zum eigenen Land als Basis und den Glauben an die in der Verfassung verwirklichten Werte. Die Perspektive geht über das eigene Land hinaus und hat die Vision, die gesamte Erde zu einer Gemeinschaft mit einem ‚common faith' zu bringen. Auch die eschatologische Erwartung gehört als leitender Glaube zur *Civil Religion*, daß das zukünftige Reich der Gerechtigkeit und des Friedens heraufgeführt werden wird. Wir meinen in dieser Staatsauffassung fundamentalistische Gedanken wahrzunehmen, aber der Gedanke einer Vereinigung aller Konfessionen unter dem Dach des Staates ist gerade als Gegenbewegung gegen den religiösen Fundamentalismus in Amerika wieder belebt worden.

.Die Vorstellung von einer *Civil-Religion* besteht auch in Europa schon seit der Aufklärung. Rousseau beschreibt sie im *Contract social*,[22] und neuerdings ist sie durch den Philosophen Hermann Lübbe wieder in die Diskussion gebracht worden: Natürlich nicht in der amerikanischen Ausprägung des Sendungsbewußtseins, das ist seit den Kriegen gründlich beseitigt, aber doch als Bekenntnis zu demokratischen Tugenden, die durch ein liberalisiertes, aber auch patriotisches Bürgertum getragen werden.

In den USA hat die *Civil-Religion* auch eine ritualkritische Ausprägung, die an die Überlieferung der Propheten Israels anknüpft. In einer Auseinandersetzung mit Hannah Arendt bestreitet Ulrike Brunotte deren These, daß sich das amerikanische Staats- und Freiheitsverständnis ausschließlich aus der griechisch-römischen *Polis*-Tradition herleite. „Das *Exodus*modell hingegen – also die Befreiung des jüdischen Volkes – konnte viel eher in die Befreiungsgeschichte der modernen Gesellschaft hineinwirken, weil in ihm die wirtschaftliche und politische Realität von Unterdrückung, Ausbeutung und Knechtung sowie der Wunsch nach Befreiung und Gerechtigkeit den Kern religiöser Selbstdeutung ausmachte."[23] Daran knüpfte der Geist des zivilen Ungehorsams an, der in den Bürgerrechtsbewegungen lebendig ist und der besonders durch den Vietnamkrieg gefördert wurde. „Wenn das Recht so beschaffen ist, daß es von dir verlangt, einem anderen gegenüber zum Vertreter des Unrechts zu werden, dann sage ich: Brich das Gesetz.", so lautet ein Ausspruch von Henry D. Thoreau.[24]

Für uns ist es unvorstellbar, daß beide Strömungen, Sendungsbewußtsein als Menschheitsretter und *New Israel* als Bürgerrechtsbewegung, unter dem einen Begriff *Civil Religion* zusammenkommen können. Nicht erst seit der Aufklärung, sondern seit der Reformationszeit gibt es, tendenziell wachsend, die Trennung von Staat und Religion in Zwei-Reichen. Religiöse Rituale sind klar von bürgerlich-zivilen zu trennen. Das ist nach der Verfassung auch in den USA so; aber dem Staat wird im Nachkriegseuropa auch keine Ideologie tragende Qualität zuerkannt, Demokratie wird funktional verstanden. Allerdings scheint auch in Europa der nur funktional verstandene Staat immer mehr in eine Krise zu geraten, weil ihm die Idee fehlt. Auch er braucht den Bürger, der sich zu ihm bekennt, wenn der Sozialstaat nicht zu einem Selbstversorgungsunternehmen verkommen soll. Das Mehrsein als nur Organisator von Gesetz und Ordnung gilt auch für den Staat. Das hat offenbar den Gedanken der *Civil Religion* hier zu Lande wieder belebt und damit den Ruf nach entsprechenden, den Staat erhebenden Ritualen. Die Erfahrungen mit den Nationalsozialisten lassen uns aber vor einer religiösen Selbstüberhöhung des Staates erschaudern.

VIII Staatsvergötzung durch ritualisierte Huldigungen

Rituale lassen sich ihre grundlegenden Bekenntnisse und Mythen entreißen und auf andere Ideen oder Mythen übertragen, sie vertreten dann andere, sogar gegensätzliche Werte. Diese Werte können auch eine verführerische Ideologie sein; es kommt immer darauf an, was die Rituale ausdrücken und worauf sie verweisen. Die Ideologie des NS-Staates macht es deutlich. Ein grundlegender Wert war der Mythos vom Reich, das ‚tausendjährige Reich', nicht gezählte tausend Jahre, sondern als Metapher für ewig: ein Volk, ein Reich, ein Führer und das auf ewig. Zum Gründungsmythos wurde der Marsch auf die Feldherrnhalle in München. Dort waren beim nationalsozialistischen Putschversuch 16 Blutzeugen – wie man glorifizierend sagte – erschossen worden. Dieser 9. November wurde zum feierlichen Ritual durch die jährlich wiederkehrende Wiederholung der Ereignisse von 1923. Ein Ritual braucht solche Wiederholung und Symbolisierung, neue Rituale können nur Glauben oder Gefolgschaft wecken, wenn sie regelmäßig zelebriert werden

Die Ritualisierung des Marsches auf die Feldherrnhalle bedeutete keine Erinnerung, sondern ist eine Vergegenwärtigung. Eine feierliche Prozession der ‚alten Kämpfer' zur Feldherrnhalle bekam quasi religiöse Bedeutung. Die historische Blutfahne wurde vorangetragen. Vor der Feldherrnhalle wurden symbolisch 16 Schüsse abgegeben. Und besonders feierlich der letzte Appell: Die Namen der ‚Blutzeugen' wurden aufgerufen, und Hitlerjungen antworteten an Stelle der Erschossenen mit: „Hier". Sie waren ins ‚ewige Leben' auferstanden. In die Liturgie gehörte Gerhard Schumanns Dichtung ‚Heldische Feier':

„Wir bau'n des Reiches ewige Feldherrnhallen
die Stufen in die Ewigkeit hinein,
bis uns die Hämmer aus den Fäusten fallen.
Dann mauert uns in die Altäre ein."

Der 9. November war hoher Feiertag, Gründungsdatum des Reiches. Und das Reich war allgegenwärtig. Nicht nur die größte Wochenzeitung hieß ‚Das Reich', sondern es war gegenwärtige Eschatologie: Der neue Mensch war geboren:

„Da wächst die Halle auf zum Firmamente,
die Stufen steigen mächtig himmelan:
Die Erde war mit eurem Tod zu Ende,
mit eurem Ruhm fängt unser Leben an."[25]

Symbole und Rituale spielten für die Befestigung des nationalsozialistischen Ideengutes und des Glaubens an die Heilsgeschichte des NS-Staates eine grundlegende Rolle. Der Nationalsozialist hat sich als der neue Mensch erlebt, der im Anbruch einer neuen Zeit lebt. Dem entspricht auf der Negativseite der Untermensch, dem die Zukunft verweigert wird.

Rituale sind eine anthropologische Konstante. Sie geben dem Kommunikanten ein Mehr an Bedeutung. Es bleibt die Frage, durch welche Werte der Bedeutungszuwachs gewährt wird. Wenn alte Glaubensüberzeugungen und Mythen verschwinden, können die Rituale selbstlaufend eine Weile weiter existieren und zelebriert werden. Aber sie werden doch nach einer plausiblen transzendenten Begründung verlangen. Es bleibt dann die Frage, welches die sinnstiftenden Werte sind, die die Rituale ausdrücken und auf die sie verweisen. Rituale verweisen immer auf einen Wertekanon, auf einen Mythos oder ein Bekenntnis.

IX Bedeutungsverlust christlicher Rituale in der Säkularität

Was wird aus einer Religion, deren Rituale und Symbole in einer säkularisierten Welt unverstanden bleiben? Das Christentum hat selber zahlreiche Rituale bis hin zur Geburtsfeier des *Kyrios* aus anderen Religionen übernommen, aber so, daß sie integrierter Bestandteil des Bekenntnisses wurden; durch ihren Vollzug wurde das genuine Bekenntnis verstärkt zum Ausdruck gebracht. Dagegen werden in der dem Ritual und dem Symbol entfremdeten Welt Riten dem einheitlichen Bekenntnis eklektisch entzogen. Durch den nicht mehr oder entfremdend vollzogenen Ritus verlieren die zugehörigen Symbole ihre Bedeutung, werden mißverständlich oder gar gegen ihre ursprüngliche Bedeutung pervertiert. Das wird an der Mißdeutung zentraler christlicher Rituale überdeutlich. Dabei knüpfen diese Perversionen an Kampfparolen der Gegner des Christentums aus der Zeit seiner Ausbreitung an.

In einer großen Tageszeitung gab es einen Beitrag unter dem Titel *Ostern III*. Der Autor schreibt, er habe sich Gedanken über den „blutrünstigen Charakter dieses Festes" gemacht und das „Abendmahl als Sakrament sei, genau besehen, doch ein kannibalischer Verzehr, wie symbolisch auch immer."[26] „Wie symbolisch auch immer", das deutet auf eine mangelhafte Einsicht in den Verweisungscharakter der Symbole. Die Bedeutung der Symbole, ihr Verweis auf ein ganzheitliches Bekenntnis, spielt für den Verfasser von *Ostern III* keine Rolle mehr.[27] Man könnte diese Äußerung als Mißverständnis aus unsachlicher Gegnerschaft abtun, wenn hier – wie immer häufiger – Symbole nicht als Sinnträger, sondern als Reizbilder mißdeutet würden. Blut als Symbol ist etwas anderes als in Horrorfilmen. Blut als Symbol ist nahezu überall Träger der Seele und des Lebens.

Es ist zwar richtig, daß die Tötung des Menschen Jesu und der Verzehr von ‚Leib und Blut' beim Abendmahl als Symbolbilder benutzt werden, aber gerade, um das blutige Opfer abzulösen und den Tod im Glauben an den Auferstandenen zu überwinden. Ähnlich, nämlich als grundlegendes Zeichen einer lebensvollen Gemeinde, beurteilt der Theologe Gerd Theißen den symbolischen Verzehr von „Fleisch und Blut" Jesu: „Die in der Imagination zugelassene Barbarei im Ritus ist ein Beitrag dazu, im Alltag die Barbarei zu überwinden, die antisozialen Impulse auszusprechen, aufzufangen und in prosoziale Motivation umzuformen. Sie werden rituell bearbeitet und transformiert."[28]

Der Tod Jesu ist nach dem Hebräerbrief „ein für alle mal geschehen", das heißt, er ist gerade die Ablösung des Opfers.[29] Und: Nicht der Vater bringt seinen Sohn um, sondern die Feindschaft von Menschen, die ihre eigene Ungerechtigkeit vorgeführt bekommen. Nicht die Juden, sondern die Selbstgerechten. Nicht ein barbarischer Gott verlangt Sühnopfer, sondern das Blut des von Menschen Geopferten wird zum Symbol der Versöhnung und Befreiung. Der Ritus des Abendmahls ist keine Magie, sondern die Erneuerung eines geschichtlichen Erlösungsgeschehens. Wir erleben eine auffällige Verkehrung der Bedeutung von Ritualen, weil Symbole ihrer Geschichte und ihrem Mythos entrissen werden. Das letzte Mahl Jesu, das deutlich an die jüdische *Passah*-Feier anknüpft und die Deutung des Todes Jesu in den Symbolen seines Leibes und seines Blutes von da her bestimmt sein läßt, will Erlösung und Befreiung ausdrücken: „Das ist Jesu Leib für dich gegeben" – nämlich zum Leben –, will das Abendmahl gewiß machen, und Johannes spricht deshalb vom „Brot des Lebens". Damit ist das – ungesäuerte – Brot, das im *Passah*-Mahl an die Befreiung aus Ägypten erinnerte, durch die Christen neu gedeutet. Es ist Brot und Blut der Befreiung und Erlösung und nicht ein ‚kannibalischer Verzehr'. In der *Matthäus-Passion* und *H-Moll-Messe* von J. S. Bach wird offensichtlich die symbolische Deutung von den Zuhörern besser erfaßt. Vielleicht, weil die musikalische Deutung die symbolische Einheit des Passionsgeschehens leichter übertragbar macht. Der Symbolcharakter dringt ins Ohr, die Passionsmusik wird nicht als Wiedergabe einer ‚kannibalischen' Zeremonie verstanden.

Riten und Symbole, die ihren Kontext und ihre Bekenntniseinheit verlieren, wirken zersetzend auf ihre religiöse Tradition. Die dem ganzheitlichen Bekenntnis entzogenen Riten und Symbole hinterlassen eine Leerstelle, in die neue Zeichen oder alte Zeichen mit neuer Bedeutung treten. Für die Zukunft einer Gemeinschaft bleibt es entscheidend, auf welche Wertorientierung diese Zeichen verweisen.

Tragende Riten sind Fähren zum anderen Ufer. Je aussagekräftiger sie sind, desto besser geben sie Orientierung zur Wesensbestimmung unseres eigenen Daseins. Wenn sie für das Menschsein bedeutsam sind, dann schenken sie Zuwendung, Gewißheit, Integration, Gemeinschaft und Geborgenheit, auch das Erlebnis von Zeit und Geschichte. Es bleibt aber die Forderung zum kritischen Umgang mit den Riten, denn sie können auch einem falschen Interesse dienen.

Anmerkungen

1 Werner Jetter: *Symbol und Ritual,* Göttingen 1978, S. 96: „Rituale binden ans Alte und setzen es fort: sie lassen im Gestrigen einheimisch werden. Wo Rituelles entsteht, ist vorher schon Rituelles gewesen. Die Ritualisierung muß niemand erfinden oder einführen wollen: es gibt immer schon Vorgänge auf allen Gebieten und Nachbargebieten. In allen neuen Gestaltungen spiegeln sich ältere wider. Rituale wollen Dauer und schließen sich gerne an etwas an, das schon dauerhaft scheint. Sie sind im buchstäblichsten Sinn die geborenen Traditionsmittler."

2 Fulbert Steffensky: *„Rituale als Lebensinszenierung"*, in: Pädagogik, Jg. 1994, H. 1, S. 27.

3 F. Thieberger: *„Pessach"*, in: *Jüdische Feste – Jüdischer Brauch, ein Sammelwerk.* Hrsg. von F. Thieberger, Königstein, Ts. [2]1979, S. 199.

4 2.Mos.13,14.

5 Die Haggada umfaßt im Talmud den erzählenden Teil.

6 Thieberger, *„Pessach"*, S. 212.

7 *„Pessach"*, in: *Symbole des Judentums.* Text von Marc-Alain Ouaknin, Photographien von Daniel Krochmalnik, Augsburg 1999.

8 Jetter, *Symbol und Ritual*, S. 112.

9 Chassidismus: Frömmigkeitsbewegung im osteuropäischen. Judentum, vor allem im 18. und 19. Jahrhundert.

10 Martin Buber: *„Chassidische Geschichten. 1. Der Seder des Unwissenden"*, in : Thieberger, *Jüdische Feste.*

11 Der Fall wurde von dem niederländischen Therapeuten van Uden geschildert und ist hier verkürzt wiedergegeben.

12 Es wird davor gewarnt, solche Rituale anstelle der notwendigen selbständigen Trauerarbeit einzusetzen.

13 Karin Holz / Carmen Zahn: *Rituale und Psychotherapie.* Transkulturelle Perspektiven. (Forschungsbericht zur Transkulturellen Medizin und Psychotherapie, Bd.1), Berlin 1995, S. 104.

14 Vgl. zum Folgenden: *BverfG*, 1 BvR 1783/99 vom 15.1. 2002, Absatz-Nr. (1 – 61), nach: http://www.bverfg.de

15 § 1 TierSchG.

16 Mt. 23,25.

17 Otto Betz: *„Fest und Ritual"*, in: *Handbuch religiöser Erziehung*, Bd. 1, Düsseldorf 1987, S. 280.

18 Interessante Beispiele für Riten in der Schule finden sich u. a. in der Zeitschrift *Pädagogik* 1/94; weiterhin: Michael Wermke: *Rituale und Inszenierungen in Schule und Unterricht.* (Veröffentlichungen des RPI in Loccum, Bd. 2), 1997; A. v. d.Groeden: *Rituale in Schule und Unterricht*, Hamburg 2000.

19 Die Minuten der Besinnung am Morgen wurden mir im Laufe des Lebens immer wichtiger. Dazu habe ich viel das Andachtsbuch von Jörg Zink: *Wie wir beten können*, 10. Aufl., Stuttgart 1981, benutzt. Meine Erfahrungen mit persönlichen Andachten und mit Lehrergruppen habe ich in: *In der Stille tanzt das Licht.* Meditationen zu biblischen Bildworten, Münster 2002, veröffentlicht.

20 Christian Bromberger: *„Fußball als Weltsicht und als Ritual"*, in: *Ritualtheorien.* Hrsg. von Andrea Belliger und David J. Krieger, Opladen / Wiesbaden 1998, S. 285.

21 Ulrike Brunotte: *God's own country*, in: *Frankfurter Rundschau* vom 10.März 2001.

22 Jean-Jacques Rousseau: *Contract social*, Buch IV, Kp.8., Ausgabe von 1762.

23 Ulrike Brunotte: *„Die Gründung der Freiheit. Hannah Arendts ‚On Revolution' und die Frage des puritanischen Ursprungs der Civil Religion*", in: M e t i s. Zeitschrift für historische Frauen- und Geschlechterforschung, Themenheft ‚Säkularisation und Sakralisierung', 9. Jahrgang, Heft 18, Januar 2000, S. 74.

24 Zitiert nach Brunotte, *God's own country* (Anm 21).

25 Gerhard Schumann, zitiert nach Klaus Vondung: *„Revolution als Ritual. Der Mythos des Nationalsozialismus*", in: *Europäische Gesellschaften im 20. Jahrhundert.* (Fischer Tb. Wissenschaft), Frankfurt a. M. 1992, S.211 / 12.

26 *Frankfurter Rundschau* Nr. 75 vom 30. März 2002, S. 19.

27 Die vorgetragene Religionskritik ist auf den 11.September und den islamischen Hintergrund fokussiert und läßt wohl deshalb jede differenzierende Religionsbetrachtung vermissen.

28 Gerd Theißen: *Die Religion der ersten Christen*, Gütersloh 2000, S. 187.

29 Vgl. Hebr. 9.

HANS-WERNER BORESCH

Das „köstlichste vaterländische Gut": Der protestantische Choral als deutsches Nationalsymbol im 19. Jahrhundert

In der Festhalle, die man anläßlich des ersten deutschen Sängerbundesfests 1865 in Dresden errichtet hatte, wurden – wie bei derartigen Großveranstaltungen üblich – Transparente mit allegorischen Darstellungen ausgestellt. Daß eines dieser Monumentalbilder dem Kirchenlied gewidmet war, überrascht jedoch; denn die Teilnehmer des Dresdner Festes waren Männerchöre, deren Repertoire-Schwerpunkt gewiß nicht in der Sakralmusik lag. Aufschluß gibt die Erläuterung des Transparents im Festbuch: Erst durch die Reformation habe das Kirchenlied seinen „hervorragenden Platz in der Dichtkunst wie Tonkunst" erhalten; *Martin Luther*, „der auch hierin unerreicht dasteht", habe selbst „durch die neue großartige Gestaltung, die er der deutschen Sprache gab, unvergängliche Muster" geschaffen und so zu einem reichen Schatz von Liedern beigetragen, „in denen sich das deutsche Gemüth voll Kraft und Erhebung" auspräge.[1] Beim Sängerbundesfest, das sich „unter allen Umständen" als Nationalfest verstanden wissen wollte,[2] durften der protestantische Choral und – indirekt, aber damit unmittelbar verbunden – *Martin Luther* nicht fehlen.

Die Herausstellung *Luthers* als deutscher Nationalheros und die Verwendung protestantischer Choräle als deutsche Nationallieder wurzeln in der stark religiös geprägten frühnationalen Phase im Kontext der Napoleonischen und der sogenannten Befreiungskriege. *Friedrich Schleiermacher* z. B. unterstrich 1806 emphatisch die Bedeutung des ‚Vaterlandes', indem er feststellte, „diejenigen die dem bürgerlichen Verein nur halb angehören wollen, in der Meinung sich über ihn und das was er leisten kann zu erheben", seien „nur Gäste und Fremdlinge [...] im Reiche Gottes". Hingegen seien „alle [...] die Gott zu etwas großem berufen" habe, „immer solche gewesen, die von ganzem Herzen ihrem Vaterlande und ihrem Volk anhingen."[3] Die Vaterlandsliebe kann Forderungen bis hin zur physischen ‚Hingabe' enthalten: „Die vaterländische Gemeinschaft wird zum Fluchtpunkt allen christlichen, und das heißt: sozialen Handelns erhoben. Religiös-christliches und vaterländisch-gemeinschaftliches Engagement bilden eine Gemengelage, in welcher der ‚Opfertod' Christi als höchste moralische Norm für die existentielle Hingabe des Einzelnen an sein weltliches Vaterland gesetzt wird."[4] Der Historiker *Heinrich von Sybel* z. B. schildert rückblickend die nationalreligiöse ‚Stimmung' während der Napoleonischen Kriege mit Worten, deren offensichtliche Schlagkraft noch fast ein Jahrhundert später wirkungsvoll war: „Eine ernste und glühende Religiosität wurde allgemeine Stimmung, die doch nichts Düsteres und Fanatisches hatte, eben weil sie echt und opferfreudig war. [...] Man ging in den Krieg wie zum Gottesdienst, mit tiefer und froher Andacht."[5]

Nicht selten wird in diesem nationalreligiösen Kontext der ‚deutsche' Protestantismus gegen den ‚römischen' Katholizismus ausgespielt; das – mindestens seit dem Dreißigjährigen Krieg[6] –erprobte dichotomische Denkmodell wird zuweilen sogar genutzt, den Katholizismus mit der napoleonischen Besatzungszeit in Verbindung zu bringen: „In früheren Tagen war Rom, in neueren Frankreichs Macht in Deutschland gewaltig aufgebaut, aber die nationalen Gefühle erwachten und die Fremdherrschaft brach zusammen."[7] In der Festpredigt, die anläßlich des Luther-Festes 1839 in Leipzig gehalten wurde, wurde betont, daß „das reine Evangelium Christi" kein „fremdes, sondern ein vaterländisches, ein heimisches Gewächs" sei: „Ein Deutscher, ein Mann des Volkes und aus dem Volke hat zuerst dafür seine Stimme erhoben."[8] Bereits zwanzig Jahre früher hatte *Ernst Moritz Arndt* apodiktisch formuliert: „Entweder die Bibel oder der Pabst", und die alten protestantischen Choräle waren für ihn deutsche Kulturgüter, gewissermaßen geheiligt durch göttliche Inspiration (eine kaum zufällige Parallele zum katholischen *Gregor-Mythos*): „Solange teutsch gesprochen wird, werden Luthers und Gerhards meiste Lieder leben und in christlichen Kirchen gesungen werden, nicht weil der Luther oder Gerhard sie gedichtet hat sondern der Geist Gottes."[9] Am Reformationsfest des Kriegsjahres 1870 schließlich begann der Gothaer Oberhofprediger *Carl Schwarz* seine Predigt mit dem Hinweis auf das unmittelbar zuvor gesungene „alte Krieges- und Siegeslied unserer Kirche" – also „Ein feste Burg" – und fährt fort mit einer direkten Verbindung von Reformation und Tagesgeschehen: „Und heute, in diesem großen Krieges- und Siegesjahr unseres deutschen Volks, sind wir wohl tiefer und dankbarer noch als sonst bewegt und erfüllt von dem Gefühl, daß der letzte Grund und die einige, lautere, bis heute sprudelnde Quelle all dieser Waffensiege der große Geistessieg war, der vor länger als drei Jahrhunderten erkämpft wurde, die sittliche Kraft, die von ihm ausgegangen, und die unser Volk erhoben und gestählt hat in der Stunde der Gefahr."[10]

Hierbei handelt es sich um Beispiele für *kulturelle Codes*, die identitätsstiftende „Grenzen durch eine besondere Bindung an den unveränderbaren und ewigen Bereich des Heiligen und Erhabenen" konstruieren.[11] Voraussetzung dafür ist die Möglichkeit, Weltgeschichte als Heilsgeschichte zu verstehen und somit ‚metaphysische' Deutungsmöglichkeiten für ‚weltliche' Ereignisse gewinnen zu können: „Das moderne Geschichtsbewußtsein hat sich zwar des christlichen Glaubens an ein zentrales Ereignis von absoluter Bedeutung entledigt, aber es hält an seinen Voraussetzungen und Konsequenzen fest, nämlich an der Vergangenheit als Vorbereitung und an der Zukunft als Erfüllung, so daß das Heilsgeschehen auf die unpersönliche Teleologie einer fortschreitenden Entwicklung reduziert werden konnte, in der jedes gegenwärtige Stadium die Erfüllung geschichtlicher Vorbereitungen ist. In eine weltliche Fortschrittstheorie verwandelt, konnte das Schema des Heilsgeschehens natürlich und beweisbar erscheinen." Historische Personen und Ereignisse lassen sich „durch ihre Rolle im göttlichen Heilsplan" bestimmen;[12] für die Zeit um 1800 scheint besonders charakteristisch zu sein, daß „einzelne Nationen zu den Vorreitern einer als Heilsgeschichte gedeuteten Weltgeschichte apostrophiert" werden.[13] Auf dieser Grundlage kann z. B. der Sieg über Napoleon als Gottesgericht aufgefaßt werden[14] – ebenso wie der deutsche Sieg 1871, der dank der für

Mythisierungen charakteristischen Doppelungs- und Wiederholungseffekte[15] auf die Befreiungskriege zu beziehen war.[16] Daraus folgte für die Deutschen die Möglichkeit, sich – zumal 1870/71 – eine besondere weltgeschichtliche Rolle, nämlich „als Vollstrecker des göttlichen Willens",[17] zuzuweisen. Überhaupt wird von den Deutschen das stereotyp wiederholte Bild einer „tiefsinnigen, gründlichen, religiösen [...] Nation" gezeichnet.[18]

Unbestritten ist, daß „die Konstruktion nationaler Identität [...] als Transformations- bzw. Ablösungsprozeß religiöser Identitätskonstruktionen auf den Weg gebracht wurde".[19] Dadurch wird „die religiös-christliche Einfärbung, ja Bindung" bereits des frühen deutschen Nationalismus begünstigt, die jedoch erst aus dessen Entstehungskonstellation erklärt werden kann: „Die Französische Revolution und die französische Okkupation waren nicht-christlich, ja gegenchristlich – das war eine der wesentlichen Ursachen, warum der deutsche Nationalismus christlich blieb oder gar christlich wurde. Dazu kam, daß der deutsche Nationalismus, so revolutionär er in seiner Zielsetzung war, von seinem Ursprung her gerade nicht revolutionär war."[20] Dies wiederum steht in Zusammenhang mit „der vergleichsweise starken christlichen Prägung der deutschen Aufklärung."[21] Die Kirche erschien jedoch nicht mehr – zumindest aber nicht mehr allein – als institutioneller Repräsentant des ‚sakralen Kerns' der Gemeinschaft; diesem soll sich nun die Kunst nähern: In der Zeit um 1800 wird „die Verbindung zwischen der religiösen Funktion der Kunst einerseits und der Nation andererseits" hergestellt.[22] Der protestantische Choral – mit seinen Eigenschaften, religiös (ohne unaufhebbare konfessionelle Einschränkung), dabei ‚deutsch' und ‚volkstümlich', gleichzeitig aber auch Kunstwerken kompatibel zu sein – bot sich als konkretes Symbol für das Abstractum ‚Nation' geradezu an. Das für Nationaldenkmäler beschriebene charakteristische Umschlagen von Säkularisierung in Sakralisierung[23] läßt sich am Choral beispielhaft nachzeichnen: Aus dem engeren Bereich der Liturgie herausgenommen, vermag der Choral z. B. Nationalfeste zu sakralisieren.

*

Die großen deutschen Nationalfeste des 19. Jahrhunderts müssen als ‚symbolische Politik' verstanden werden:[24] In Festen wird – allgemein – „mittels symbolischer Inszenierungen Identität zum Ausdruck gebracht und erfahrbar gemacht",[25] im Besonderen zählen Nationalfeste zu den „Medien einer ‚Verkörperung der Nation'".[26] Ein wesentlicher Bestandteil der Feste, die u. a. als Demonstration kollektiven Verhaltens (aber auch als dessen Erprobung) fungieren, ist der gemeinsame Gesang bekannter Lieder, oft mit neuen Texten, also eine besondere kollektive Verhaltensform.[27] Choräle zählten zu den Liedern ‚der ersten Stunde'; bereits beim Nationalfest von 1814, das gleichzeitig an verschiedenen Orten begangen wurde und gleichsam als „Matrix der deutschen Nationalfeste im 19. Jahrhundert" gilt, wurde zum Lobe Gottes oft das Lied „Nun danket alle Gott" angestimmt (in katholischen Gegenden eher der sogenannte *Ambrosianische Lobgesang*, das – im übrigen konfessionsübergreifende – „Te Deum laudamus").[28]

Das drei Jahre später von den Burschenschaften veranstaltete Wartburgfest verband den Jahrestag der ‚Völkerschlacht' mit der Aura des Ortes, an dem Luther seine Bibelübersetzung fertigte, um – wie es in einer zeitgenössischen Betrachtung heißt – „die zwei Freiheitsfeste des Vaterlandes: der Glaubensreinigung durch Luther, und des Freiheitssieges bei Leipzig, in Eins verbunden zu feiern."[29] Das gleichberechtigte Nebeneinander von traditionellem Choral und aktuellem Nationallied veranschaulicht der Einzug der Studentengruppen in Eisenach, der bei der Kieler Delegation von „Ein' feste Burg" begleitet wurde, während die Studenten aus Jena das Vaterlandslied von Ernst Moritz Arndt sangen.[30]

Es verstand sich gleichsam von selbst, daß beim Leipziger Luther-Fest von 1839 Choräle gesungen wurden. Dies geschah bei der zentralen Veranstaltung auf dem Marktplatz, wo zwei der prominentesten protestantischen Lieder, „Nun danket alle Gott" sowie „Ein feste Burg"[31] intoniert wurden. Zu beachten ist, daß – wie auch bei zahllosen anderen Festen – eine große Menge, eine ‚Volksmasse', diese vertrauten Lieder anstimmte.[32]

Das erste Fest, das einem deutschen Nationalheroen gewidmet war, wurde 1828 zu Ehren *Albrecht Dürers* in Nürnberg gefeiert. Der 300. Todestag des Künstlers löste eine nationale „Dürer-Feier-Epidemie" aus, die zu dessen „Kanonisierung zum heiligen Geist der deutschen Kunst führte."[33] Am Morgen des 6. April – Dürers Todestag, der in jenem Jahr auf den ersten Osterfeiertag fiel – traf sich eine kleine Gruppe von Festteilnehmern frühmorgens, um einen Zug zu Dürers Grab zu bilden. Dort wurde auf die Melodie des Chorals „Wie schön leuchtet der Morgenstern" ein Lied gesungen, dessen Text von dem Münchner Maler Ernst Förster stammt:[34]

Im Schlummer ruht noch rings die Welt,
Auf Stadt und Land und Wald und Feld
Liegt heil'ger Grabesfrieden.
Das mitternächt'ge Dunkel sinkt,
Das Lied der Auferstehung klingt:
„Erwacht vom Schlaf, ihr Müden!
„Jesus Christus ist erstanden!
Grabesbanden
Fesseln Keinen!
Gott wird ewig uns vereinen!"

Das Wort, das trostreich Allen klingt,
Aus tiefster Seele heut' es dringt
Hier an geweihter Stätte,
D i r , der weit über Grabeskluft
Mit mächt'ger Stimme heut' uns ruft
Zu seinem Ruhebette.
Großer Meister, bist erstanden!
Grabesbanden
Fesseln Keinen!
Gott mag uns auch D i r vereinen!

Wie hell leucht't uns D e i n reines Licht!
Wir hören, was D e i n Mund uns spricht,
Wir wollen's treu bewahren:
„Eins ist, was Gutes wirkt und schafft,
Zu jeder That lebend'ge Kraft,
Einheit schützt vor Gefahren!"
Großer Meister! Bist erstanden,
Erdenbanden
Fesseln Keinen:
Der Tag soll uns ewig einen!

Daß Dürer hier „göttlichen Rang" erhält,[35] mag zunächst befremdlich, gar blasphemisch anmuten, entspricht aber einer durchaus geläufigen Operation: daß nämlich – nach dem Modell der theologischen Typologie – „verschiedene Figuren der Geschichte miteinander kombiniert werden" können.[36] Hier sind es die ‚messianischen' Gestalten Jesus Christus und Albrecht Dürer, die ‚erlösend' und ‚vereinigend' wirken: Gemeint ist zunächst die Vereinigung der Gemeinde mit Christus im Sinne der christlichen Kirche (1. Strophe), dann die der Volks*gemeinde* mit Dürer als vorbildlichem ‚deutschem' Mann (2. Strophe), schließlich die Ver-Einigung des deutschen Volks (3. Strophe). Bemerkenswert ist, daß in der sechsten Zeile der ersten Strophe mit dem Erwachen „eine der wohl geläufigsten nationalistischen Vokabeln" ins Spiel gebracht wird: „Daß der Nationalismus etwas Universelles sein soll, obwohl er doch in großen Teilen der Welt lange, zum Teil bis heute überhaupt nicht aufgetreten ist – diesen Widerspruch löst der Nationalist, indem er argumentiert, der Nationalismus habe lediglich geschlummert."[37]

Nach dem Lied „der deutschen Künstler am Auferstehungsmorgen" und einer kurzen Ansprache rundete der Choral „Ein feste Burg" die Feier ab. Am Abend des Tages wurde vor dem Grundstein des Dürer-Denkmals ein ‚Weihegesang' vorgetragen, dessen erste Strophe lautet:

Heller, wie Fackelglanz
Leuchtet uns D ü r e r s Kranz.
Leuchtet sein Ruhm;
D ü r e r, der große Mann,
War's, der zuerst begann
Ernste Kunst, deutsche Art!
D ü r e r, Dir Dank!"[38]

Dürer wird hier als Begründer einer spezifisch deutschen – mit dem an das Stereotyp des ‚Volks der Dichter und Denker' gemahnenden Epitheton ‚ernst' charakterisierten – Kunst besungen, und zwar – wie aus dem Versmaß unzweifelhaft deutlich wird – auf die Melodie „Heil dir im Siegerkranz", die im Umfeld der Freiheitskriege von der Fürstenhuldigung „zum patriotischen Volks- und Vaterlandslied umgedeutet" wurde.[39] Säkulares Nationallied und Choral werden also, wie beim Wartburgfest, auch hier selbstverständlich nebeneinander als ‚deutsche Lieder' in den Festablauf integriert.

Zwei Aspekte, die für die folgenden Überlegungen wesentlich sind, seien hervorgehoben: (1) das Ansetzen des Beginns einer ‚deutschen Kunst' sowie (2) das Hereinragen von Mythen in die Alltagspraxis.

(1) Wenn Dürer das Verdienst zugemessen wird, „ernste Kunst, deutsche Art" zuerst begonnen zu haben, entspricht dies dem von *Hans Mommsen* beobachteten Prinzip, „bei allen Nationsbildungsprozessen bis in unsere Gegenwart hinein" sei „die Stiftung eines ‚nationalen' Geschichtsbilds, meist in Form eines Ursprungsmythos, die Regel."[40] Hier wird zwar nicht der Ursprung der Nation beschworen, sondern der Beginn nationaler Kunst, über die allerdings im 19. Jahrhundert das ‚Deutsche' in Sonderheit definiert wird. Im Falle *Dürers* kommt noch hinzu, daß dessen Zeit als eine Hochzeit deutscher Kunst betrachtet werden konnte. So ruft *Wilhelm Heinrich Wackenroder* in seinem *Ehrengedächtniß unseres ehrwürdigen Ahnherrn Albrecht Dürers* aus: „Gesegnet sey mir deine goldene Zeit, Nürnberg! die einzige Zeit, da Deutschland eine eigene vaterländische Kunst zu haben sich rühmen konnte."[41]

(2) Indem es Wackenroder gelang, „Dürer von einem Objekt historisch orientierter Sachforschung zu einer für jedermann gefühlsmäßig erlebbaren Idealfigur" zu stilisieren,[42] schuf er die Voraussetzung für einen leicht zu popularisierenden Dürer-Mythos. Der Künstler kann – wie das Fest von 1828 veranschaulicht – in einen „gesellschaftlich-politischen Verwendungszusammenhang" eingesetzt werden, nämlich als „Identifikationsfigur, um staatliche/nationale Einheit zu simulieren" bzw. zu prognostizieren. Zu einer solchen Funktionalisierung von Mythen zählt auch deren „Verankerung [...] in den alltagskulturellen Praktiken ihrer Trägerschaft (in Ritualen, Devotionalien- und Denkmalskult)."[43] Im Falle Dürers ist an Porzellan-Statuetten zu denken, die um die Mitte des 19. Jahrhunderts in *Nymphenburg* gefertigt werden: „Massenware, die auch dem kleinen Manne zu einem ‚echten' Dürer-Denkmal verhilft" – aber natürlich auch an „zunehmend in materialfremden und maßstabverändernden Nachbildungen" reproduzierte Dürer-Werke, die bereits bald nach 1830 in Umlauf kamen:[44] Die *Betenden Hände* etwa zier(t)en als Beispiel ‚deutscher Kunst' die Wände zahlloser Haushalte.

Für die „Nationalisierung der Massen"[45] ist eine derartige „Möglichkeit der Referenzialität auf Alltagspraktiken und -wissen"[46] kaum zu überschätzen, weil erst die „‚kulturelle Nationalisierung' des Alltags und der Lebenswelten"[47] den Nationalismus als Massenphänomen erklärbar macht. Der protestantische Choral unterscheidet sich von den Dürer-Beispielen dadurch, daß er selbst schon aus dem Alltag stammt, daß er selbst schon Alltagspraxis ist. Er ist bereits Ritual – und daher bestens geeignet, andere Bereiche, in denen er eingesetzt wird (z. B. Nationalfeiern), zu ritualisieren. Rituale – zu denen, zwecks Einübung, die häufige Wiederholung gehört – sind ein Mittel, Gemeinschaft zu konstruieren: „Die Form des Rituals erscheint den Teilnehmern als weitgehend alternativenlos, sie muß nicht in Hinblick auf bestimmte Ziele begründet werden, sie läßt sich aus der Perspektive der rituell Handelnden nicht verbessern oder kritisieren, und sie macht keinen Unterschied zwischen den Individuen. Rituale wie das Singen einer Nationalhymne oder das Sprechen eines Gebets sind nicht steigerungs- und fortschrittsfähig. Sie haben diese Form, weil sie diese Form haben. Gerade weil das Ritual alle Unterschiede nivelliert und der Grenzziehung zwischen Teilnehmern und Nichtteilnehmern unterordnet, eignet es sich besonders zur Konstruktion von Gemeinschaftlichkeit. Im Ritual werden Individualität und die Variationsmöglichkeiten des Diskurses latent gehalten; das Ritual erlaubt nicht nur, so zu tun, als ob keine Differenzen vorlägen, sondern schreibt dies geradezu vor. Nur eine Unterscheidungslinie zählt: die zwischen innen und außen, zwischen Teilnehmern und Außenstehenden."[48]

Richard Wagner erkannte sehr wohl die entdifferenzierende Kraft, die dem Gemeinschafts- / Gemeinde-Gesang innewohnt, und setzte sie der ausdifferenzierenden Diskussion entgegen: „Man kann annehmen, daß nun Luthers herrlicher Choral den gesunden Geist der Reformation rettete, weil er das Gemüt bestimmte, und die Buchstaben-Krankheit der Gehirne damit heilte."[49] Wie das eingangs erwähnte *Dresdner Sängerbundesfest* von 1865 belegt, scheint die Verbindung von ‚Choral' und ‚Gemüt' Allgemeingut gewesen zu sein. Wenn also große Feste „das Gefühl einer ‚Nation zum Anfassen'" vermitteln, indem sie „ihr eine psychophysische Form" geben,[50] steht der in den Festablauf verankerte Umzug für den ‚physischen', der kollektive Gesang – z. B. und insbesondere von Chorälen – für den ‚psychischen' Aspekt.

Wie selbstverständlich der Choral als nationales Symbol verstanden werden konnte, verdeutlicht *Friedrich Theodor Vischers* Feststellung, der Choral sei „eine echt deutsche Kunstform",[51] ebenso wie *Eduard Krügers* Bemerkung, katholische Komponisten müßten „des köstlichsten vaterländischen Gutes, des geistlichen Volksliedes", für immer entbehren. Im gleichen Zusammenhang identifiziert Krüger kurzerhand ‚protestantisch' und ‚deutsch': „Die deutsche Kirche also, d. i. die evangelische, hat in dem kirchlichen Volksliede, dem Chorale, ihren ersten künstlerischen Ausdruck gefunden."[52] Auch *Wagner* spricht in seiner *Beethoven*-Schrift vom „deutschen Protestantismus";[53] auch er versteht den Choral – zumal in der Kriegszeit 1870/71 – als Nationalsymbol, das er gegen neu komponierte patriotische Lieder ausspielt: „Und wenn nun gar das Philister-Liederkränzchen sich vor der Schlacht in seiner albernen Weichlichkeit breitmacht, da fragt man sich denn wohl, zu was Luther seine ‚feste Burg' einem solchen Volke geschenkt hat, wenn es ohne alle Skrupel sein ‚Rheinwachthäuschen' ihm zur Seite setzt."[54]

In Franz Brendels *Geschichte der Musik* schließlich erhält der Choral, indem er zum Ausgangspunkt der deutschen Musikgeschichte erklärt wird, eine besondere Bedeutung in der Herausbildung der ‚Kulturnation' Deutschland: Luther sei derjenige gewesen, „von welchem unmittelbar die ersten Anregungen zu einer ausgreifenden Kunstentwicklung ausgingen", dementsprechend gelangte „im protestantischen Choral [...] die harmonische Kunst zum ersten Male in Deutschland zu frischerer künstlerischer Entfaltung und trat in das Leben heraus."[55] Auch außerhalb des im engeren Sinn ‚musikinternen' Diskurses fand diese Vorstellung Verbreitung. Im Jahr 1854 – kurz nach der Erstauflage von Brendels Buch – publizierte der Historiker *Johannes Scherr* seine *Deutsche Kultur- und Sittengeschichte*, in der die Reformation und der (Luther-)Choral als Ursprung einer spezifisch ‚deutschen' – d. h. hier auch eigenständigen – Musik gefeiert wird: „Die reformistische Bewegung des 16. Jahrhunderts [...] brachte dem deutschen

Volke auch seine hohe Begabung für Musik zuerst zu klarem Bewußtsein. Bisher war, abgesehen vom Volksgesang, die musikalische Ausbildung der Deutschen von fremden Mustern abhängig gewesen. Nun aber erwuchs an der Hand des protestantischen Kirchenliedes, welches Luther mit Wort und Melodie so mächtig förderte, der deutsche vielstimmige Choral, das durch und durch nationale Produkt einer begeisterten, ihre tiefste Sehnsucht vor Gott ausströmenden Zeit."[56] Jahrzehnte später werden diese traditionsmächtigen Gedanken von Luther als ‚Begründer' einer spezifisch ‚deutschen' Musik in Thomas Manns *Betrachtungen eines Unpolitischen* aufgegriffen: Vom Reformator sei nicht nur das „deutsche geistliche Lied" gekommen, das „den gregorianischen Singsang" verdrängt habe, mit ihm habe vielmehr auch „die Erziehung der Deutschen zur Musik" begonnen; bei Luther nämlich seien „Musikalität und Religiosität [...] kaum auseinanderzuhalten", dergestalt, „daß in seiner Seele eines für das andere steht, – wie es deutsches Wesen seitdem geblieben ist."[57] Wilhelm Schwaners *Germanen-Bibel* schließlich – die an der Schwelle des 20. Jahrhunderts den Gedanken des auf die ‚Bildung der Nation' zielenden Volksbuchs aufgreift – beginnt mit einem Luther gewidmeten Abschnitt, an dessen Anfang wiederum das Lied „Ein' feste Burg" steht.[58]

Kann somit im allgemeinen die ‚kunst*religiöse* Aura',[59] die als Charakteristikum vor allem deutscher Musikauffassung im 19. Jahrhundert gilt, eine nationale Komponente enthalten, so vermag im besonderen der Choral als ‚Ikone der deutschen Nation'[60] zu wirken, zumal sich die „für den eigentümlichen Historismus des 19. Jahrhunderts" bezeichnende „geschichtliche Rechtfertigung und Legitimierung der modernen Nationalsymbole"[61] zwanglos ergab und nicht erst mehr oder minder verkrampft hergestellt werden mußte. Choräle haben mit Denkmälern die Fähigkeit gemeinsam, Geschichte mit der Gegenwart vermitteln zu können. Erinnerungskulturen – politische Kulturen einschließend – „wurzeln nicht allein in der Vergangenheit, sondern spiegeln diese Herkunft korrespondierend auch in Zeichen und Symbolen."[62] Im kollektiven Gedächtnis – zu dessen besonderen Formen das nationale Gedächtnis zählt – ist das ‚deutsche Ereignis' der Reformation gespeichert, das über „Medien oder Alltagsüberlieferungen" (z. B. Luther-Feste oder eben Choräle) erfahren werden kann: Indem „Nationalbewußtsein auf Gruppensymbole (aus unterschiedlichen Alltagsbereichen)" zurückgreift,[63] kann also der Choral im 19. Jahrhundert in Deutschland die Funktion eines Kollektivsymbols erhalten, d. h. eines Symbols „mit kollektivem Produzenten bzw. Rezipienten (insgesamt: mit kollektivem Träger)", dessen „wichtigste *soziokulturelle Funktion* [...] in der *Diskursintegration* und damit auch *Praktikenintegration*" besteht.[64] Integrativ wirkt der Choral vor allem, weil mit ihm der ‚Ursprung' einer ‚deutschen Musik' verknüpft wird.

Um möglichen Einwänden vorzubeugen, muß an dieser Stelle ein wichtiges Definitionskriterium des Symbols eingeführt werden, nämlich dessen „*Ambiguität*, d. h. Mehrdeutigkeit."[65] Ein Choral kann – vor allem außerhalb des ‚nationalen Diskurses' – anders verstanden werden, er kann natürlich auch – im Kontext der Liturgie – in seiner gottesdienstlichen Funktion aufgehen. Auch die *Betenden Hände* können als ‚frommes Motiv' ohne erkennbare nationale Mitbedeutung erbaulich wirken. Wesentlich ist allein die *Möglichkeit*, in einem bestimmten Zusammenhang auf eine bestimmte Weise erfaßt werden zu können (und zwar von einem Kollektiv). Die integrierende Leistung besteht dann z. B. darin, den ‚nationalen' und den ‚religiösen Diskurs' zu vereinigen.

*

Zum stereotypen Gebrauch des Chorals als Nationallied trägt dessen Applizierbarkeit bei. Das heißt: Aufgrund des weitgehend als bekannt vorauszusetzenden Corpus können textliche und melodische Abschnitte in einen neuen, ‚aktuellen' Zusammenhang gebracht werden. Dies kann einerseits durch Anspielungen erreicht werden. *Theodor Körner* z. B., der in einem Gedicht auf den Tod der preußischen Königin Luise die verstorbene Regentin als ‚deutsche Frau' darstellt und damit einen wesentlichen Beitrag zu deren Mythisierung leistet, alludiert in einem zweiten Text *An die Königin Luise* das Luther-Lied *Aus tiefer Not* (bzw. Psalm 130).[66]

Du Heilige! hör' deiner Kinder Flehen,	Aus tiefer not schrei ich zu dir,
Es dringe mächtig auf zu deinem Licht!	Herr Gott, erhör mein rufen.
[...]	[...]
So hast du uns den deutschen Mut gerettet.	
Jetzt sieh auf uns, sieh auf dein Volk zurück,	
Wie alle Herzen treu und mutig brennen!	Denn so du willt das sehen an,
Nun woll' uns auch die Deinen wieder nennen!	was sünd und unrecht ist getan,
	wer kann, Herr, für dir bleiben?

Luthers ‚feste Burg' klingt an, wenn 1842 – die Rheinkrise ist noch im Bewußtsein – in einer Schrift zum Neubeginn der Bauarbeiten des Kölner Doms der bereits traditionelle deutsch-französische Gegensatz folgendermaßen erfaßt wird: „So wollen wir seinem Babel eine stärkere Burg, [...] das Denkmal unserer Gedankenhoheit, das Wunder und die Blüthe deutscher Kunst, den Inbegriff des Geistes einer tiefsinnigen, gründlichen, religiösen, in *Einheit* großen, unüberwindlichen Nation [...] entgegenstellen;"[67] das alle positiven Eigenschaften ‚des Deutschen' symbolisierende Denkmal ist natürlich der Dom in Köln.

Lassen derartige Anklänge der Möglichkeit des Wiedererkennens einen gewissen Spielraum, so stellen wörtliche Zitate einen unbezweifelbaren Zusammenhang her. Nach dem Verbot der Burschenschaft 1819 z. B. dichtete *August von Binzern*, der bereits beim Wartburgfest als Autor hervorgetreten war, sein berühmtes Lied:

Wir hatten gebauet
ein stattliches Haus
und drin auf Gott vertrauet
trotz Wetter, Sturm und Graus.

Der in dieser ersten Strophe angeschlagene religiöse Ton, der mit ‚Haus' an ‚Gotteshaus' denken läßt und somit den ‚Dom der Nation'[68] konnotieren mag, wird in der abschließenden Strophe steigernd aufgegriffen, indem das Vertrauen auf den gemeinschaftlichen ‚Geist' mit einem Choral-Zitat besiegelt wird:

Das Haus mag zerfallen,
was hat's denn für Not?
Der Geist lebt in uns allen
und unsre Burg ist Gott.[69]

Gerade der zitierende Verweis auf die ‚feste Burg' konnte auf spontanes Verständnis rechnen. In der vom Schweriner Hofschauspieler *Christlieb Georg Heinrich Arresto* verfaßten mecklenburg-schwerinischen Hymne (wiederum auf die als Monarchen-Hymne und Nationallied gebräuchliche Weise *Heil dir im Siegerkranz*) etwa heißt es in der letzten Strophe:

Sei eine feste Burg
Dem teuren Mecklenburg
Künftig wie jetzt![70]

In den Kontext der Befreiungskriege gehört *Joseph von Eichendorffs* Gedicht *Die Tiroler Nachtwache*, das den Andreas-Hofer-Mythos aufgreift und das im deutsch-nationalen Kontext präsente Wald-Symbol aktiviert:

Gleichwie die Stämme in dem Wald
Woll'n wir zusammenhalten,
Ein feste Burg, Trutz der Gewalt,
Verbleiben treu die alten [...].[71]

In unserem Zusammenhang ist besonders bemerkenswert, daß der Katholik Eichendorff den protestantischen Choral heranzieht: „Die konfessionelle Bindung weicht der Bindung an die Nation."[72] Daher konnten im „Geiste gelassen anerkannter Religionsverschiedenheit" auch Katholiken an Feiern zu Ehren des ‚Deutschen' Luther teilnehmen, indem nämlich die „aktive bürgerliche Toleranz die Konfessionen als konkurrierende Religionsvereine" verstanden.[73] Wenngleich der Toleranz im späteren 19. Jahrhundert – z. B. zur Zeit des Kulturkampfes – weitgehend der Boden entzogen war, so waren überkonfessionelle Nationalfeste weiterhin möglich: Die Geschichte des Aufbaus des Kölner Doms, der bekanntlich bald nach den Befreiungskriegen zum Nationaldenkmal reklamiert wurde, zeigt die Konfessionsproblematik in brennspiegelartiger Deutlichkeit;[74] die Feier der Schlußsteinsetzung am 15. Oktober 1880 aber gipfelt im von der ‚Volksmasse' gesungenen Choral: „Nachdem [...] der Schlußstein gesetzt war, so heißt es in dem zusammenfassenden Bericht des ‚Kölner Domblatts' vom 21. Januar 1882, „brauste das Lied ‚Nun danket alle Gott' durch die Lüfte, der protestantische Choral von Tausenden von Protestanten und Katholiken gesungen vor dem gewaltigen Dom zu Köln!"[75]

Der ‚Gebrauchswert' des Chorals erschöpfte sich nicht in politischen Texten, sondern fand auch seinen musikalischen Niederschlag: Hierzu zunächst ein Beispiel aus dem Bereich des Männerchorwesens (also jenseits der ‚Hochkultur'). Die Kombination des Luther-Chorals „Ein feste Burg" mit dem patriotischen Lied „Was ist des Deutschen Vaterland", die bereits beim Wartburgfest aufgefallen war, wurde auch kompositorisch genutzt. Zu Beginn der Reaktionszeit nach 1848 wurde Julius Ottos (des langjährigen Dresdner Kreuz-Kantors) Männerchor-Zyklus *Soldatenleben* häufig aufgeführt, dessen Schlußstück den Titel „An Deutschland“ trägt. Die ersten beiden Strophen schließen mit der düsteren Frage: „Wirst nimmer du gesunden?“ Hier zitiert Otto das Vaterlands-Lied (mit der 1825 von Gustav Reichardt komponierten Melodie) in h-Moll. Am Beginn der dritten Strophe aber wird auf den Text „Mein Vaterland, mein deutsches Land, / nur jetzt noch halte muthig Stand“ das Arndt-Lied in H-Dur zitiert; nachdem prophetisch „der Freiheit Heiland“ beschworen worden ist, schließt die Strophe mit dem Choral „Ein feste Burg“, ein musikalischer Tribut an die verbreitete Überzeugung, „daß die deutsche Nation eine von Gott ausgewählte Heilsgemeinschaft sei.“[76] Der Übergang in das Choral-Zitat ist musikalisch auf besondere Weise gestaltet. Auffällig ist nämlich die Häufung von harmonischen Attraktionspunkten: Die Zeile „wenn einst der Freiheit Heiland kommt“ endet subdominantisch auf E-Dur, worauf nach einer Generalpause das Wort „dann“ auf einen mediantischen C-Dur-Quartsextakkord folgt; die Zeile „ja dann wirst du gesunden“ führt über einen G^7-Akkord, der zum doppeldominantischen Quintsextakkord mit tiefalterierter Quinte umgedeutet wird, in die Tonika zurück (auf „gesunden“). Nach einem Halbschluß mit einem Fis-Dur-Akkord setzt der Choral – wiederum mediantisch – in D-Dur ein, gegenüber den schnellen Wechseln zuvor bleibt hier jedoch die Tonart stabil.

Ein Vorbild für die mediantische Hervorhebung des Chorals konnte Otto im zitierten Vaterland-Liede selbst finden. Hier wird zwar kein bestimmter Choral zitiert, wohl aber der Typus des Chorals.[77] Nachdem in den ersten vier Strophen die Frage „Was ist des Deutschen Vaterland?“ unbeantwortet blieb, wird in der fünften die Antwort gegeben:

> Was ist des Deutschen Vaterland?
> So nenne endlich mir das Land!
> „So weit die deutsche Zunge klingt
> und Gott im Himmel Lieder singt.“
> Das soll es sein.

Der ‚Choral‘-Einschub hebt die dritte und vierte Zeile hervor; auch hier findet sich eine mediantische Rückung: Zeile 2 endet auf einem G-Dur-Akkord, Zeile 3 beginnt in Es-Dur. Die abschließende sechste Strophe ist ähnlich gestaltet – allerdings mit einem wirklichen Choral-Zitat in der zweiten Zeile des Textes:

> Das ganze Deutschland soll es seyn,
> o Gott vom Himmel sieh darein!

Nach dieser Anspielung auf Martin Luther wird – vom ‚Choral‘-Einschub musikalisch grundiert – um „ächten deutschen Muth“ gebeten, „daß wir es [Deutschland] lieben treu und gut.“

Die als „sakralisierendes musikalisches Zeichen“ charakterisierbare mediantische Rückung, deren Urbild vielleicht in Carl Maria von Webers *Gebet vor der Schlacht* (aus dem Körner-Zyklus *Leyer und Schwert*) zu finden ist,[78] wird im weiteren Verlauf häufig im Zusammenhang mit ‚Choral' auftreten.

Als Julius Ottos *Soldatenleben* 1851 beim 1. Coburger Sängertag aufgeführt wurde, lag die Erinnerung an Martin Luther gewissermaßen in der Luft: „Ihn ehrte man als Freiheitshelden, der der römischen Kirche mannhaft getrotzt hatte", wobei das historische Faktum, daß Luther einst auf der Veste Coburg Zuflucht gefunden hatte, einen unmittelbaren Bezug garantierte. Trotz der „protestantische[n] Einfärbung" wurde Ottos Chorwerk nicht konfessionell verstanden, da es „auf einer neuartigen, sich seit dem Vormärz verbreitenden Nationalreligiosität gründete, in der sämtliche Konfessionen aufgehen sollten."[79]

*

Die Symbolkraft von Chorälen ermöglicht es, durch Zitationen auch Werke der ‚Hochkunst' als Nationalwerke zu rezipieren.[80] Einen wichtigen Orientierungspunkt markiert die Wiederaufführung der *Matthäus-Passion* von Johann Sebastian Bach, die 1829 von Felix Mendelssohn in Berlin dirigiert wurde, ein Ereignis, das in weiten (nicht nur musikalisch interessierten oder gar gebildeten) Kreisen mit Anteilnahme verfolgt wurde und in dieser Breitenwirkung mit der „Entdeckung des Kölner Doms für die deutsche Geistesgeschichte" verglichen werden kann.[81] Die „Anhänger jener deutschen Kunst, die [...] in den Kreisen des gebildeten Bürgertums [...] die große Mehrheit ausmachten," konnten in der Passion „das vollkommene Gegenbild" des an französischer und ‚welscher' Musik Kritisierten erblicken.[82] Bemerkenswert ist, daß die *Matthäus-Passion* (im Gegensatz etwa zu Händel-Oratorien) gerade wegen der eingefügten Choräle „als spezifisch deutsch empfunden" wurde.[83]

Gehörte die Verwendung von Kirchenliedern in der Entstehungszeit von Bachs Passionen zu den Erfordernissen der liturgischen Praxis, so konnten diese im 19. Jahrhundert zugunsten einer national-symbolischen Rezeption ignoriert werden. Im Folgenden werden einige nicht-liturgische Werke aus dem 19. und dem frühen 20. Jahrhundert diskutiert, in denen Choräle zitiert werden.

1. Mendelssohns ‚Lobgesang' und Spohrs IV. Symphonie ‚Die Weihe der Töne'

Zum Leipziger Gutenberg-Fest 1840 steuerte *Felix Mendelssohn Bartholdy*, seinerzeit Musikdirektor der Stadt, nicht nur einen *Festgesang* für Männerchor und doppeltes Blasorchester bei, sondern ein zweites, sicherlich ambitionierteres Werk: Am zweiten Tag des Festes leitete der Komponist im Rahmen eines Kirchenkonzertes die Uraufführung seiner Symphonie-Kantate *Lobgesang,*[84] die durch das der Partitur vorangestellte Luther-Motto auch den Reformator in das Fest einbezieht.[85] Der Text, der aus der Bibel zusammengestellt ist, greift die das gesamte Fest dominierende Licht-Metaphorik auf. In der Mitte wird der Dunkelheit-Licht-Gegensatz auf den Punkt gebracht: Nr. 6 „Hüter, ist die Nacht bald hin“ – Nr. 7 „Die Nacht ist vergangen“. Nach diesem ‚Durchbruch‘ erklingt der Choral „Nun danket alle Gott“ (Nr. 8), zunächst ohne Instrumentalbegleitung im sechsstimmigen Chorsatz, dann, zur zweiten Strophe (die mit den Zeilen „Lob dem dreiein'gen Gott, / der Licht und Dunkel schied“ das zentrale Licht-Motiv wieder aufnimmt), treten Instrumente hinzu, nun aber singt der Chor einstimmig. Dieses machtvolle Unisono kann als Allusion an Gemeindegesang, im besonderen aber auch an Volksgesang aufgefaßt werden, an die für Nationalfeste übliche Praxis des gemeinsamen Singens, zumal zur Denkmal-Enthüllung (am ersten Festtag) von allen auf dem Marktplatz Versammelten der Choral „Ein feste Burg“ intoniert worden war. Ein zweiter Bezugspunkt zu dieser Feier ergibt sich aus der Verwendung des Chorals „Nun danket alle Gott“ auch im *Festgesang*. In beiden Werken steht der Choral in G-Dur. Im *Lobgesang*, dessen Grundtonart B-Dur ist, wird er also – wenn auch durch die ihn umgebenden Sätze teilweise vermittelt – tonartlich herausgehoben.[86]

Louis Spohrs *Weihe der Töne*, uraufgeführt 1832 in Kassel, war „the most frequently played of Spohr's symphonies during his lifetime and remained in the active repertoire in both Europe and the United States until the close of the nineteenth century.“[87] Der Symphonie ist ein Gedicht von Carl Pfeiffer vorangestellt, „dessen Inhalt der Componist in Tönen wiederzugeben versucht hat.“ Die von Spohr verfaßte „Inhaltsandeutung“, die auf Programmzetteln abgedruckt werden soll, lautet für die beiden letzten Sätze:

„Dritter Satz.. Kriegsmusik. Fortziehen in die Schlacht. Gefühle der Zurückbleibenden. Rückkehr der Sieger. Dankgebet.

Vierter Satz. Begräbnissmusik. Trost in Thränen.“

Der ‚Inhalt‘ des dritten Satzes wird von Spohr musikalisch umgesetzt, indem er zunächst den Typus ‚Marsch‘ heranzieht, der ohne weiteres (d. h. auch ohne programmatische Andeutungen) mit kriegerischem Geschehen verbunden werden kann. Auf den D-Dur-Marsch (dessen Mittelteil hier vernachlässigt werden darf) folgt – nach einer kurzen Überleitung – der auch in der Partitur als solcher bezeichnete „Ambrosianische Lobgesang“. Das Dankgebet, das „als Choralbearbeitung gestaltet“ ist,[88] kontrastiert in verschiedener Hinsicht den vorhergehenden Marsch, neben anderem durch die Tonart B-Dur, die sich zur Marsch-Tonart mediantisch verhält.

Die „Begräbnissmusik“ (Larghetto) des Schlußsatzes beginnt in f-Moll; die Tonart wendet sich beim Zitat des – ebenfalls in der Partitur eigens vermerkten – Chorals „Begrabt den Leib“ nach As-Dur. Ähnlich dem dritten Satz leiten wenige Takte vermittelnd zum F-Dur des abschließenden Allegretto. In beiden Sätzen also ist das Choral-Zitat tonartlich vom Kontext durch Terzbeziehungen abgehoben.

Pfeiffers Gedicht enthält keinen unmißverständlichen Hinweis auf Nebenbedeutungen in Richtung Nationalismus, ebensowenig die verknappte Inhaltsandeutung des Komponisten, beide Texte schließen eine solche aber auch nicht aus.[89] Bemerkenswert jedoch ist das Zusammentreffen von zwei Elementen, nämlich: *Sieg mit Dankgesang – Trauergesang*. Das Nebeneinander von Siegesfest und Trauerfeier gehört zu den Konstanten des nationalen Diskurses von den Befreiungskriegen an. Ernst Moritz Arndt z. B. bezeichnet die Feier zum 18. Oktober (Völkerschlacht) als „Siegesfest“ und fordert in direktem Anschluß „auch ein Trauerfest, [...] ein ernsteres, stilleres, das auch zur Tugend ermahnte, wir sollten einen Tag feiern der edelgefallenen Toten, der Männer, die sich im großen Sinne dem Vaterlande als Opfer dargebracht haben."[90] Die Verbindung *Freude (über den Sieg) – Trauer (über die Gefallenen)*[91] konnte also von den zeitgenössischen Hörern der Spohr-Symphonie aktualisiert werden, wozu die Choral-Zitate Hilfestellung zu geben vermochten. Das *Tedeum* war – wie erwähnt wurde – einer der Dankgesänge bei den beispielgebenden Nationalfesten von 1814. Der Choral „Begrabt den Leib" zählte zumindest in der ersten Hälfte des 19. Jahrhunderts zu den bekanntesten Begräbnis-Liedern: Es wurde vielerorts am Grab als Gemeindegesang vorgetragen – als ‚Volksgesang' also, weshalb die Herausgeber des *Deutschen Liederhorts* diesen Choral „den Volksliedern im weiteren Sinne einreihen" konnten.[92]

Die Choral-Zitate tragen sowohl in der Spohr-Symphonie als auch in Mendelssohns *Lobgesang* unmittelbar zum Eindruck des ‚Erhabenen' bei: „Das Erhabene [...] ist diejenige [...] ästhetische Kategorie, durch die im 19. Jahrhundert das Sakrale bzw. die sakrale Musik [...] in der säkularen Musik aufgehoben werden konnte."[93] ‚Erhabenheit' evoziert in Mendelssohns Komposition zudem der geistliche Text und in der Symphonie *Die Weihe der Töne* der Titel, ferner ein kompositorisch-‚dramaturgisches' Detail: Die Schlußsätze zeigen nämlich die im 19. Jahrhundert tendenziell zu beobachtende Wandlung „vom obligatorischen Allegro-‚Kehraus' nach und nach zu immer langsameren, würde- und weihevollen hymnischen Sätzen."[94] Nicht ohne Grund dürfte Spohr dem ‚schnellen' Abschnitt des Finalsatzes seiner Symphonie die gleiche Tempo-Bezeichnung gegeben haben wie Beethoven in seiner *Pastorale* dem abschließenden *Hirtengesang* (Allegretto); ein ‚Kehraus' wäre als Fortsetzung der „Begräbnissmusik" nicht stimmig und somit dem Werk kaum adäquat gewesen. In ähnlicher Weise schließt Mendelssohn den *Lobgesang* – nach einer Stretta – mit einigen *Maestoso*-Takten, die den Beginn des Werkes (mit ‚erhabenen' Posaunen) abrundend aufgreifen.[95] Das ‚Weihevolle' steht ein für den ‚kunstreligiösen' Bereich, der sich mit dem Bereich des ‚Nationalreligiösen' zwanglos verschränken läßt, denn im 19. Jahrhundert tendiert „der Begriff des Erhabenschönen [...] zum Numinos-Religiösen": Im politischen Kontext der Jahrzehnte nach den Befreiungskriegen wurde das Erhabene explizit mit dem „Kampf um die Freiheit" verbunden.[96] Die Gattung Symphonie wiederum wurde übereinstimmend als spezifisch deutsche Leistung aufgefaßt: „Die Symphonien in ihrer ganzen Herrlichkeit sind unser, sind teutsch."[97] Der mögliche Symbolgehalt (auf Identitätsstiftung zielend) wird in der zweiten Hälfte des 19. Jahrhunderts offenbar vorausgesetzt; Eduard Hanslick z. B. schreibt, indem er ebenso selbstverständlich den ‚Symphoniker schlechthin' in die Konstruktion einbezieht (wenn auch in ironischer Brechung): „Das deutsche Volk", erkenne „sich gern in dem idealen Spiegel der *Beethoven'schen* Symphonien" wieder.[98]

2. Wagners ‚Kaisermarsch', Brahms' ‚Triumphlied' und Lachners ‚Suite No. VI'

Die Ereignisse der Jahre 1870/71 schwemmten in Deutschland eine Flut patriotisch-begeisterter Kompositionen auf den Markt. Auch ‚seriöse' Komponisten standen nicht abseits. *Richard Wagner* komponierte einen *Kaisermarsch*, und der schon zu Lebzeiten als Antipode Wagners rezipierte *Johannes Brahms* schrieb sein *Triumphlied*, das er „Seiner Majestät dem Deutschen *Kaiser Wilhelm I.* ehrfurchtsvoll" zueignete. Lassen Wagners Marsch und Brahms' Chorwerk schon durch die Titelgebung außermusikalische Bezüge zu den Zeitereignissen zu, so gilt dies nicht für *Franz Lachners Suite No. VI.* So unterschiedlich das Image der drei Komponisten war und ist, so verschieden sicherlich auch die Werke sind (sowohl hinsichtlich der Besetzung als auch des Anspruchs), eines ist ihnen gemeinsam: das Aufgreifen eines Chorals.

Richard Wagner zitiert den Luther-Choral „Ein feste Burg", der – so ist gemäß der ‚Geschichte' des Chorals im 19. Jahrhundert anzunehmen – mehr bedeutet als lediglich eine „ostentative Verbeugung vor dem preußischen Protestantentum."[99] Statt von einer vergleichsweise unverbindlichen Reverenz sollte man von einem kollektiven – d. h. auch: auf stereotypem Gebrauch fußenden – Nationalsymbol sprechen, zumal sich „die Nationalstaatsidee [...] in Deutschland vor allem aus dem Protestantismus" speiste und „die Staatssymbolik des Kaiserreichs vor allem anfangs kräftige Spuren eines exklusiv protestantischen Reichsbewußtseins" zeigte.[100]

Das erste Auftreten des Chorals wird von Wagner auf eine Weise gestaltet, die an eine bereits bekannte kompositorische Strategie anknüpft: Nachdem die Grundtonart B-Dur durch den Ostinato B-F geradezu petrifiziert zu sein scheint, erreicht Wagner – umso auffälliger – vermittels einer phrygischen Kadenz A-Dur; die folgende Generalpause unterstreicht die ‚Doppelpunkt'-Funktion. Mit einem g-Moll-Akkord beginnend, folgt nun die erste Choral-Zeile – wiederum in der Tonart B-Dur, die sich an den vorhergehenden Marsch-Abschnitt nahtlos gefügt hätte, durch die Ausweichung mit Hilfe der phrygischen Kadenz aber tonartlich abgesetzt wird (um eine Quart aufwärts transponiert, wiederholt Wagner 19 Takte später das Zusammentreffen von phrygischer Kadenz und Choral-Zitat).

Der Marsch schließt mit einem – von Wagner komponierten und textierten – einstimmigen „Volksgesang" („Heil, Heil dem Kaiser!"), der nur auszuführen ist, „wenn durch eine geeignete Veranstaltung dem Publikum die Teilnahme an demselben ermöglicht werden kann."[101] Die vokale Ausführung der Coda soll „besonderen, festlichen Veranlassungen" vorbehalten bleiben; zu denken ist an Nationalfeste, an deren Praktiken Wagner hier anknüpft: Das Nebeneinander von Choral und ‚neuer Hymne' steht dafür ebenso ein wie Wagners Vorschrift, die „vorbereiteten Sänger dürften [...] nicht auf der Bühne oder dem Konzertorchester auftreten, sondern sie müßten unter dem Publikum, welchem andererseits der Text mit den Gesangsnoten zugestellt sein würde, zweckmäßig verteilt sein." Wagner ‚inszeniert' also den ‚spontan' angestimmten ‚Volksgesang': Die Trennung von Ausführenden und Publikum ist aufgehoben, *eine* Gemeinschaft trifft sich im hymnischen Unisono.[102] – Daß der *Kaisermarsch* nicht sang- und klanglos aus dem

Bewußtsein verschwand, belegt eine zu Beginn des Ersten Weltkriegs publizierte *Kriegslieder*-Sammlung, in der nicht nur die Choräle *Nun danket alle Gott* und *Ein feste Burg* enthalten sind, sondern auch der Wagnersche *Volksgesang*.[103]

Johannes Brahms zitiert im zweiten Satz seines *Triumphlieds* den Choral „Nun danket alle Gott".[104] Zunächst läßt er zum Text „Lasset uns freuen und fröhlich sein und ihm Ehre geben" den Choral instrumental anklingen, bevor am Schluß des Satzes die zweite Choralzeile erst vom Sopran, dann vom Baß des ersten Chores aufgegriffen wird. Als das Werk 1895 zur Eröffnung der neuen Zürcher Tonhalle aufgeführt wurde, waren für Brahms die Ereignisse im Zusammenhang der ‚Reichsgründung' offenbar noch lebendig. Der mit Brahms eng befreundete *Joseph Viktor Widmann* erinnert sich: „Beim Heimweg vom Konzert" fragte Brahms „unter anderem, ob ich es auch recht heraus gehört hätte, wie im zweiten Chor [sc. im zweiten Satz] bei der anklingenden Melodie ‚Nun danket alle Gott' gleichsam mit allen Glocken Sieg geläutet werde, und ein festliches Tedeum über die Lande sich schwinge."[105]

Die Uraufführung des ersten Satzes des *Triumphlieds* fand bekanntlich am 7. April 1871 im Bremer Dom statt, an eine Aufführung des *Deutschen Requiems* anschließend. Das Konzert war „ausdrücklich dem Gedenken der im Kriege Gefallenen" gewidmet.[106] Die Reihenfolge *Requiem – Triumphlied* steht für die bei der Spohr-Symphonie bereits diskutierte Verbindung von Trauer- und Jubelfeier ein, die von den Brahms-Zeitgenossen als erprobte ‚künstlerische Antwort' auf die Zeitereignisse wahrgenommen zu werden vermochte. Denn der von *Arndt* angesprochene Zusammenhang von Totengedenken und Freudenfest wurde während des deutsch-französischen Krieges aktiviert: *Carl Schwarz* z. B. predigte am Sonntag nach dem Sieg bei Sedan, das Siegesfest sei „zugleich ein T o d t e n f e s t und soll der dankbaren Erinnerung derer, die im heiligen Kampfe für das Vaterland [...] todesfreudig niedergesunken sind, geweihet sein."[107] Auch hier geht es nicht primär um die Frage nach der Intention des Komponisten,[108] sondern um eine Rezeptions-Möglichkeit, die ein Werk oder auch eine Aufführung offeriert. Daß aber durchaus ein ‚innerer Zusammenhang' zwischen den beiden Chorwerken von *Brahms* besteht, mag folgende Beobachtung belegen. Das *Deutsche Requiem* läßt – vor allem hinsichtlich der Textgrundlage – eine deutliche Abhängigkeit von *Hermann Küsters* Oratorium *Die ewige Heimath* (1861) erkennen: „Bis auf kleinere Ausnahmen" sind „die Texte praktisch der gesamten Eröffnungspartie Küsters ins *Deutsche Requiem* eingegangen."[109] Es dürfte kaum überraschen, daß auch der Text des *Triumphlieds* teilweise dem Küsterschen Oratorien-Text nahe steht, wie folgende Synopse zeigt.

KÜSTER[110]	BRAHMS
Zweiter Theil. (Jüngstes Gericht.) (Erwartung) *Nr. 12. Chor der himmlischen Heerschaaren.*	*I. Satz*
Amen, Hallelujah! Denn der allmächtige Gott hat das Reich eingenommen. Wahrhaftig und gerecht sind seine Gerichte. *(Offenb. 4,6.)*	Halleluja! [...] Denn wahrhaftig und gerecht sind seine Gerichte. *II. Satz* [...] Denn der allmächtige Gott hat das Reich eingenommen. [...]
Nr. 17. Recitativ. *Ein Cherub. (Altstimme.)*	*III. Satz*
Er tritt die Kelter des Weins des grimmigen Zorns und wird die Heiden regieren mit der eisernen Ruthe. *(Offenb. 19,15)*	[...] Und er tritt die Kelter des Weins des grimmigen Zorns des allmächtigen Gottes.

Übernimmt man die Überschriften, die Hermann Küster den enstprechenden Abschnitten seines Oratoriums gegeben hat, so ist die Abfolge der beiden Brahms-Chorwerke zu beschreiben als *Trauer und Trost – Jüngstes Gericht*, das auf die katastrophale Niederlage Frankreichs gegen die ‚triumphierenden' Deutschen bezogen werden konnte.

„Der poetische Plan von Lachners sechster Suite (C dur) steht mit dem deutschen Kriege von 1870-71 im Zusammenhang," stellt Hermann Kretzschmar in seinem *Führer durch den Konzertsaal* lapidar fest.[111] Der militärische Habitus des dritten Satzes, einer Gavotte, „welche hereinfährt wie ‚Ziethen aus dem Busch'", dürfte auch auf den Einsatz der zuvor nicht beschäftigten Piccoloflöte zurückzuführen sein. Das Finale bezeichnet Kretzschmar als einen „der bedeutendsten Tribute, welche die Musik jener Zeit dargebracht" habe. Mit seinem Untertitel – *Trauermarsch und Festmarsch* – spielt das Finale bereits verbal auf das Miteinander von Toten- und Jubelfeier an. Die Trauermusik ist folgendermaßen aufgebaut.[112]

Bei der vom Komponisten ausdrücklich als „Choral" ausgewiesenen Melodie handelt es sich um „Ein feste Burg", in Kretzschmars *Führer* selbstverständlich – d. h. ohne eine Erläuterung für notwendig zu erachten – als „Heldenchoral" bezeichnet. Die Instrumentierung mit unisono geführten Bläsern erinnert an die Zitate in Spohrs *Weihe der Töne* (sie läßt sich aber weit früher nachweisen).[113] Auffällig ist wiederum der mediantische Beginn des Chorals in As-Dur, nachdem der erste Teil des Trauermarsches in C-Dur geendet hatte.

1. *Adagio* (T. 1-25)	c	4/4	*Einleitung*: Wechsel von Trauermarsch-Antizipationen und „Recitativo"-Abschnitten (mit Solo-Oboe, -Klarinette und -Flöte)
2. *Andante maestoso* (T. 26-78)	c	4/4	*Trauermarsch*: Schluß mit einem C-Dur-Akkord (hohes Holz + Pauke)
3. (T. 79-132)	As	4/4	*Trio*: „Choral" in Halben und Vierteln (je 2 Klarinetten bzw. Oboen und Hörner unisono), eingebettet in einen motivisch ausgearbeiteten Streichersatz (Achtel und Sechzehntel); zwei rhythmisch und klangfarblich kontrastierende Zeilenzwischenspiele (Flöten + Oboe[n]; Triolen); am Schluß modulierende Überleitung
4. *a Tempo* (T.133-163)	c	4/4	variierte Reprise des *Trauermarsches*

Das Zusammenwirken der beschriebenen Mittel ist die Grundlage für die von Kretzschmar hergestellte Beziehung der Suite zu den Ereignissen von 1870/71. Die eindeutige Semantisierung des Luther-Liedes als ‚Heldenchoral' dürfte dieser Deutungs-Möglichkeit ebenso zuträglich gewesen sein wie die tradierte Verbindung von Trauermärschen mit ‚hoher Politik'.[114] Daß sich die Deutung mit der Intention des Komponisten trifft – Lachner schrieb in einem Brief vom 28. September 1871, auch ohne Programm könne „doch jeder die Unterbreitung der neuesten großen Ereignisse herausfühlen"[115] –, ist in diesem Fall zufälligerweise nachweisbar. Eine notwendige Beziehung zwischen der Absicht des Autors und der Werk-Rezeption besteht aber nicht; entscheidend für Kretzschmars Auslegung ist die Deutungsmöglichkeit bestimmter musikalischer ‚Charaktere' – an deren Konstituierung das Choral-Zitat beteiligt ist – in Verbindung mit einem bestimmten historischen Kontext.

3. Choral als Stilzitat: Wagners ‚Meistersinger' und Brahms' 1. Symphonie

Das Erinnerungsbuch an die Nürnberger Dürer-Feier 1828 beginnt mit einem Gedicht Max von Schenkendorfs:

> Wenn einer Deutschland kennen
> Und Deutschland lieben soll,
> Darf man ihm Nürnberg nennen,

Der edlen Künste voll;
Die nimmer nicht veraltet,
Die treue, fleiß'ge Stadt,
Wo D ü r e r s Kunst gewaltet,
Und S a c h s gesungen hat.[116]

Neben den in dieser ersten Gedichtstrophe mit Nürnberg verbundenen Stereotypen der Treue und des Fleißes werden zwei Künstler aus Nürnbergs – und Deutschlands – ‚goldener Zeit' beschworen. Unmittelbar folgt ein weiteres, *Nürnberg* überschriebenes Gedicht, dessen Autor mit „v. Wessenberg" angegeben ist; am Ende wird Nürnberg als „d e u t s c h e S t a d t" gefeiert.[117] Grundlage für diese Rezeption war, daß sich „keine andere deutsche Stadt [...] im 19. Jahrhundert so nachhaltig mit ihrer baukünstlerischen Vergangenheit auseinandergesetzt" hat: „Die gesamte Stadt, zumindest in ihren charakteristischen Partien, galt als ein einzigartiges Denkmal deutscher Kunst und Geschichte"; daher war im 19. Jahrhundert – und zwar schon in den 1810er Jahren – „Alt-Nürnberg" ein „allbekannter Topos", der bestimmte Vorstellungen einer als spezifisch deutsch verstandenen Architektur visualisierte.[118]

Der Beginn der *Meistersinger von Nürnberg* codiert das Nationale also gleich mehrfach: Man sieht Nürnberg, die ‚deutsche Stadt', man befindet sich im ‚deutschen' 16. Jahrhundert, man hört einen ‚deutschen' Choral.[119] Ähnlich verhält es sich mit der Schlußszene, der sogenannten *Festwiese*, die im „ferneren Hintergrunde die Stadt Nürnberg"[120] noch sichtbar läßt: Der Aufzug der Zünfte erinnert an historische Festumzüge, die sich im 19. Jahrhundert in Deutschland großer Beliebtheit erfreuten, zumal „die Epoche, die im historischen Festzug am häufigsten vorgeführt wurde und die in den Festzugprogrammen den weitesten Raum einnahm [...] das Zeitalter der deutschen *Renaissance*, das heißt [...] – um mit *Leopold von Rankes* historischem und *Wilhelm von Kaulbachs* künstlerischem Hauptwerk zu sprechen – das ‚Zeitalter der Reformation'" war.[121] Das Grußlied des Volkes an *Hans Sachs* schließlich, „Wach auf! Es nahet gen den Tag", greift auf ein Lied aus Sachsens *Die wittembergische Nachtigall* zurück, in dem der Reformator *Luther* geehrt wird.[122]

In *Wagners* Bühnenwerk sind die Stilzitate als Zutat im Sinne des Strebens nach gattungstypischer *couleur locale* verstehbar (wobei das ‚Lokalkolorit' sich allerdings auf einen spezifisch ‚deutschen Ort' bezieht). In symphonischer Literatur dagegen ist ein Choral – wenn nicht dessen Verwendung durch ein Programm naheliegt – in jedem Fall eine ‚freie' Zutat. In Brahms' *Erster Symphonie* wird „außermusikalisch besetztes Material gelegentlich fast plakativ eingesetzt"[123]: Zu denken ist in erster Linie an die Gestaltung des Finalsatzes, in dem Alphornruf als Verweis auf ‚Natur' und direkt anschließendes Choral-Stilzitat[124] – die Sphäre des ‚Heiligen' konnotierend – den entscheidenden ‚Durchbruch'[125] markieren, der das anschließende *Allegro* ermöglicht.

Anklänge an den Sakralbereich können in diesem Werk allerdings schon früher wahrgenommen werden: *Max Kalbeck* erkennt in der – zweifellos ‚choralartigen' – Ges-Dur-Episode in der Durchführung des ersten Satzes „mit Vergnügen den Schluß des Chorals ‚Ermuntre dich, mein schwacher Geist'";[126] den Mittelteil des Adagios nennt

Kalbeck „gleichsam das Choralvorspiel zu der heiligen Feier [...], welche die Wiederholung des Hauptsatzes entrollt."[127] Auch wenn man diese Einschätzungen nicht teilt: Kalbecks Äußerungen stehen ganz auf der Basis der kunstreligiösen Ansprüche, die an eine ‚deutsche Symphonie' gestellt wurden. Die Sphäre des Sakralen ist also bereits exponiert, wenn in der Einleitung des Finales der ‚Choral' – übrigens durch den A-Dur-Beginn harmonisch vom C-Dur-Umfeld abgehoben – im Verein mit dem Alphorn-Ruf wie „ein Doppelpunkt vor dem zu Textunterlegungen förmlich einladenden Freudenhymnus" wirkt.[128] *Kalbeck* besitzt von dem imaginären Text konkrete Vorstellungen: „Die sechzehntaktige Melodie trägt den angeborenen Adel ihrer Gesinnung auf der Stirn; sie ist ehrlich, gesund, kräftig, zuverlässig und treu wie der Kern des Volkes, dem sie entstammt, und wäre wert, zu einer allgemeinen patriotischen Angelegenheit gemacht zu werden. [...] Der Dichter, der einen ihr adäquaten Text erfände, könnte uns eine Nationalhymne schenken."[129] Bemerkenswert ist, daß gerade ein Choral-Stilzitat die ‚Hymne' einleitet (bzw. umrahmt: Der Choral steht im Mittelpunkt der abschließenden Stretta des Finales). Zwar kann die Intention des Komponisten nicht verifizierbar rekonstruiert werden,[130] viel wichtiger aber ist, daß – nicht zuletzt aufgrund der Geschichte des Chorals im 19. Jahrhundert – die c-Moll-Symphonie von *Brahms* als ‚Kunstwerk im deutschen Sinne' rezipiert werden *konnte*. Dies wiederum ist Voraussetzung dafür, daß Jahrzehnte nach Kalbeck *Brahms* im Rahmen eines historischen Rundumschlags in eine Reihe mit *Bach*, *Dürer*, *Luther* und *Bismarck* gestellt wurde: „Das Volkslied und der Choral Luthers sind die Grundlagen, auf denen sich der Bau erhebt, in dessen Fundamenten die Größe der Kunst eines *Bach*, *Händel*, *Haydn*, *Mozart*, *Beethoven*, *Schumann*, ja eines *Palestrina* enthalten ist. [...] Dieser Bismarckdeutsche [i. e. Brahms] war einer von jenem Geschlechte, dem die Gotiker, dem *Dürer*, *Luther* und *Bach* entsprossen. Die formvollendete Erhabenheit seiner Sinfonien birgt dieses Wesenseigene, dem wir die ‚betenden Hände' Dürers, die Passionen Bachs und aber auch die mannhafte Tat *Luthers* verdanken."[131]

Zur Bestimmung des Zusammenhangs von „Nationalidee und großer Symphonie" wurde von *Siegfried Oechsle* jüngst ein „musikalisch-stoffliches fundamentum in re" eingefordert,[132] auf dessen Basis erst ein musikalisches Kunstwerk dem Bereich des Nationalen zugewiesen werden könne. Die bisherigen Überlegungen werden vielleicht zu der Vermutung Anlaß geben, der protestantische Choral spiele eine derartig „fundamentierende" Rolle. In der Tat vermag der Choral als Kollektivsymbol sein Umfeld im Sinne des deutsch-nationalen Diskurses zu semantisieren. Allerdings sei vor irreführenden Vereinfachungen gewarnt. Zum einen erschöpft sich das Corpus der ‚deutschen Symphonik' keinesfalls in Werken mit mehr oder minder deutlichen Choral-Anklängen oder gar -Zitaten. Zum anderen ist auf ein grundlegendes Problem hinzuweisen: Die nationale Identitätsfindung ist als Konstruktionsprozeß zu verstehen, bei dem die nationale Zugehörigkeit in der „Teilhabe an einer gemeinsamen symbolischen Kultur" gründet, „die – aus der Sicht der Teilnehmer – als einzigartig und unveräußerlich gilt. Der Aufstieg der Nationen geschieht hier durch die symbolische Ausdifferenzierung einer nationalen Kultur, einer Hochliteratur und einer klassischen Periode in der Geschichte von Literatur, Musik und Kunst.“[133] Die Nation als ‚vorgestellte Gemeinschaft‘ wird „diskursiv konstruiert und in Diskursen vermittelt, und zwar in erster Linie in Erzählungen der Nationalkultur“; daher ist nationale Indentität als „das Produkt von Diskursen“ zu verstehen.[134] Wenn also von ‚deutscher Symphonik‘ – als einem wichtigen nationalkulturellen Element – gesprochen wird, bewegt man sich auf der Ebene des Behauptens (bzw. Konstruierens), und ein benennbares, etwa durch Stileigentümlichkeiten oder gar Zitate auf den Begriff zu bringendes ‚fundamentum‘ würde Gefahr laufen, sich als wenig spezifisch zu erweisen und somit die Zufälligkeit der Behauptung kenntlich zu machen: „Kollektive Identität hat gerade den Umstand zu verbergen, daß sie selbst sozial konstruiert wurde.“[135] Das Aufstellen von „Merkmalsrastern“ dagegen – auf das Oechsles Forderung zielt – geht von klar bestimmbaren nationalen Eigentümlichkeiten aus und verweist daher auf das „ontologisierende Konzept“ von Nation[136] bzw. auf eine „ontologisierende Auffassung von nationaler Identität“, der es um „Identitätserschließung“ geht[137] und die somit methodisch hinter die aktuelle Stereotypforschung zurückfällt.[138]

*

In seiner Dissertation von 1853 erklärt *Friedrich Chrysander* Choräle und Volkslieder für ununterscheidbar,[139] und *Richard Wagner* sieht die Grenze zwischen Volkslied und Choral fließend: „In Wahrheit trägt auch die künstlerische Konstruktion des Chorals ganz den Charakter deutscher Kunst; die Neigung des Volkes zum Liede findet man in den kurzen und populären Melodien des Chorals beurkundet, von denen manche auffallende Ähnlichkeit mit anderen profanen, aber immer kindlich frommen Volksliedern haben.“[140] Offenbar sprechen *Chrysander* und *Wagner* eine verbreitete Ansicht aus, denn seit dem 19. Jahrhundert finden sich ausgewählte Kirchenlieder (in geringerem Maße auch Lieder aus der katholischen Liturgie) in ‚weltlichen‘ Anthologien. Ludwig Erk und Franz Magnus Böhme rechnen das Lied „Nun danket alle Gott“, „bei allen Dankfesten vom Volke angestimmt und im Volksmund lebend, [...] zu den geistlichen Volksliedern.“[141] Böhme nennt „Ein feste Burg“ ein „wahres Volkslied“ und bezeichnet es als „Dr. Luthers Glaubens- und Heldenlied.“[142]

Eine bemerkenswerte Variante des Zusammenhangs von Choral und Volkslied finden wir in einer Sequenz des *Buddenbrook*-Romans von *Thomas Mann*, in der deren Verbindung zwar ironisch verfremdet, gerade dadurch aber auch bestätigt wird. Zum 100jährigen Geschäftsjubiläum wird *Konsul Buddenbrook* überraschend ein Ständchen gebracht, dessen Musikzusammenstellung vom Autor umsichtig arrangiert ist: „Es beginnt mit dem Chorale ‚Nun danket alle Gott‘, dem alsbald eine Paraphrase über Offenbachs ‚Schöne Helena‘ folgt, worauf zunächst ein Potpourri von Volksliedern erklingen wird ... Es ist ein ziemlich umfangreiches Programm.“[143] Die Kombination von Musik, die im Lauf des 19. Jahrhunderts zunehmend stärker als Konkretisierung stereotyp gebrauchter Nationalcharakter-Gegensätze in Beschlag genommen wurde – indem nämlich Jacques Offenbach als Exponent eines angeblich frivolen Franzosentums rezipiert wurde[144] – , erscheint allenfalls dem Unkundigen harmonisch, dem nationalbewußten Bildungsbürger aber ist es ein Kontrapunkt sich gegenseitig ausschließender Musikwelten.

In Sammlungen, deren Titel nicht zwingend auf die Aufnahme geistlichen Liedgutes schließen lassen, werden Choräle zuweilen in bemerkenswert titulierte Gruppen eingeordnet. Im *Kommersbuch* wird der Choral „Ein feste Burg" in die „Vaterlandslieder" eingereiht. Der um die Wende zum 20. Jahrhundert verbreitete *Musikalische Hausschatz* vereint „Ein feste Burg" und Webers „Gebet vor der Schlacht" in der Rubrik „Erbauungslieder". Das *Deutsche Volksgesangbuch*, das 1868 mit dem Haupttitel *Germania* publiziert wurde, enthält sowohl „Nun danket alle Gott" als auch „Ein feste Burg". Beide Lieder sind auch in die 1914 von Georg Richard Kruse edierten *Kriegslieder* aufgenommen.[145] Besondere Aufmerksamkeit verdient die ebenfalls 1914 publizierten Anthologie mit dem Titel *Jung Deutschland auf der Wacht! Vaterlandslieder und Armeemärsche*, die „in ganz leichter Bearbeitung von M. P. Heller" dem Klavier spielenden Dilettanten zugänglich gemacht werden. Selbstverständlich – und offenbar ebenso selbstverständlich vom anvisierten ‚breiten Publikum' akzeptiert – wird die Gruppe *Choräle und geistliche Lieder* den titelgebenden ‚Vaterlandsliedern' subsumiert;[146] im einzelnen handelt es sich um die Lieder *Ein' feste Burg*, *Es ist bestimmt in Gottes Rat*, *Ich bete an die Macht der Liebe*, *Nun danket alle Gott*, *Vater, ich rufe dich* sowie *Wir treten zum Beten.*

Das Neben- und Miteinander von weltlichen und geistlichen ‚Vaterlandsliedern' – die Vermischung von Säkularem mit Sakralem ein weiteres Mal illustrierend – charakterisiert auch *Max Regers ‚Vaterländische Ouvertüre'* op. 140, die zu Beginn des Ersten Weltkriegs entstand. Der Komponist greift „Nun danket alle Gott" auf und arbeitet drei weitere Zitate ein, nämlich die vaterländischen Lieder „Ich hab mich ergeben", die „Wacht am Rhein" sowie das „Deutschland-Lied". Regers erklärtes Ziel war es, „so populär als nur möglich" zu sein, wobei die Kombination der vier Melodien am Schluß des Werkes die nationale Breitenwirkung garantieren sollte.[147] Zweifellos waren diese vier Lieder äußerst populär und sie wurden mit der aktuellen Zeitsituation verbunden: alle diese vier Lieder sind auch in der Sammlung *Jung Deutschland auf der Wacht!* enthalten. Am Ende der *Vaterländischen Ouvertüre* greifen die religiöse und die nationale Komponente kompositionstechnisch ineinander: Nachdem die vier Lieder kontrapunktisch miteinander verflochten worden sind – der Choral erhält die Funktion eines cantus firmus – , geht die letzte Zeile des Chorals unmittelbar in das Zitat der „Wacht am Rhein" über.[148]

Wie sehr Reger am Miteinander von Choral und (weltlichem) Vaterlandslied gelegen war, belegt seine Orgel-Komposition *Siegesfeier*, die den im Winter 1915/16 entstandenen *Sieben Stücken* op. 145 zugehört. Hier beschränkt sich Reger – sicher auch mit Rücksicht auf den kleineren Umfang des Stücks – auf zwei Zitate, wiederum den Choral „Nun danket alle Gott" sowie das *Deutschland-Lied.* Die Lieder werden allerdings nicht wie in der Orchester-Ouvertüre simultan kombiniert. Das Werk gliedert sich in drei Abschnitte. Im ersten Teil (29 Takte) hört man inmitten lebhafter Figuren nur lockere Anklänge an den Choral; im zweiten Teil (ebenfalls 29 Takte) wird der Choral im Fortissimo präsentiert („maestoso"), zwischen den Zeilen erklingen kontrastierend Figuren, die aus Teil 1 bekannt sind, bis unmittelbar nach der letzten Choral-Zeile das *Deutschland-Lied* – ebenfalls „maestoso" – einsetzt (Teil 3, 23 Takte) und bis zum Schluß nicht unterbrochen wird. Ergibt sich in der Ouvertüre eine Schlußsteigerung, indem Reger die vier Zitate auf vielfältige Weise verknüpft, so setzt der Komponist an das Ende der *Siegesfeier* eine mit anderen Mitteln gestaltete Steigerung: Das *Deutschland-Lied* wird (ab T. 64) in den Außenstimmen als Kanon gespielt.

Reger verbindet also in beiden Werken das Zitieren von Nationalgesängen mit kontrapunktischen Künsten, die ihrerseits auch als ‚deutsch' aufgefaßt zu werden vermochten.[149] *Julius Langbehn* z. B. behauptet in seinem um die Jahrhundertwende viel gelesenen Buch *Rembrandt als Erzieher*: „die Fuge ist eine speziell deutsche Musikform"[150], eine Aussage, die gerade deshalb auffällt, weil Musik in Langbehns Pamphlet eine untergeordnete Rolle spielt. *Thomas Mann* wiederum scheint Kompositionen wie die *Vaterländische Ouvertüre* oder die *Siegesfeier* gewissermaßen ‚vor Ohren' gehabt zu haben, als er in seinen *Betrachtungen* schrieb: „Seit Luthers religiös-musikalischem Wirken aber ist die Musik, die deutsche, von Bach bis auf Reger, – ist das punctum contra punctum, die große fuga, nicht nur tönender Ausdruck protestantischer Ethik, sondern, mit ihrem gewaltig-vieltönigen Ineinander von Eigenwille und Ordnung, Abbild und künstlerisch-spirituelle Spiegelung des deutschen Lebens selbst gewesen."[151]

*

Die Verwendung von Chorälen ist im 19. Jahrhundert durchaus nicht auf deutsche Musik beschränkt.[152] Man braucht nur an Smetana zu denken, in dessen symphonischen Dichtungen *Tábor* und *Blaník* ein bekannter Hussiten-Choral auf die ‚nationale tschechische Vergangenheit' anspielt. Weitere Beispiele ließen sich in nahezu beliebiger Fülle anfügen. Z. B. ist über das Anekdotische hinaus bemerkenswert, daß das *Auditorium Theatre* in Chicago 1889 mit einem Werk von Frederick Grant Gleason eingeweiht wurde, das gegen Ende „Ein feste Burg" zitiert.[153] In den Werken Smetanas wird ein *bestimmter* Choral mit einer national bestimmbaren Bedeutung aufgeladen. Im Falle des Beispiels aus Chicago spielt das nationale Element – zumindest die Wahl des Chorals betreffend – keine Rolle; hier soll der Choral vermutlich eine (allerdings säkularisierte) Sakralsphäre erzeugen. Dagegen ist in Deutschland durch Praxis (z. B. National- und Musikfeste) und Diskurs (z. B. *Krüger*, *Brendel* oder *Scherr*)[154] der ‚Choral schlechthin' national semantisiert, d. h. er taugt zur Codierung des Nationalen (auch wenn es bestimmte Choräle sind, die bevorzugt herangezogen werden). Durch Zitate, Allusionen, Imitationen kann dessen ‚Bedeutung' transportiert werden – und zwar ohne gattungsbedingte ‚Rang'-Unterschiede: Choräle finden sich in Männerchören und in Oratorien, in Gelegenheitswerken und in ‚autonomer' symphonischer Literatur.

Der Choral vermag also symbolisch auf ‚deutsche Kultur', auf Stereotypen wie ‚deutsche Frömmigkeit' oder ‚deutsche Sitte' etc. zu verweisen. Dies konnte auch außerhalb Deutschlands so verstanden werden

Bei der Suche „nach den generativen Konstitutionsmechanismen der Stereotypen" beobachten *Ute Gerhard* und *Jürgen Link* verschiedene Gesetzmäßigkeiten, zu denen auch die „*Regel der Identifikation*" zählt: „Wird ein Symbol auch von der betroffenen Nation selbst akzeptiert, so tendiert es zu einem stabilen Kern-Symbol. So akzeptierte der deutsche Nationalismus den französischen Vorwurf des Pedantismus als *deutsche Gründlichkeit*, und der englische Nationalismus akzeptierte den französischen und deutschen Vorwurf des platten Empirismus als Pragmatismus des *Bodens der Tatsachen.* Ohne solche Symbole mit Selbstidentifikation wäre die Konfiguration der Nationalcharaktere im Zeitalter des europäischen Nationalismus ein völlig beliebiges Spiel der Polemik geblieben, hätte mithin aber nicht so starke Subjekteffekte ausüben können."[155] Umgekehrt trägt zur Akzeptanz von ‚Nationalcharakteren' bei, daß Kollektivsymbole, die zur nationalen Identitätsfindung beitragen, auch von ‚Fremden' als für die betreffende Nation charakteristisch anerkannt werden. Man kann also davon ausgehen, „daß es einen *gemeinsamen* Stereotypenfundus jenseits national kultureller Unterschiede gibt, der, grenzüberschreitend, im kollektiven Wissen verankert ist."[156] *Thomas Mann* glaubte hierin die Voraussetzung für Feindschaft erkennen zu können: „Denn wo überhaupt keine Gemeinsamkeit der Gedanken besteht, da kann es keine Feindschaft geben [...]. Nur wo gleich gedacht, aber verschieden empfunden wird, dort ist Feindschaft, dort wächst Haß."[157]

Die in Deutschland seit dem Wartburgfest beschworene Verbindung von Protestantismus und Liberalismus wird z. B. von *Stendhal* (der zuweilen „‚die Reformation Luthers' als ‚die größte Tat der modernen Geschichte'" pries) bestätigend aufgegriffen: „Die heutigen Liberalen [...] sind die Protestanten des 19. Jahrhunderts."[158] *Victor Hugo* wiederum vertritt in seinem *Shakespeare*-Buch von 1864 die Ansicht, es gebe „wahrscheinlich keine andere Eigenschaft der Deutschen als diese Neigung zur Musik, die so uneingeschränkt als das typisch Deutsche angesehen würde."[159] *Hugo* bindet das Stereotyp von der ‚deutschen Musikalität' an die Gedankenfigur des Zusammenhangs von Freiheit und Protestantismus, indem er dem protestantischen (bzw. Luther-) Choral die Kraft einer nationalidentitätsstiftenden Hymne, eines Kollektivsymbols somit, zuspricht: „Das deutsche Volk, so gedrückt als Volk, so frei als Denker, singt mit leidenschaftlicher Liebe. Singen ist ein gewisses Sich-Freimachen. Was man nicht aussprechen und doch auch nicht verschweigen kann, drückt die Musik aus. So ist denn ganz Deutschland Musik, bis es Freiheit sein wird. Luthers Choral ist gewissermaßen eine Marseillaise."[160]

Anmerkungen

1 *Das erste deutsche Sängerbundesfest zu Dresden, 22. bis 25. Juli 1865. Ein Gedenkbuch.* Im Auftrage des Fest-Ausschusses herausgegeben, Dresden (1865), S. 96. Das Transparent wird so beschrieben: „eine in frommer Gläubigkeit und gottseliger Innigkeit zum Himmel aufsingende Jungfrau, die ein Orgelregister in den Händen hält" (ebenda). – An dieser Stelle möchte ich Professor Hermann Jung meinen herzlichen Dank aussprechen für die Aufnahme des Beitrags in das Jahrbuch, Professor Albrecht Rie-

thmüller und Professor Friedhelm Brusniak für freundliche Vermittlung. Für Ermutigung und Anregungen danke ich Professor Dietmar Klenke.

2 Ebenda, S. 1. Begründend heißt es an gleicher Stelle: „Es war doch in der That die deutsche Nation, die aus allen Gauen der Heimath und selbst aus der Fremde zusammengeströmt war, um sich im Männergesange zu einen, zu einen nicht nur im Liede, sondern auch in der Liebe und Hingabe für das gemeinsame Vaterland, und das Höchste von dem es erfüllt und durchdrungen sein kann, der gloriosen Idee seiner Freiheit und Größe". – Dietmar Klenke stellt zusammenfassend fest: „Das 1. Sängerbundesfest [...] überwucherte der Mythos der deutschen Einigung bereits so sehr, daß alle anderen Gehalte politischen Denkens zur Unmerklichkeit herabgestuft schienen und nur noch der nationale, mit den anderen Großmächten gleichziehende Machtstaat die Köpfe beseelte" („*Bürgerlicher Männergesang und Politik in Deutschland. Teil I*", in: Geschichte in Wissenschaft und Unterricht 40, 1989, S. 468). – Zum Dresdner Fest vgl. auch Dietmar Klenke: *Der singende „deutsche Mann"*. Gesangvereine und deutsches Nationalbewußtsein von Napoleon bis Hitler, Münster etc. 1998, S. 130/131.

3 Friedrich Schleiermacher: *Kleine Schriften und Predigten. 1800-1820*. Bearb. von Hayo Gerdes, Berlin 1970, S. 287 u. 292. – Gerhard Kaiser bezeichnet den „heiligen Patriotismus", den Schleiermacher gepredigt habe, als „die Saat, die in der religiösen Vaterlandsbegeisterung der Befreiungskriege" aufgegangen sei (*Pietismus und Patriotismus im literarischen Deutschland*. Ein Beitrag zum Problem der Säkularisation, Frankfurt a. M. 1973, S. 247).

4 Jörg Echternkamp: „*Religiosität und Nationskonzeption. Zum Verhältnis von Theologischem Rationalismus und Liberalnationalismus im Vormärz*", in: Jahrbuch zur Liberalismus-Forschung 6 (1994), S. 137-151, hier S. 143. Echternkamp zitiert den Herder-Schüler Leberecht DeWette (*Vorlesungen über die Sittenlehre*, Berlin 1823/24, Bd. 2.2, S. 259) mit den Worten: „Einer für Alle, und Alle für Einen, und Einer und Alle für das Vaterland" (ebenda, Anm. 14).

5 Heinrich von Sybel, „*Die Erhebung Europa's gegen Napoleon I. Drei Vorlesungen, gehalten zu München am 24., 27. und 30. März 1860*", in: *Kleine historische Schriften*, München 1863, S. 243-341, Zitat S. 323.

6 Ruth Florack: *Tiefsinnige Deutsche, frivole Franzosen*. Nationale Stereotype in deutscher und französischer Literatur, Stuttgart-Weimar 2001, S. 1-48. Auf der Basis des vor allem seit dem 16. Jahrhundert formulierten ‚Nationalcharakterkonzepts' (bes. S. 43) wird z. B. Franzosen das Epitheton ‚levis', den Deutschen dagegen ‚gravis' zugewiesen. „Unter anderen Voraussetzungen tritt zu der gesellschaftspolitischen eine stark moralisierende Dimension hinzu: Dann erscheint das ‚typisch Deutsche' als Ausdruck von sittlichem Ernst und Charakterfestigkeit – im Sinne von ‚gravis' in Opposition zu ‚levis'. So gibt es aus der Zeit vor 1648 deutschsprachige Quellen, die in das Umfeld protestantischer Rom-Kritik gehören. Dort wird ‚deutsche Einfalt' als Ausdruck von Tugendhaftigkeit beschworen" (S. 44). Entscheidend ist, daß das Nationalcharakterkonzept „zum festen Bestandteil allgemeinen Wissens gehört" (S. 31): Deshalb können nationale Stereotype zu verschiedenen Zeiten – gegebenenfalls nach Phasen zurückgehenden Gebrauchs, oft auch durch neue Kontexte variiert – aufgefrischt werden, im 19. Jahrhundert z. B. greifbar in der Opposition ‚deutsche Tiefe vs französische Höflichkeit' (vgl. Christoph Grubitz: „*Deutsche Tiefe und französische Höflichkeit. Zur Politisierung einer Leitunterscheidung in den Paris-Berichten des Vormärz*", in: *Nation als Stereotyp*. Fremdwahrnehmung und Identität in deutscher und französischer Literatur. Hrsg. von Ruth Florack. (Studien und Texte zur Sozialgeschichte der Literatur 76), Tübingen 2000, S. 305-318). – Zum Begriff ‚Tiefe' aus musikhistorischer Sicht vgl. neuerdings Friedrich Geiger: „*‚Innigkeit' und ‚Tiefe' als komplementäre Kriterien der Bewertung von Musik*", in: Archiv für Musikwissenschaft 60 (2003), S. 265-278.

7 *Die / vierte Säcular=Feier / der / Erfindung Gutenbergs / in / Dresden und Leipzig. / Ein Gedenkbuch [...]*. / Hrsg. / von / Ludwig Flathe. / [...] Leipzig [...] / 1840, S. 12.

8 *Beschreibung der Feierlichkeiten, / mit welchen / das dritte Säcularfest / der / Einführung der Kirchen=Reformation / am Pfingsttage [...] des Jahres 1839/ in Leipzig / [...] begangen wurde. / [...]* hrsg. von C.C.C. Gretschel [...] / Leipzig, 1839, S. 52.

9 Ernst Moritz Arndt: *Von dem Wort und dem Kirchenliede nebst geistlichen Liedern*. Mit einer Einführung von Konrad Ameln, Hildesheim-New York 1970 (Reprografischer Nachdruck der Ausgabe Bonn 1819), S. 40 und S. 46/47. – Jörg Echternkamp macht darauf aufmerksam, daß „schon im 16. Jahrhun-

dert [...] auf protestantischer Seite die Mythisierung des Deutschen als der Sprache der Reformation" einsetzte, „die durch Luther, genauer: durch Gott qua Luther in den Rang der drei Heiligen Sprachen gehoben worden sei. Die Deutschen zählten zu den Nachfahren Japhets, Noahs Erstgeborenem, und Tuiscon konnte als ein Sohn des Aschkenas, einem Enkel Japhets, in diese heilsgeschichtliche Genealogie eingebaut werden" (*Der Aufstieg des deutschen Nationalismus [1770-1840]*, Frankfurt a. M. / New York 1998, S. 97).

10 Carl Schwarz: *Predigten aus der Gegenwart. Sechste Sammlung*, Leipzig 1873, S. 81. Die Predigt steht unter dem Titel „Die Frucht der Reformation". – Zur Problematik Religion/Nationalismus vgl. Friedrich Wilhelm Graf: „*Die Nation – von Gott ‚erfunden'"? Kritische Randnotizen zum Theologiebedarf der historischen Nationalismusforschung*", in: ‚*Gott mit uns'. Nation, Religion und Gewalt im 19. und frühen 20. Jahrhundert.* Hrsg. von Gerd Krumeich und Hartmut Lehrmann. (Veröffentlichungen des Max-Planck-Instituts für Geschichte 162), Göttingen 2000, S. 285-317.

11 Bernhard Giesen: *Die Intellektuellen und die Nation.* Eine deutsche Achsenzeit, Frankfurt a. M. 1993, S. 60.

12 Karl Löwith: *Weltgeschichte und Heilsgeschehen*, Stuttgart etc. [7]1979 ([1]1953), S. 170 u. 173.

13 Giesen, *Die Intellektuellen* (wie Anm. 11), S. 60, Anm. 28. – Vgl. auch Echternkamp, *Religiosität* (wie Anm. 4), S. 141: „Für die Dynamik der nationalreligiösen Argumentation entscheidend wurde die Übernahme des Entwicklungsgedankens und der Perfiktibilitätsidee sowie ihre Rückbindung an die Nationskonzeption. Das Christentum sei, resümiert der Hallesche Theologe Carl Ullmann, ‚die Vernunft als Geschichte'. Erst die sich in der Entwicklung des Christentums äußernde Vernunft setze die sittlich-religiöse Entwicklung frei. Obwohl an sich vollkommen, gehorche das Christentum dem ‚Gesetze der Entwicklung' in Richtung ‚Fortschritt'. Träger dieser religiösen Entwicklung sind nicht mehr nur die Christen als Individuen, sondern auch die Nationen. Religionsgeschichte als historische Darstellung der ‚Vernunftreligion' stellt daher zugleich die Offenbarung Gottes in der Vergangenheit und die Entwicklung der ‚religiösen Anlage' der Völker dar."

14 Vgl. ein anonymes Gedicht, betitelt *Napoleon's Flucht aus Rußland. 1812*, mit dem Vers „Gott selber hat gerichtet / Und seinen Feind vernichtet" oder – mit betonter Bibel-Allusion – ein ebenfalls anonymes Gedicht gleichen Titels: „Mit Mann und Roß und Wagen / So hat sie Gott geschlagen" (*Die Historischen Volkslieder der Freiheitskriege, von Napoleon's Rückzug aus Rußland, 1812, bis zu dessen Verbannung nach St. Helena, 1815.* Aus fliegenden Blättern, handschriftlichen Quellen und dem Volksmunde gesammelt und herausgegeben von Franz Wilhelm Freiherrn von Ditfurth, Berlin 1871, S. 2).

15 Vgl. hierzu Wulf Wülfing / Karin Bruns / Rolf Parr: *Historische Mythologie der Deutschen, 1798-1918*, München 1991, S. 9 (mit weiteren Literaturangaben).

16 In der vielgelesenen *Gartenlaube* (Jahrgang 1870, S. 608) z. B. veröffentlichte Friedrich Hofmann einen *Prolog zur Siegesfeier des zweiten September*, dessen zweite Strophe beginnt: „O glaubt's, daß an dem deutschen Himmel Gott / Es also schrieb mit seinen Sternenlettern: / Er ließ die Ausgeburt von Sünd' und Spott / Durch seiner Deutschen Rächerarm zerschmettern" (Anne-Susanne Rischke: *Die Lyrik in der ‚Gartenlaube' 1853-1903.* Untersuchungen zu Thematik, Form und Funktion. (Europäische Hochschulschriften I/516), Frankfurt a. M. etc. 1982, S. 243). – Für die ‚zyklische' Verknüpfung der sog. Befreiungs- und der Einigungskriege vgl. z. B. Andreas Dörner: *Politischer Mythos und symbolische Politik.* Der Hermann-Mythos: Zur Entstehung des Nationalbewußtseins der Deutschen, Reinbek b. Hamburg 1996, z. B. S. 79 u. 144.

17 Michael Jeismann: „*Was bedeuten Stereotypen für nationale Identität und politisches Handeln?*", in: *Nationale Mythen und Symbole in der zweiten Hälfte des 19. Jahrhunderts.* Strukturen und Funktionen von Konzepten nationaler Identität. Hrsg. von Jürgen Link und Wulf Wülfing. (Sprache und Geschichte 16), Stuttgart 1991, S. 89.

18 So in J. H. K. Schäffer: *Der Kölner Dom und seine Vollendung in ihren Beziehungen zum deutschen Vaterlande, resp. zum Protestantismus*, Magdeburg 1842, S. 3.

19 Wolfgang Kaschuba: „*Die Nation als Körper. Zur symbolischen Konstruktion ‚nationaler' Alltagswelt*", in: *Nation und Emotion.* Deutschland und Frankreich im Vergleich. 19. und 20. Jahrhundert. Hrsg. von Etienne François u. a. (Kritische Studien zur Geschichtswissenschaft 110), Göttingen 1995, S. 291-299, hier S. 292. Kaschuba bezieht sich hier auf Benedict Andersons Standardwerk *Imagined Communities.*

Reflections on the Origin and Spread of Nationalism, London 1983. – Zur Körper-Metaphorik vgl. bes. Antoine de Baecque: *Le corps de l'histoire.* Métaphores et politique (1770-1800), Paris 1993.

20 Thomas Nipperdey: „*Kirchen als Nationaldenkmal. Die Pläne von 1815*", in: *Festschrift für Otto von Simson zum 65. Geburtstag.* Hrsg. von Lucius Grisebach und Konrad Renger, Frankfurt a. M. etc. 1977, S. 425.

21 Wolfgang Hardtwig: „*Nationsbildung und politische Mentalität. Denkmal und Fest im Kaiserreich*", in: W. H.: *Geschichtskultur und Wissenschaft*, München 1990, S. 264-301, hier S. 279.

22 Giesen, *Die Intellektuellen* (wie Anm.11), S. 156. Zur „Ästhetisierung des Nationalen" ebenda, S. 156-159.

23 Vgl. z. B. Ludger Kerssen: *Das Interesse am Mittelalter im deutschen Nationaldenkmal.* (Arbeiten zur Frühmittelalterforschung 8), Berlin / New York 1975, S. 23-30, bes. S. 24/25: „Es war [...] nicht ein Absterben des Religiösen, sondern eine Verlagerung religiösen Empfindens auf bisher profane Bereiche, wobei sich die Wandlung zur Diesseitsreligiosität durchaus im christlichen Gewande vollzog."

24 Vgl. Manfred Hettling / Paul Nolte: „*Bürgerliche Feste als symbolische Politik im 19. Jahrhundert*", in: *Bürgerliche Feste.* Symbolische Formen politischen Handelns im 19. Jahrhundert. Hrsg. von Manfred Hettling und Paul Nolte, Göttingen 1993, S. 7-36.

25 Elfie Miklautz: „*Feste: Szenarien der Konstruktion kollektiver Identität*", in: *Fest und Festrhetorik.* Zu Theorie, Geschichte und Praxis der Epideiktik. Hrsg. von Josef Kopperschmidt u. Helmut Schanze. (Figuren 7), München 1999 , S. 193-206, hier S. 193.

26 Kaschuba, *Nation als Körper* (wie Anm.19), S. 293.

27 Die Intention des vorliegenden Beitrags trifft sich mit dem Ziel mentalitätsgeschichtlicher Untersuchungen, in denen es „um die deutende Interpretation kollektiven Verhaltens" geht (Volker Sellin: „*Mentalität und Mentalitätsgeschichte*", in: Historische Zeitschrift 241 [1985], S. 575).

28 Dieter Düding: „*Das deutsche Nationalfest von 1814: Matrix der deutschen Nationalfeste im 19. Jahrhundert*", in: *Öffentliche Festkultur.* Politische Feste in Deutschland von der Aufklärung bis zum Ersten Weltkrieg. Hrsg. von Dieter Düding u. a., Reinbek bei Hamburg 1988, S. 72.

29 „*Der Plan zum Wartburgfeste und seine Ausführung nach der Darstellung von [Hans Ferdinand] Maßmann*", in: *Das Wartburgfest am 18. Oktober 1817.* Zeitgenössische Darstellungen, archivalische Akten und Urkunden, gesammelt von Hugo Kühn, Weimar 1913, S. 2. – Jörg Echternkamp spricht von der „liberalnationalen Reformationshistoriographie": „Martin Luther als Repräsentant des bedrängten deutschen Nationalgeistes wirkte zugunsten des Christentums, des Staates und des deutschen Volkes" (Echternkamp, *Religiosität* [wie Anm. 4], S. 144; in Anm. 16 verweist Echternkamp auf Karl Gottlieb Bretschneider: *Die deutsche Reformation der Kirche nach ihrem Wesen und Werthe historisch dargestellt*, Leipzig 1844).

30 Vgl. Peter Brandt: „*Das studentische Wartburgfest vom 18./19. Oktober 1817*", in: *Öffentliche Festkultur* (wie Anm. 28), S. 93.

31 Gretschel, *Beschreibung der Feierlichkeiten* (wie Anm. 8), S. 21. Die Choräle rahmten übrigens ein „Lebehoch auf den König" ein, was ihren politischen Charakter unterstreicht, zumal wenn man sich vergegenwärtigt, daß Königstreue und nationale Begeisterung durchaus Hand in Hand gingen. Vgl. hierzu Dieter Düding: „*Die deutsche Nationalbewegung. Ein Porträt ihrer Physiognomie*", in: *Deutschland, deutscher Staat, deutsche Nation.* Historische Erkundungen eines Sspannungsverhältnisses, hrsg. von Peter Krüger. (Marburger Studien zur Neueren Geschichte 2), Marburg 1993, S. 77.

32 Über die emotionalisierende Wirkung des Choralgesangs im Gottesdienst bemerkt Hermann Küster: „Erst dann, wenn die Gemeinde allseitig einstimmt, kommt der Choral zu vollständiger Wirkung. Diese geht über die aller andern Kirchenmusik hinaus" (Hermann Küster: *Das Ideal des Tonkünstlers.* Sechs populäre Vorträge mit erläuternden Beispielen. [Populäre Vortträge über Bildung und Begründung eines musikalischen Urtheils mit erläuternden Beispielen. IV. Cyklus], Leipzig 1877, S. 123).

33 Jane Campbell Hutchinson: „*„Der vielgefeierte Dürer"*", in: *Deutsche Feiern.* Hrsg. von Reinhold Grimm und Jost Hermand. (Athenaion Literaturwissenschaft 5), Wiesbaden 1977, S. 25-45, hier S. 29. Hutchinson vermutet, Dürer sei „wohl der meistgefeierte Künstler, der je gelebt hat", gewesen (S. 25). – Auch die 1828 in Berlin veranstaltete Gedenkfeier, zu der der junge Felix Mendelssohn Bartholdy eine umfängliche *Festmusik* beitrug, verstand sich als „ein Fest aus vaterländisch-künstlerischer Gesinnung

geboren" (Georg Galland: *Eine Dürer-Erinnerung aus dem romantischen Berlin.* [Studien zur deutschen Kunstgeschichte 151], Straßburg 1912, S. 5).

34 [Friedrich Campe:] *Die dreihundertjährige Gedächtnißfeier Albrecht Dürers verbunden mit der Grundsteinlegung seines Denkmals am 6. und 7. April 1828. Aus den Nürnbergschen Denkblättern besonders abgedruckt*, Nürnberg 1840, S. 14. Ernst Förster war der Schwiegersohn Jean Pauls (vgl. Hutchinson, *Dürer* [wie Anm. 33], S. 32). – Bereits seit 1818 hatten „regelmäßige Zusammenkünfte am Grabe Dürers durch Mitglieder des Nürnberger Albrecht-Dürer-Vereins" stattgefunden (Mende [s. Anm. 35], S. 27, auch Hutchinson, *Dürer*, S. 26-29).

35 Mattias Mende: „*‚O gieb uns, Vater Dürer, Deinen Segen!' Bemerkungen zum Dürer-Kult des 19. Jahrhunderts*", in: *Nürnberger Dürerfeiern 1828-1928.* Ausstellung der Museen der Stadt Nürnberg und des Stadtarchivs Nürnberg [Ausstellungskatalog], Nürnberg 1971, S. 7.

36 Wülfing / Bruns / Parr, *Mythologie* (wie Anm.15), S. 7.

37 Ernest Gellner: *Nationalismus.* Kultur und Macht. Übers. von Markus P. Schupfner, Berlin 1999 [Erstausgabe unter dem Titel *Nationalism*, London 1997], S. 23 u. 24. – Nach Kerssen, *Interesse am Mittelalter* (wie Anm. 23, S. 11), stellte „das Dornröschenmärchen mittelalterlicher Provenienz" dem nationalen Diskurs „eine beliebte Metapher für das Schicksal Deutschlands" zur Verfügung.

38 Campe, *Gedächtnißfeier* (wie Anm. 34), S. 21/22. Als Verfasser wird C. (vermutlich Friedrich Campe) angegeben.

39 Elisabeth Fehrenbach: „*Über die Bedeutung der politischen Symbole im Nationalstaat*", in: Historische Zeitschrift 213 (1971), S. 318.

40 Hans Mommsen: „*Nation und Nationalismus in sozialgeschichtlicher Perspektive*", in: *Sozialgeschichte in Deutschland.* Entwicklungen und Perspektiven im internationalen Zusammenhang. Hrsg. von Wolfgang Schieder und Volker Sellin. Bd. 2. Handlungsräume des Menschen in der Geschichte. (Kleine Vandenhoeck-Reihe 1518), Göttingen 1986, S. 162/163.

41 Wilhelm Heinrich Wackenroder: „*Ehrengedächtniß unsers ehrwürdigen Ahnherrn Albrecht Dürers. Von einem kunstliebenden Klosterbruder*", in: W. H. W.: *Sämtliche Werke und Briefe.* Historisch-kritische Ausgabe. Bd. 1: Werke. Hrsg. von Silvio Vietta, Heidelberg 1991, S. 96. Vietta betont allerdings die „ausgesprochen kosmopolitische Richtung" von Wackenroders Denken, das jedoch bald nationalistisch reduziert worden sei („*Vom Renaissance-Ideal zur deutschen Ideologie: Wilhelm Wackenroder und seine Rezeptionsgeschichte*", in: *Romantik und Renaissance.* Die Rezeption der italienischen Renaissance in der deutschen Romantik. Hrsg. von Silvio Vietta, Stuttgart-Weimar 1994, S. 140-162). – Zu den nationalistischen Implikationen der Suche nach dem Ursprung der Musik bei deutschen Musikwissenschaftlern des späten 19. und frühen 20. Jahrhunderts vgl. Alexander Rehling: „*The Quest for the Origins of Music in Germany Circa 1900*", in: Journal of the American Musicological Society 53 (2000), S. 345-385.

42 Mende, *Dürer-Kult* (wie Anm. 35), S. 6.

43 Wülfing / Bruns / Parr, *Mythologie* (wie Anm. 15), S. 5.

44 Mende, *Dürer-Kult*, S. 11.

45 George L. Mosse: *Die Nationalisierung der Massen.* Politische Symbolik und Massenbewegungen von den Befreiungskriegen bis zum Dritten Reich. Übers. von Otto Weith. (Reihe Campus 1075), Frankfurt a. M. / New York 1993.

46 Wülfing / Bruns / Parr, *Mythologie*, S. 4.

47 Kaschuba, *Nation als Körper* (wie Anm. 19), S. 293.

48 Bernhard Giesen: *Kollektive Identität.* Die Intellektuellen und die Nation 2, Frankfurt a. M. 1999, S. 15.

49 Richard Wagner: *Beethoven*, in: R. W.: *Dichtungen und Schriften.* Jubiläumsausgabe in zehn Bänden. Hrsg. von Dieter Borchmeyer, Frankfurt a. M. 1983, Bd. 9, S. 99. Drei Jahrzehnte zuvor – in seinem Aufsatz *Über deutsches Musikwesen* – singt Wagner das Loblied auf das „deutsche Gemüt": „Alles ist rein und unschuldig, aber eben deshalb edel und erhaben". Im gleichen Text wird dem „Pomp des katholischen Gottesdienstes", der „von den Fürsten und Höfen dem Auslande entliehen" worden sei, der „einfache Choral" gegenübergestellt: „Dieser Gesang, dessen edle Würde und ungezierte Reinheit nur aus wahrhaft frommen und einfachen Herzen entspringen konnte, darf und muß ausschließlich als deutsches Eigentum angesehen werden" (Bd. 5, S. 154/155 u. 161). Die Opposition zum ‚deutschen Gemüt' bildet

in der *Beethoven*-Schrift der ‚französische Geschmack' (Bd. 9, S. 100). – Darüber hinaus ist allgemein zu beobachten, daß „die stereotypische Dichotomie von deutscher Innerlichkeit und nicht-deutscher Äußerlichkeit in der Kritik des katholischen Kultus aktualisiert" wird: „Deutsche ‚Gemütstiefe' vertrage sich nicht mit dem formalistischen ‚Rosenkranzabplärren', und der ‚germanische Sinn' für ein freies, gleichberechtigtes Gemeinwesen widerstrebe der Hierarchie". (Jörg Echternkamp, *Religiosität* [wie Anm. 4] S. 145, Anm. 19).

50 Kaschuba, *Nation als Körper* (wie Anm.19), S. 294.

51 Friedrich Theodor Vischer: *Aesthetik oder Wissenschaft des Schönen. Kunstlehre. Die Musik*, München ^{2}1923, S. 443.

52 Eduard Krüger: *Beiträge für Leben und Wissenschaft der Tonkunst*, Leipzig 1847, S. 207 u. 194.

53 Wagner, *Beethoven* (wie Anm. 49), Bd. 9, S. 74.

54 Ebenda, S. 145.

55 7., neu durchges. u. verm. Aufl., Leipzig 1889, S. 123 u. 140/141.

56 Johannes Scherr: *Deutsche Kultur- und Sittengeschichte in drei Bänden. Zweiter Band.* 27. bis 30. Tsd., Leipzig 1909, S. 218. Zu Scherrs Beurteilung von Musik „nach dem Grad des ihr innewohnenden Nationalbewußtseins" vgl. bes. Werner Friedrich Kümmel: *Geschichte und Musikgeschichte.* Die Musik der Neuzeit in Geschichtsschreibung und Geschichtsauffassung des deutschen Kulturbereichs von der Aufklärung bis zu J. G. Droysen und Jacob Burckhardt. (Marburger Beiträge zur Musikorschung 1), Marburg 1967, S. 167-169, Zitat S. 169.

57 Thomas Mann: *Bekenntnisse eines Unpolitischen.* (Gesammelte Werke in Einzelbänden. Hrsg. von Peter de Mendelssohn), Frankfurt a. M. 1983 S. 320 u. 319/320. Im ersten Kapitel der Schrift handelt Mann – mit Bezug auf Dostoévskij – ausführlich über das ‚ewige Protestantentum' der Deutschen; vgl. hierzu Norbert Mecklenburg: *„Luther in Rom. Zur literarischen Fabrikation eines deutschen Mythos"*, in: *Rom – Paris – London.* Erfahrung und Selbsterfahrung deutscher Schriftsteller und Künstler in fremden Metropolen. Ein Sympsion. Hrsg. von Conrad Wiedemann. (Germanistische Symposien, Berichtsbände 8), Stuttgart 1988, S. 321-334. – Später äußerte sich Mann distanziert zu Luther und zur ‚Tiefe' deutscher Musik, so im gegen Ende des II. Weltkriegs entstandenen Essay *Deutschland und die Deutschen* (Thomas Mann: *Essays.* Bd. 5. Hrsg. von Hermann Kurzke und Stephan Stachorski, Frankfurt a. M. 1996, S. 260-281, bes. S. 265-269; vgl. auch die Kommentare S. 439-443).

58 *Germanen-Bibel. Aus heiligen Schriften germanischer Völker.* Hrsg. von Wilhelm Schwaner. Erstes Buch, Berlin ^{2}1905, S. 3. – Zum Volksbuch-Projekt vgl. Aleida Assmann: *Arbeit am nationalen Gedächtnis.* Eine kurze Geschichte der deutschen Bildungsidee. (Edition Pandora 14), Frankfurt-New York / Paris 1993, S. 34-40.

59 In einem weiter gefaßten Rahmen kann auch von einer ‚deutschen Bildungsreligion' gesprochen werden; vgl. Assmann (wie Anm. 58), bes. S. 40-47. – Zu dem hier angesprochenen Komplex vgl. den in Anm. 80 genannten Aufsatz von Hermann Danuser sowie neuerdings Jan Brachmann: *Kunst – Religion – Krise: Der Fall Brahms.* (= Musiksoziologie 12), Kassel etc. 2003.

60 Glenn Stanley weist dem Choral den „status of an icon" zu: „It synthesized religious and national tradition and stood as a symbol of Protestantism – and Christianity in general – in sacred and secular contexts" (*„Bach's Erbe: The Chorale in the German Oratorio of the Early Nineteenth Century"*, in: 19th Century Music 11 [1987], S. 121/122). Da der Protestantismus in verbreiteter Sicht als spezifisch deutsche Ausprägung des Christentums verstanden wurde, schlagen wir vor, den Choral nicht nur als Symbol des Protestantismus, sondern auch als Nationalsymbol zu begreifen.

61 Fehrenbach, *Politische Symbole* (wie Anm. 39), S. 325. Vgl. auch S. 341: „Wie in anderen neu entstehenden Staaten wurden [auch in Deutschland] die nationalen Symbole nicht als Neuschöpfung, sondern als Fortsetzung alter Traditionen ausgegeben." – Zur ‚Erfindung' von Tradition vgl. Eric Hobsbawm: *„Introduction: Inventing Traditions"*, in: *The Invention of Tradition.* Ed. by Eric Hobsbawm and Terence Ranger, Cambridge etc. 1983, S. 1-14.

62 Winfried Speitkamp: *„Denkmalsturz und Symbolkonflikt in der modernen Geschichte. Eine Einleitung"*, in: *Denkmalsturz.* Zur Konfliktgeschichte politischer Symbolik. Hrsg. von W. S. (Kleine Vandenhoeck-Reihe 1581), Göttingen 1997, S. 6.

63 Ruth Wodak u. a.: *Zur diskursiven Konstruktion nationaler Identität*, Frankfurt a. M. 1998, S. 35 u. 36. Zum ‚kollektiven Gedächtnis' vgl. die gleichnamige Studie von Maurice Halbwachs (Frankfurt a. M. 1985).

64 Axel Drews / Ute Gerhard / Jürgen Link: „*Moderne Kollektivsymbolik. Eine diskurstheoretisch orientierte Einführung mit Auswahlbibliographie*", in: Internationales Archiv für Sozialgeschichte der deutschen Literatur. 1. Sonderheft. Forschungsreferate, Tübingen 1985, S. 256-375, hier S. 267 u. 270. – Vgl. auch Jürgen Link / Ursula Link-Heer: „*Kollektivsymbolik und Orientierungswissen. Das Beispiel des 'Technisch-Medizinischen Vehikel-Körpers'*", in: Der Deutschunterricht, Jg.. 46, H. 4 (1994),S. 44-55; Jürgen Link: „*Zum Anteil der Kollektivsymbolik an der Sprachentwicklung im 19. Jahrhundert: Das Beispiel der Verkehrsmittel Kutsche und Eisenbahn*", in: *Sprache und bürgerliche Nation.* Beiträge zur deutschen und europäischen Sprachgeschichte des 19. Jahrhunderts, hrsg. von Dieter Cherubim, Siegfried Grosse, Klaus J. Mattheier, Berlin / New York 1998, S. 384-397.

65 Drews / Gerhard / Link (wie Anm. 64), S. 261.

66 Wulf Wülfing: „*Die heilige Luise von Preußen. Zur Mythisierung einer Figur der Geschichte in der deutschen Literatur des 19. Jahrhunderts*", in: *Bewegung und Stillstand in Metaphern und Mythen.* Fallstudien zum Verhältnis von elementarem Wissen und Literatur im 19. Jahrhundert. Hrsg. von Jürgen Link und Wulf Wülfing. (Sprache und Geschichte 9), Stuttgart1984, S. 233-275, bes. S. 260-265 (die folgenden Zitate S. 263/264).

67 Schäffer, *Kölner Dom* (wie Anm. 18), S. 3. – Zum deutsch-französischen Verhältnis vgl. Michael Jeismann: *Das Vaterland der Feinde.* Studien zum nationalen Selbstverständnis und Feindbegriff in Deutschland und Frankreich 1792-1918, Stuttgart 1992.

68 Vgl. Nipperdey, *Kirchen als Nationaldenkmal* (wie Anm. 20). – Zum Symbol des Doms im nationalen Diskurs vgl. Klaus Englert: „*Der Traum vom Gesamtkunstwerk. Das ästhetische Dispositiv der Moderne?*", in: Zeitschrift für Ästhetik und Allgemeine Kunstwissenschaft 44 (1999), bes. S. 15-17.

69 Zit. nach Hans Hattenhauer: *Deutsche Nationalsymbole.* Geschichte und Bedeutung. 3., aktualisierte Auflage. (Bundesanzeiger 160a), Köln 1998, S. 14/15.

70 Hans Jürgen Hansen: *Heil Dir im Siegerkranz. Die Hymnen der Deutschen*, Oldenburg-Hamburg 1978, S. 12/13.

71 Vgl. Klaus Lindemann: „*‚Deutsch Panier, das rauschend wallt'. Der Wald in Eichendorffs patriotischen Gedichten im Kontext der Lyrik der Befreiungskriege*", in: *Eichendorff und die Spätromantik.* Hrsg. von Hans-Georg Pott. (Schriften des Eichendorff-Instituts an der Universität Düsseldorf), Paderborn etc. ^{2}1988 (^{1}1985), S. 120. – Unter dem Titel *Der Eidgenossen Nachtwache* setzt Robert Schumann seine Vertonung des Eichendorff-Gedichtes an den Beginn der *Drei Lieder für Männerchor* op. 62 (1847). Auch die anderen beiden Lieder – *Freiheitslied* (Friedrich Rückert) sowie *Schlachtgesang* (Friedrich Gottlieb Klopstock) – sind im Kontext des nationalen Diskurses in vormärzlicher Zeit zu verorten. Übrigens ist das kompositionstechnische Mittel der Imitation in Schumanns Eichendorff-Chor allein für den Text-Abschnitt „Ein feste Burg" reserviert; eine weitere Hervorhebung wird durch die Marcato-Bezeichnung der ersten drei Töne („ein feste") erreicht, die – wie im Luther-Choral – auf dieselbe Tonhöhe gesetzt sind.

72 Assmann, *Arbeit am nationalen Gedächtnis* (wie Anm. 58), S. 45.

73 Johannes Burkhardt: „*Reformations- und Lutherfeiern. Die Verbürgerlichung der reformatorischen Jubiläumskultur*", in: *Öffentliche Festkultur* (wie Anm. 28), S. 221/222. – Carl Loewe macht in seinem Oratorium *Palestrina* (1841-1843) „die Vermittlung zwischen beiden Konfessionen [...] zum beherrschenden Thema" und löst die Aufgabe kompositorisch, indem er sowohl aus der *Missa Papae Marcelli* als auch Luther-Choräle zitiert (Reinhold Dusella: „*‚die Idee groß, dem katholisch-christlichen Glauben sich poetisch anschließend'. Carl Loewes Suche nach einem Oratorienkonzept in der Diskussion mit Gustav Nicolai, Ludwig Giesebrecht und Gustav Adolf Keferstein*", in: *Musik als Text.* Bericht über den Internationalen Kongreß der Gesellschaft für Musikforschung Freiburg im Breisgau 1993, hrsg. von Hermann Danuser und Tobias Plebuch. Bd. 1. Hauptreferate, Symposien, Kolloquien, Kassel etc. 1998, S. 152/153).

74 Vgl. Kerssen, *Interesse am Mittelalter* (wie Anm. 23), S. 16-48; Francis G. Gentry: „*Mittelalterfeiern im 19. Jahrhundert*", in: *Deutsche Feiern* (wie Anm. 33), S. 9-24, bes. S. 14-18; Georg Germann: „*Der*

Kölner Dom als Nationaldenkmal", in: *Der Kölner Dom im Jahrhundert seiner Vollendung*. Hrsg. von Hugo Borger. Bd. 2. Essays, Köln 1980, S. 161-167. – Grundsätzlich aber sollte der Dom „als ein Denkmal des Frommsinnes, der geistigen Schöpfungskraft, des confessionellen Friedens und der nationalen Begeisterung" errichtet werden, „wie ein ähnliches das ganze Erdenrund nicht aufzuweisen hat" (Leonard Ennen: *Der Dom zu Köln von seinem Beginne bis zu seiner Vollendung*. Festschrift, Köln 1880, S. 127).

75 Erwin Mülhaupt: *Der Kölner Dom im Zwielicht der Kirchen- und Geistesgeschichte*. Eine geschichtliche Betrachtung anläßlich des Evangelischen Kirchentages in Köln 1965, Düsseldorf 1965, S. 39. – Zur Vermischung genuin katholischen und protestantischen Liedgutes vgl. Dieter Torkewitz: „*Choralstil und Aura im späten 19. Jahrhundert. Über eine wenig bekannte Sammlung von (Klavier-)Chorälen Franz Liszts*", in: Musiktheorie 16 (2001), S. 249-259, bes. S. 250, Anm. 2.

76 Klenke: *Der singende „deutsche Mann"* (wie Anm. 2), S. 87; zum *Soldatenleben* vgl. S. 85-90; auf den Seiten 88/89 findet sich ein Faksimile der ersten beiden Partitur-Seiten des Chors *An Deutschland*. Vgl. auch S. 35-39, wo Klenke den nationalreligiösen Charakter des vereinsmäßig organisierten Männergesangs beschreibt.

77 Zur Erkennbarkeit eines ‚imaginären Chorals' und zu dessen religiösen Implikationen vgl. Laurenz Lütteken: „*Die Apotheose des Chorals. Zum Kontext eines kompositionsgeschichtlichen Problems bei Brahms und Bruckner*", in: *Colloquia Academica*. Akademievorträge junger Wissenschaftler. Geisteswissenschaften. G 1996, Stuttgart 1997, bes. S. 21-32. Zum ‚Choralhaften' vgl. auch Armin Koch: *Choräle und Choralhaftes im Werk von Felix Mendelssohn Bartholdy*. (Abhandlungen zur Musikgeschichte 12), Göttingen 2003.

78 Klenke, *Der singende „deutsche Mann"* (wie Anm. 2), S. 67. – Das Vaterlands-Lied wird in Klenkes Publikation auf S. 68 wiedergegeben. Es findet sich in zahllosen Liederbüchern (für mehrstimmigen Gesang oder auch einstimmig) bis ins 20. Jahrhundert hinein. Ein spätes Beispiel (für Frauenchor): *Chorgesänge für höhere Lehranstalten für die weibliche Jugend und für Mittelschulen*. Bd. 1. (Deutsche Tonkunst. Musikbuch für die Schule. Auf Grund der neuen preußischen Richtlinien [...] im Sinne des Heimatgedankens aufgebaut in fünf Abteilungen von Walter Kühn und Fritz Haupt. Abt. IV. Chorgesänge), Lahr 1927 , S. 130-132.

79 Klenke, *Der singende „deutsche Mann"* (wie Anm. 2), S. 87.

80 Zum Verhältnis von Nationalismus und Musik in Deutschland vgl. die materialreiche Aufsatzsammlung *Deutsche Meister – böse Geister?* Nationale Selbstfindung in der Musik. Hrsg. von Hermann Danuser und Herfried Münkler, Schliengen 2001. Den Choral berücksichtigen insbesondere folgende Aufsätze: Siegfried Oechsle: „*Nationalidee und große Symphonie. Mit einem Exkurs zum ‚Ton'*" (S. 166-184); Hermann Danuser: „*‚Heilge deutsche Kunst'? Über den Zusammenhang von Nationalidee und Kunstreligion*" (S. 222-241); Tobias Robert Klein: „*Wartburg-Mythos und biblisches Mysterium. Nationale und religiöse Identitätsbildung im Werk von August Bungert*" (S. 343-366).

81 Martin Geck: *Die Entdeckung der Matthäuspassion im 19. Jahrhundert*. Die zeitgenössischen Dokumente und ihre ideengeschichtliche Deutung. (Studien zur Musikgeschichte des 19. Jahrhunderts 9), Regensburg 1967, S. 60/61, Zitat S. 61. – Zum Kölner Dom vgl. insbesondere die Arbeit von Ludger Kerssen, *Interesse am Mittelalter* (wie Anm. 23).

82 Arno Forchert: „*Von Bach zu Mendelssohn*", in: *Bachtage Berlin*. Hrsg. von Günther Wagner, Neuhausen-Stuttgart 1985, S. . Vorträge 1970 bis 1981. Sammelband 223. – Zum „Vergleich von gotischer Kathedrale und Bachscher Musik" als „Topos der Bachrezeption": Hans-Joachim Hinrichsen: „*‚Dombaumeister in der Musik'. Tradition und Funktionswandel der Metaphorik in der Bach-Deutung*", in: Schweizerisches Jahrbuch für Musikwissenschaft 20 (2000), S. 203-225, Zitat S. 209.

83 Ulrich Siegele: „*Johann Sebastian Bach – ‚Deutschlands größter Kirchenkomponist'. Zur Entstehung und Kritik einer Identifikationsfigur*", in: *Gattungen der Musik und ihre Klassiker*. Hrsg. von Hermann Danuser. (Publikationen der Hochschule für Musik und Theater Hannover 1), Laaber 1988, S. 66. Wie Siegele bemerkt, ist „der Gedanke an die deutsche Nation [...], vielfach variiert, ein selten pausierendes Motiv der Bachbewegung" gewesen (S. 65).

84 Zum *Lobgesang* und seinen möglichen politischen Implikationen vgl. vom Verfasser: „*‚Der alte Traum vom alten Deutschland'. Musikfeste im 19. Jahrhundert als Nationalfeste*", in: Die Musikforschung 52

(1999), S. 55-69. – Ausführlich zu Mendelssohn neuerdings Koch, *Choräle und Choralhaftes* (wie Anm. 77).

85 Dies geschah auch in vielen Textbeiträgen des Festes, unter anderem in der Festpredigt. – Das Motto des *Lobgesangs* lautet: „Sondern ich wöllt alle künste, sonderlich die Musica, gern sehen im dienst des der sie geben und geschaffen hat – Dr. M. Luther" (zitiert nach der von Roger Fiske besorgten Ausgabe des Werkes, London 1980, S. VIII).

86 Der *Festgesang* beginnt mit dem (für den Anlaß neu textierten) Choral „Es ist das Heil uns kommen her" – einem Choral der „Luther-Zeit" – und schließt mit dem erwähnten Dank-Choral. Anfangs- und Endstellung der Choräle schließen eine tonartliche Hervorhebung aus: Beide stehen in der Grundtonart G-Dur. Der erste Abschnitt des dritten Satzes aber, beginnend mit den Bibel-Worten „Der Herr, der sprach: Es werde Licht", ist in der Mediante Es-Dur komponiert.

87 Louis Spohr: *Three Symphonies*. Ed. by Joshua Berrett. (The Symphony 1720-1840. A comprehensive collection of full scores in sixty volumes. Series C, vol. 9), New York-London 1980, S. XXIV. Die „Vorerinnerung des Componisten" mit „Inhaltsandeutung" sowie mit dem Gedicht Carl Pfeiffers sind auf S. 5/6 abgedruckt.

88 Paul Thissen: *Zitattechniken in der Symphonik des 19. Jahrhunderts*. (Musik und Musikanschauung im 19. Jahrhundert 5), Sinzig 1998, S. 57; allgemein zu den für unsere Überlegungen wichtigen Sätzen mit Choralzitaten S. 53-62. Thissen betrachtet die Zitate allerdings werkimmanent und geht nicht auf mögliche, über das Werk hinausweisende Bedeutungen ein.

89 Im Brief vom 9. Oktober 1832 an Wilhelm Speyer, der den Adressaten über die IV. Symphonie informiert, bekennt sich Spohr immerhin deutlich zur nationalen Frage mit dem Hinweis auf den „großen Anteil, den ich an der politischen Wiedergeburt Deutschlands nahm und fortwährend nehme" (*Lebenserinnerungen*. Erstmals ungekürzt nach den autographen Aufzeichnungen hrsg. von Folker Göthel. Bd. 2, Tutzing 1968, S. 155). Einen unmittelbaren Zusammenhang zwischen der Symphonie und den politischen Verhältnissen stellt Spohr allerdings nicht her; dies würde der Vorstellung vom ‚zeitenthobenen', ‚absoluten' Rang der Gattung widersprechen. Allerdings ist der ‚poetischen Idee' des Werks, repräsentiert in Pfeiffers Gedicht und der zusammenfassenden *Vorerinnerung*, die Möglichkeit der Aktualisierung immanent.

90 Ernst Moritz Arndt: „*Geist der Zeit IV*", in: *Arndts Werke. Neunter Teil. Kleine Schriften II*. Hrsg. von Wilhelm Steffens. (Arndts Werke. Auswahl in zwölf Teilen. Hrsg. von August Leffson und Wilhelm Steffens. Bd. 9), Berlin etc. [1912], S. 204. – Zu den „geistigen Vätern des Totenfestes [...] zum Gedächtnis an die in den Befreiungskriegen Gefallenen" gehört Friedrich Schleiermacher (Christoph Albrecht: *Schleiermachers Liturgik*. Theorie und Praxis des Gottesdienstes bei Schleiermacher und ihre geistesgeschichtlichen Zusammenhänge. (Veröffentlichungen der Evangelischen Gesellschaft für Liturgieforschung 13), Göttingen 1963, S. 64).

91 In Pfeiffers Gedicht wird kein unmittelbarer Zusammenhang zwischen Schlacht und Tod hergestellt, ebensowenig in Spohrs *Vorerinnerung*, „welche auf dem Concertzettel mit abgedruckt werden muß"; hier folgen aber „Dankgebet" und „Begräbnismusik" aufeinander, so daß Pfeiffers allgemein gehaltene Verse zum Ableben zumindest *auch* auf den Tod in der Schlacht bezogen werden können.

92 *Deutscher Liederhort. Auswahl der vorzüglicheren Deutschen Volkslieder, [...] gesammelt und erläutert von Ludwig Erk. [...] neubearbeitet und fortgesetzt von Franz M. Böhme*. Dritter Band, Leipzig 1894, S. 864.

93 Albrecht Riethmüller: „*Aspekte des musikalisch Erhabenen im 19. Jahrhundert*", in: Archiv für Musikwissenschaft 40 (1983), S. 39.

94 Ebenda, S. 43; hier auch Erläuterungen zum Begriff 'Weihe'.

95 Zu ‚erhabenen' Posaunen ebenda, S. 47. – Riethmüller erwähnt im diesem Zusammenhang der Final-Gestaltung die Coda des Finales aus Mendelssohns *III. Symphonie* (S. 43). Zu möglichen politischen Aspekten dieser Schlußbildung vgl. zwei Arbeiten von Peter Mercer-Taylor: „*Mendelssohn's ‚Scottish' Symphony and the Music of German Memory*", in: 19th Century Music 19 (1995), S. 68-82, sowie *Mendelssohn and the Musical Discourse of the German Restoration*, Diss. Berkeley 1995, S. 199-224.

96 Jörg Heininger: *Erhaben*, in: *Ästhetische Grundbegriffe*. Bd. 2, Stuttgart-Weimar 2001, S. 275-310, hier S. 297 u. 298 (mit einem Zitat aus Kuno Fischer: *Diotima. Die Idee des Schönen*, Pforzheim 1849, S. 204). In der Zeit der Reichsgründung schließlich „erhält die Idee des Erhabenen einen neuen, erfahrbaren Gegenstand der Identifikation mit deutlicher Affinität zu einem religiös verbrämten Nationalismus, das Politisch-Mächtige als ein Wunder verklärend." (S. 298).

97 Gottfried Wilhelm Fink: *„Teutschland – teutsche Musik"*, in: *Encyklopädie der gesammten musikalischen Wissenschaften [...]. Bearbeitet von [...] Gustav Schilling*. Bd. 6, Stuttgart 1838 (Nachdruck: Hildesheim-New York 1974), S. 623. – Vgl. Riethmüller, *Aspekte des musikalisch Erhabenen* (wie Anm. 93, S. 39): „Als Paradigma der Musik im 19. Jahrhundert [...] erscheint die symphonische Musik (– die Gattung ‚Symphonie' wäre zu eingeschränkt –), und deren Geschichte [...] müßte als eine Geschichte des musikalisch Erhabenen abgefaßt werden." Vgl. auch ebenda, S. 47, Anm. 32: „Als musikalischer Charakter kann das Hymnische im 19. Jh. (und mit dessen Fortschreiten verstärkt) auch als Choral-Idiom erscheinen, aber es erschöpft sich keineswegs darin."

98 Eduard Hanslick: *Aus dem Concertsaal*. Kritiken und Schilderungen aus den letzten 20 Jahren des Wiener Musiklebens nebst einem Anhang: Musikalische Reisebriefe aus England, Frankreich und der Schweiz. (Geschichte des Concertwesens in Wien. Zweiter Theil),Wien 1870 (R: Hildesheim / New York 1979), S. 282. – In seinem *Shakespeare*-Buch trifft Victor Hugo die sich mit deutscher Selbst-Identifikation treffende Einschätzung: „Beethoven ist die deutsche Seele" (zit. nach Leo Schrade: *Beethoven in Frankreich*. Das Wachsen einer Idee. [Übers. von Els Schrade und Petra Leonards], Bern-München 1980, S. 94). Zum Zusammenfallen von Auto- und Heterostereotyp vgl. den Schluß der vorliegenden Arbeit.

99 Peter Jost: *„Gelegenheitswerk mit Ambitionen. Richard Wagners Kaisermarsch"*, in: *Musik als Text* (wie Anm. 73), S. 369. Allgemeiner versteht Jost den Choral im Kontext des Marsches auch „als symbolische[n] Ausdruck für den ‚deutschen Geist'." (S. 370).

100 Wolfgang Hardtwig: *„Nationsbildung und politische Mentalität. Denkmal und Fest im Kaiserreich"*, in: W. H.: *Geschichtskultur* (wie Anm. 21), S. 280. Nicht nur die ‚offizielle' Symbolik, sondern auch die ‚borussianische Geschichtslegende' deuten darauf hin, „daß der Protestantismus ungeachtet der rechtlichen Parität als die eigentliche Reichskonfession anzusehen sei." (S. 281).

101 Die Zitate sind der Notiz entnommen, die Wagner der Komposition voranstellt. Hier zit. nach der Taschenpartitur (Leipzig-Wien o. J. [Eulenburg's kleine Partitur-Ausgabe 820]).

102 In seinem Vortrag *Begründung der Form aus dem Inhalte* bemerkt Hermann Küster: Spreche sich ein Gefühl von „vielen Individualitäten" so allgemein aus, „daß es bei einem jeden in derselben Weise sich kund giebt, so tritt es im U n i s o n o oder höchstens im z w e i s t i m m i g e n N a t u r g e s a n g e hervor." (*Ueber den Toninhalt*. Sechs populäre Vorträge mit erläuternden Beispielen, Leipzig 1873, S. 181).

103 *Kriegslieder*. Gesammelt und hrsg. von Georg Richard Kruse, Leipzig [1914] (Reclams Universal-Bibliothek 5711), S. 94/95.

104 Am Rande sei erwähnt, daß Wagners Marsch und Brahms' *Triumphlied* auf dem Musikfest des Allgemeinen deutschen Musikvereins 1887 in Hamburg im selben Konzert aufgeführt wurden. Vgl. den Brief Franz Wüllners an Brahms vom 2. Februar 1887, in: *Johannes Brahms im Breifwechsel mit Franz Wüllner*. Hrsg. von Ernst Wolff. (Johannes Brahms Briefwechsel 15), Berlin 1922, S. 137. – Zum *Triumphlied* vgl. Sabine Giesbrecht-Schutte: *„Gründerzeitliche Festkultur – die ‚Bismarckhymne' von Karl Rheinthaler und ihre Beziehung zum ‚Triumphlied' von Johannes Brahms"*, sowie Peter Petersen: *„Über das ‚Triumphlied' von Johannes Brahms"*, in: Die Musikforschung 52 (1999), S. 70-88 und S. 462-466. Zum Choral vgl. bes. Giesbrecht-Schutte, S. 84-86.

105 J. V. [Joseph Viktor] Widmann: *Johannes Brahms in Erinnerungen*, Berlin ²1898, S. 117. Bemerkenswert ist, daß Brahms neben dem Choral auch das *Tedeum*, somit die charakteristischen religiösen Gesänge des ersten Nationalfestes, erwähnt. –
Hermann Kretzschmar schreibt übrigens über diesen Abschnitt des *Triumphliedes*, der Choral erklinge „aus dem Orchester wie über Glockengeläut hinweg." (*Gesammelte Aufsätze über Musik und anderes aus dem Grenzboten* [Bd. 1], Leipzig 1910, S. 192).

106 Siegfried Kross: *Johannes Brahms.* Versuch einer kritischen Dokumentar-Biographie, Bonn 1997, S. 624. Vgl. auch ebenda, S. 612: „Wie stark [...] das Bewußtsein der Opfer war, die dieser Krieg und die erreichte politische Einigung des Reiches gekostet hatte, erhellt etwa daraus, daß man zu ihrem Gedenken in Hamburg das Brahms-‚Requiem' bei freiem Eintritt aufführte."

107 Schwarz, *Predigten* (wie Anm. 10), S. 28. Die in der Sammlung folgende, „in der Zeit der Belagerung von Paris" gehaltene Predigt trägt den Titel „Das Weltgericht" und legt die Verse 6 bis 8 aus dem 14. Kapitel der Offenbarung aus, ein Text, der vom Fall Babylons handelt. (S. 39-49).

108 Brahms' vielzitierte Äußerung, er würde gern an die Stelle des Wortes „deutsch" im Werktitel „den ‚Menschen'" setzen, scheint ein vom Komponisten intendiertes Verständnis des *Requiems* als ‚Nationalwerk' auszuschließen. Daniel Beller-McKenna macht hingegen geltend, daß „the words ‚Human' and ‚Universal' have been heavily laden from the start with a Eurocentric view of the world. Culturally weighted meaning in those words became more focused in the middle of the nineteenth century when the concept of Humanism crept into nationalistically German theories of history and culture." Unter Berufung auf die Historikerin Liah Greenfeld (*Nationalism.* Five Roads to Modernity, Cambridge 1992) faßt Beller-McKenna zusammen: „although it [Germany] was one nation among many, it represented the highest form of humanity – the expression of the universal through the particular." („*How deutsch a Requiem? Absolute Music, Universality, and the Reception of Brahms's ‚Ein deutsches Requiem', op. 45*", in: 19th Century Music 22 [1998], S. 3-19, Zitate S. 4 u. 13). Hermann Danuser, der das Brahms-*Requiem* heranzieht, um den „Primat der Kunstautonomie" über die Dimensionen Religion und Nation zu beleuchten, nennt merkwürdigerweise Beller-McKenna als Gewährsmann, wenn er die Möglichkeit einer „zeitgebundenen politischen Interpretation des Werktitels" verneint und „stattdessen die kulturelle Wertigkeit des Begriffs ‚Deutsch'" hervorhebt, die in einer „weltweiten Verbreitung" ihre ‚Universalität' beweise („*‚Heilge deutsche Kunst'*, wie Anm. 80, S. 229/230.). – Vgl. Jan Brachmann, *Kunst – Religion – Krise* (wie Anm. 59), bes. das Kapitel „Brahms'‚Vaterlandsreligion'"(S. 192-199), in dem auch „die theologische Doppelbödigkeit des Brahmsschen Nationalismus" thematisiert wird. (S. 193). Bei Brachmann steht die Frage nach der Autorintention im Vordergrund, daher argumentiert er im Wesentlichen auf der Basis von Selbstaussagen und -beschreibungen.

109 Jürgen Heydrich: „*Zwischen religiösem Bekenntnis und nationaler Emphase: Ein deutsches Requiem (op. 45) von Johannes Brahms und sein Gattungskontext*", in: Neues Musikwissenschaftliches Jahrbuch 8 (1999), S. 146.

110 Zitiert nach Hermann Küster: *Die ewige Heimath. Oratorium nach den Worten der heiligen Schrift und des Gesangbuches.* Klavierauszug. Neu Ruppin: Rudolph Petrenz (Nr. 25).

111 *Führer durch den Konzertsaal.* I. Abteilung. Bde. 1 u. 2, Leipzig [6]1921 ([1]1886), S. 664; alle folgenden Zitate ebenda, S. 664/665.

112 Franz Lachner: *Suite No. VI in vier Sätzen für grosses Orchester. [...] Op. 150.* Mainz: Schott (1890 [Nr. 20759]). – Die in der Übersicht in Anführungszeichen gesetzten Begriffe sind aus der Partitur zitiert.

113 Erinnert sei an W. A. Mozarts *Maurerische Trauermusik*, KV 479a, und –nochmals ein halbes Jahrhundert früher – an das *Kyrie* aus Johann Sebastian Bachs *Missa in F*, BC: E 6 (BWV 233).

114 Werner Braun: „*Trauermusik*", in: *Die Musik in Geschichte und Gegenwart.* Zweite, neubearb. Ausgabe, Sachteil 9, Kassel etc. / Stuttgart-Weimar 1998, Sp. 760.

115 Zit. nach Hellmut Federhofer: „*Briefe von Franz und Vinzenz Lachner an Franz und Betty Schott*", in: *Festschrift für einen Verleger.* Ludwig Strecker zum 90. Geburtstag. Hrsg. von Carl Dahlhaus, Mainz 1973, S. 164.

116 Die Tatsache, daß Eduard Ille Schenkendorfs Verse in sein 1866 enstandenes Ölbild *Die Meistersinger von Nürnberg* (aus der Serie *Aus deutscher Sage und Geschichte*) einfügt, beweist deren Verbreitung weit über das Dürer-Fest hinaus. Das Bild ist reproduziert in: *Wagner. Sein Leben, sein Werk und seine Welt in zeitgenössischen Bildern und Texten.* Hrsg. von Herbert Barth, Dietrich Mack, Egon Voss, Wien 1975, Bild 161.

117 Campe, *Gedächtnißfeier Albrecht Dürers* (wie Anm. 34), S. 3 und 4.

118 Michael Brix: *Nürnberg und Lübeck im 19. Jahrhundert.* Denkmalspflege. Stadtbildpflege. Stadtumbau. (Studien zur Kunst des 19. Jahrhunderts 44), München 1981, S. 130, 89 u. 139. Vgl auch S. 24: Bereits

in den 1810er Jahren des 19. Jahrhunderts „war das alte Nürnberg [...] ein Topos für Mittelalter und altdeutschen Kunstfleiß".

119 Zur nationalen Codierung der *Meistersinger* im allgemeinen und zur Funktion der Choräle im I. und III. Akt der Oper im besonderen vgl. Arthur Groos: *„Constructing Nuremberg: Typological and Proleptic Communities in ‚Die Meistersinger'"*, in: 19th Century Music 16 (1992/93), S. 18-34, sowie Stewart Spencer: *„Wagner's Nuremberg"*, in: Cambridge Opera Journal 4 (1992), S. 21-41.

120 Aus Wagners Bühnenanweisung (wie Anm. 49, Bd. 4, S. 199).

121 Wolfgang Hartmann: *Der historische Festzug.* Seine Entstehung und Entwicklung im 19. und 20. Jahrhundert. (Studien zur Kunst des neunzehnten Jahrhunderts 35), München 1976 , S. 145.

122 Groos, *Constructing Nuremberg* (wie Anm. 119), S. 29-31. Vgl. auch S. 30: „Wagner and his contemporaries admired Sachs especially as the popularizer of the Reformation in *Die wittembergische Nachtigall* and the presumed author of many anonymous folk-songs and hymns."

123 Martin Geck: *Von Beethoven bis Mahler.* Die Musik des deutschen Idealismus, Stuttgart-Weimar 1993, S. 119.

124 Vgl. hierzu Lütteken, *Apotheose des Chorals* (wie Anm. 77), auch Oechsle, *Nationalidee* (wie Anm. 80), bes. S. 181.

125 Gerd Rienäcker spricht vom „deus ex machina" und zieht eine Parallele zum Eremiten in Webers *Freischütz,* in einem allgemeineren Sinne könne sich im Choral auch „die protestantisch imprägnierte Trutzfeste" präsentieren. Mögliche politische Implikationen entdeckt Rienäcker auch im *Allegro*-Thema: Brahms beschwöre „Burschenschaftstraditionen herauf, politische Öffentlichkeit also." (*„Nachdenken über Brahms' Sinfonien"*, in: Musik und Gesellschaft 33 [1983], S. 263-269, hier S. 268). Auf klingende Bezüge zur Burschenschaft macht Martin Geck aufmerksam (*Von Beethoven bis Mahler* [wie Anm. 123], S. 120); allerdings erinnert der Beginn des *Allegro*-Themas nicht an das in der *Akademischen Festouvertüre* zitierte „Gaudeamus igitur", wie Geck bemerkt, vielmehr an das – im gleichen Werk aufgegriffene – vaterländische Burschenschaftslied „Wir hatten gebauet ein stattliches Haus".

126 Max Kalbeck: *Johannes Brahms.* Bd. 3. 1874-1885, Berlin ^{2}1912 (R: Tutzing 1976), S. 99.

127 Ebenda, S. 103. – Für Hermann Kretzschmar schließen sich in der Durchführung des Kopfsatzes „die alten Motive des Trotzes [...] wie zum Choralgesang zusammen"; der Abschluß des *Andante sostenuto* wirke „wie eine wahre Musica sacra" (*Führer durch den Konzertsaal* [wie Anm. 111], S. 740 u. 742).

128 Geck, *Von Beethoven bis Mahler* (wie Anm. 123), S. 120.

129 Kalbeck, *Brahms* 3 (wie Anm. 126), S. 108.

130 Neuerdings äußert Walter Werbeck Kritik an „programmatisch-ideellen Deutungen", die von ihm als „in der Regel eher spekulative Unternehmungen" abqualifiziert werden: *„‚Ganz anders' als Beethoven? Das Finale der ‚Ersten Symphonie' von Johannes Brahms"*, in: *Rezeption als Innovation.* Untersuchungen zu einem Grundmodell der europäischen Kompositionsgeschichte. Festschrift für Friedhelm Krummacher zum 65. Geburtstag. Hrsg. von Bernd Sponheuer u. a. (Kieler Schriften zur Musikwissenschaft 46), Kassel etc. 2001, S. 305-322, Zitate S. 311. Zu fragen bleibt allerdings, ob erst „genauere Aufschlüsse" über den Verlauf der Musik „derartige Deutungen nahelegen" können; denn das von Werbeck favorisierte (im Gegensatz zu den ‚spekulativen' Versuchen offenbar ‚ernsthafte') Verfahren, werkimmanente Betrachtungen hermeneutisch nutzen zu können, kann ebensowenig die Ebene des Spekulativen verlassen. So einleuchtend Werbecks formanalytische Darlegungen sind: Die auf deren Basis getroffenen Wertungen – wenn z. B. von der „angestrengten Drastik der Apotheose des Chorals" gesprochen wird (S. 321) – besitzen keine argumentatorische Kraft, sie sind letztlich nur Ausdruck persönlicher Urteile. – Das in der vorliegenden Arbeit vorgeschlagene Verfahren, musikalische Kunstwerke einem ‚deutsch-nationalen Diskurs' zu konfrontieren, stellt dagegen nicht den Komponisten in den Vordergrund (‚Wie nationalistisch war Brahms?'), sondern versucht Bedingungen zu nennen, unter denen eine bestimmte Rezeption (‚programmatisch-ideelle Deutungen') möglich ist.

131 Erich Valentin: *Ewig klingende Weise.* Ein Lesebuch vom Wesen und Werden deutscher Musik. (Von deutscher Musik 63/64), Regensburg 1940, S. 82/83. Beachtenswert ist die Wortbildung vom „Bismarckdeutschen", die zweifellos auf den präfaschistischen „Rembranddeutschen" Julius Langbehn anspielt.

132 Oechsle; *Nationalidee* (wie Anm. 80), S. 178.

133 Giesen, *Die Intellektuellen* (wie Anm. 11), S. 22.

134 Wodak u. a., *Diskursive Konstruktion* (wie Anm. 63), S. 61.

135 Giesen, *Die Intellektuellen*, S. 29. Vgl. auch ebenda S. 149/150: Vorstellungen wie die von einer distinkten Nationalkultur sind durch eine „mythische Grundstruktur" geprägt und verweisen daher „auf eine [...] mit den Koordinaten der Gegenwart nicht genau bestimmbare Welt", gerade deshalb aber – indem nämlich die Kontingenz latent gehalten wird – eignen sie sich zur Identitätsfindung. – An anderer Stelle bemerkt Giesen: „Identität entsteht als Selbstbehauptung und Selbstbestimmung von handelnden Subjekten. Aber diese Selbstbestimmung gelingt nur dann, wenn sie von anderen anerkannt wird. Kollektive Identität verdoppelt die Kontingenzen dieser Anerkennung noch: Die Außenstehenden müssen nicht nur die Identitätsbehauptung eines einzelnen Subjektes anerkennen, sondern auch die Gleichheit der Gemeinschaftsangehörigen im Hinblick auf die behauptete Identität. Anerkennung läßt sich dabei eben nicht bloß durch Nützlichkeit erwirken, sondern bezieht sich auf die Autonomie des anerkannten Subjekts. Bei diesem Prozeß der Selbstbestimmung und Anerkennung greifen die Handelnden auf Bilder und Unterscheidungen der Kultur zurück, in der die sich bewegen." (Kollektive Identität [wie Anm. 48], S. 18/19).

136 Florack, *Nation als Stereotyp* (wie Anm. 6), S. 24.

137 Hans Manfred Bock: *„Nation als vorgegebene oder vorgestellte Wirklichkeit? Anmerkungen zur Analyse fremdnationaler Identitätszuschreibung*", in: *Nation als Stereotyp* (wie Anm. 6), S. 12. Der konstruktivistischen Perspektive geht es dagegen um „Identitätszuschreibung".

138 Vgl. ebenda, S. 27: „In den letzten dreißig Jahren der sozialwissenschaftlichen Befassung mit den Konstituierungsursachen von Nationen und Nationalbewegungen wurde die ältere ontologisierende Nation-Auffassung und der ihr verwandte ‚naturalistische' Legitimations-Diskurs definitiv überwunden". – Zum Stand der Steretoypforschung vgl. vor allem Florack, *Nation als Stereotyp* (wie Anm. 6).

139 Lütteken, *Apotheose des Chorals* (wie Anm. 77), S. 27.

140 Wagner, *Über deutsches Musikwesen* (wie Anm. 49), S. 161.

141 Erk / Böhme, *Deutscher Liederhort* (wie Anm. 92), S. 693. Die Überschrift lautet „Allgemeines Danklied".

142 Franz M. Böhme: *Altdeutsches Liederbuch. Volkslieder der Deutschen nach Wort und Weise aus dem 12. bis 17. Jahrhundert*, Leipzig 1877 (R: Hildesheim / Wiesbaden 1966), S. 738 (im Original gesperrt) und S. 737. Die Zuweisung „evangelisches Glaubens- und Heldenlied" findet sich auch im *Liederhort* (S. 688). Kretzschmars Kennzeichnung des Liedes als „Heldenchoral" ist also durchaus kein Unikum.

143 Thomas Mann: *Buddenbrooks. Verfall einer Familie*, Frankfurt a. M. 1981. (*Gesammelte Werke in Einzelbänden. Frankfurter Ausgabe.* Hrsg. von Peter de Mendelssohn), S. 500.

144 Vgl. hierzu vom Verfasser: *„Mit Kanonen auf Operetten – Jacques Offenbach und der deutsch-französische Krieg 1870/71*", in: *Studien zu den deutsch-französischen Musikbeziehungen im 18. und 19. Jahrhundert.* Bericht über die erste gemeinsame Jahrestagung der Gesellschaft für Musikforschung und der Société franHaise de musicologie, Saarbrücken 1999. Hrsg. von Herbert Schneider. (Musikwissenschaftliche Publikationen 20), Hildesheim etc. 2002, S. 409-421.

145 *Musikalischer Hausschatz der Deutschen. Eine Sammlung von über 1000 Liedern und Gesängen mit Singstimmen und Klavierbegleitung*, Leipzig o. J. [nach 1889], S. 759 u. 767. – *Schauenburgs allgemeines Deutsches Kommersbuch.* Unter musikalischer Redaktion von Fr. Silcher und Fr. Erk, [43]Lahr o. J., S. 29/30. – *Germania. Deutsches Volksgesangbuch.* Hrsg. von Ludwig Erk. Neue, verbesserte und mit Melodien versehene Ausgabe, Berlin (1868), S. 223/224. Den beiden Liedern folgt Mendelssohns *Es ist bestimmt in Gottes Rat.* – *Kriegslieder* (wie Anm. 103), S. 26/27. u. 60. Aus dem katholischen Repertoire ist „Großer Gott, wir loben dich" enthalten (S. 35). Ein weiteres Beispiel für Choral-Anklänge finden wir im Gedicht *1914* von Georg Reicke, das mit den Zeilen beginnt „Und wenn die Welt voll Waffen starrt, / was deutsch ist, zu bedrohen" (S. 69) – eine unüberhörbare Allusion an die dritte Strophe von *Ein feste Burg*: „Und wenn die Welt voll Teufel wär'/ und wollt' uns gar verschlingen".

146 Berlin: Richard Birnbach (1914), S. 25-30.

147 Vgl. Regers Mitteilungen an den Verlag Simrock (8. Oktober 1914) und an Oberbaurat Fritz (13. Oktober 1914), in: Hermann Wilske: *Max Reger.* Zur Rezeption in seiner Zeit. (Schriftenreihe des Max-Reger-Instituts Bonn 11), Wiesbaden etc. 1995, S. 293. – Ein vergleichbares Werk aus dem 19. Jahr-

hundert ist Joachim Raffs *Fest-Ouvertüre (für Blasinstrumente) über vier beliebte Burschenlieder zur fünfzigjährigen Jubelfeier der deutschen Burschenschaft (14. 15. 16. August 1865). Op. 124*, das die Lieder „Wir hatten gebauet ein stattliches Haus", „Wo Mut und Kraft in deutscher Seele flammen", „Sind wir vereint zu guter Stunde" sowie – als umspannenden Rahmen – „Was ist des Deutschen Vaterland" zitiert. Publiziert wurde das Werk in einer Fassung für Klavier vierhändig (Bremen: Praeger & Meier o. J.); auf dem Titelblatt ist eigens vermerkt: „aufgeführt am Hauptfesttage auf dem Markte zu Jena".

148 Reinhold Brinkmanns Klassifizierung der Ouvertüre als Beispiel für Regers „Hurrapatriotismus beim Ausbruch des Ersten Weltkrieges" dürfte kaum widersprochen werden. Wenn aber Brinkmann das gleichzeitig projektierte *Requiem* für eine „Gegenbewegung" namhaft macht, nämlich als „Dokument des Entsetzens und des Aufschreis", droht die historische Perspektive aus dem Blick zu geraten. Das Fragment gebliebene Werk reiht sich allzu nahtlos in die Geschichte nationaler Trauerkompositionen ein, zumal das *Requiem* durch ein *Tedeum* ergänzt werden sollte: die Nähe zur Kombination von *Deutschem Requiem* und *Triumphlied* liegt auf der Hand. In der Tat sind die beiden Projekte Regers „Teil der deutschnationalen Agenda" („*Ein ‚letzter Riese in der Musik'. Gedanken zu Max Reger im 20. Jahrhundert*", in: Jahrbuch des Staatlichen Instituts für Musikforschung preußischer Kulturbesitz 2000, S. 9-35, Zitate S. 10, 12 u. 13).

149 Dies vollzieht sich im Rahmen der ins Positive gewandelten Umwertung des Begriffs des ‚Gotischen'. Vgl. hierzu Bernd Sponheuer: „*Über das ‚Deutsche' in der Musik. Versuch einer idealtypischen Rekonstruktion*", in: *Deutsche Meister – böse Geister?* (wie Anm. 80), S. 123-150; dort S.142: „Mit der Vorstellung des ‚Deutschen' als tönender ‚Gotik' ist zum ersten Mal ein uneingeschränkt positiver Begriff des spezifisch ‚Deutschen' in der Musik konzipiert worden." Vgl. auch Hinrichsen, *‚Dombaumeister'* (wie Anm. 82). – Zur Veranschaulichung sei ein Beispiel von Johannes Scherr herangezogen: Hier wird Johann Sebastian Bach als „genialer Beherrscher des in majestätischen Fugen einherflutenden deutschen Tonstromes" charakterisiert. (*Deutsche Kultur- und Sittengeschichte* [wie Anm. 56], S. 219).

150 [Julius Langbehn:] *Rembrandt als Erzieher*. Von einem Deutschen, Leipzig [22]1890, S. 209.

151 Mann, *Betrachtungen* (wie Anm. 57), S. 320.

152 Oechsle, *Nationalidee* (wie Anm. 80, S. 181) bemerkt: „Zwar können die Choraltopoi von Mendelssohn über Bruckner bis hin zu Mahler keineswegs als ein genuin deutsches Phänomen gelten. Immerhin haben jedoch vor allem die choralhaften Elemente in den späteren Instrumentalwerken César Francks [...] die historische Diskussion über seine deutsche Prägung maßgeblich beeinflußt."

153 Donald W. Krummel / James Deaville (übers. von Thomas M. Höpfner): „*Chicago*", in: *Die Musik in Geschichte und Gegenwart*. Zweite, neubearb. Ausgabe, Sachteil 2, Kassel etc./ Stuttgart-Weimar 1995, Sp. 664. (Vgl. auch die Abbildung der Music Hall in Cincinnati und die Bilderläuterung bei Carl Dahlhaus: *Klassische und romantische Musikästhetik*, Laaber 1988, S. 323.) Zur US-amerikanischen Rezeption des Luther-Liedes vgl. neuerdings Andreas Baudler: „*Göttliche Streitmacht. Luthers Lied ‚Ein feste Burg' und die amerikanischen Methodisten*", in: Musik und Kirche 73 (2003), S. 244-246. – In diesem Zusammenhang kann nur kurz auf einen bestimmten, häufig anzutreffenden Hymnen-Typus hingewiesen werden: „Fast alle monarchischen Hymnen haben eine feierlich getragene Melodie, die an Kirchenchoräle erinnert." (Fehrenbach, *Politische Symbole* [wie Anm. 39], S. 315). Der ‚Prototyp' der Monarchen-Hymne ist sicherlich „God save the King / Queen"; gerade an dieser Hymne erweist sich aber, daß eine ‚Choral-Melodie' auch zur klingenden Repräsentation der Nation taugt.

154 Neben der ‚diskursiven Herstellung' von nationaler Identität wird von Wodak u. a. deren Definition durch „institutionelle Praxen" diskutiert. (Wodak u. a., *Diskursive Konstruktion* [Anm.63], S. 102). Der im gleichen Zusammenhang erwähnte Anteil ‚sozioökonomischer Strukturen' kann m. E. in unserem Zusammenhang vernachlässigt werden.

155 Ute Gerhard / Jürgen Link: „*Zum Anteil der Kollektivsymbolik an den Nationalstereotypen*", in: *Nationale Mythen und Symbole in der zweiten Hälfte des 19. Jahrhunderts*. Strukturen und Funktionen von Konzepten nationaler Identität. Hrsg. von Jürgen Link und Wulf Wülfing. (Sprache und Geschichte 16), Stuttgart 1991, S. 31-33.

156 Florack, *Nation als Stereotyp* (wie Anm. 6), S. 21.

157 Mann, *Betrachtungen* (wie Anm. 57), S. 46.

158 Zit. nach Manfred Naumann: *Stendhals Deutschland.* Impressionen über Land und Leute, Weimar 2001, S. 113.

159 Wolfgang Leiner: *Das Deutschlandbild in der französischen Literatur*, Darmstadt ^{2}1991, S. 229, weitere Beispiele S. 230. Leiner stellt fest, daß sich „die Selbsteinschätzung der Deutschen [...] hier doch weitgehend mit der Fremdeinschätzung" treffe. (S. 230).

160 Ebenda, S. 232 (Übersetzung von W. Leiner). Vielleicht war Hugo Heinrich Heines Schrift *Zur Geschichte der Religion und Philosophie in Deutschland* bekannt, in der es bereits über den Choral „Ein feste Burg" heißt: „Jenes Lied, die Marseiller Hymne der Reformation, hat bis auf unsere Tage seine begeisternde Kraft bewahrt." (Heinrich Heine: *Sämtliche Werke in 12 Bänden.* Hrsg. von Klaus Briegleb, Bd. 5: Schriften 1831-1837. Hrsg. von Karl Pörnbacher, München-Wien 1976; Taschenbuchausgabe. [= Ullstein-Buch Nr. 37085], Frankfurt a. M. etc. 1981, S. 547).

Bärbel Beinhauer-Köhler

„Sacralizing Consumerism"? – Werbung im Islam

1. Perspektiven

Werbung ist ein Thema, dem sich die Religionswissenschaft häufiger annimmt, da in diesem Bereich des Alltags immer wieder auf kulturell verankerte religiöse Symbole rekurriert wird. Werbeanzeigen und -filme wurden bereits für verschiedene Kontexte, mit wenigen Ausnahmen aber überwiegend hinsichtlich christlicher Reminiszenzen bzw. mittels Werbematerials westlicher Länder, untersucht.[1]

Der Blick auf den Islam eröffnet neue Perspektiven: Zunächst kann Neues zur funktionalen Beziehung zwischen Werbung und Religionen erfahren werden. *J. Daniel White*, der 1990 in einem Artikel zeitgenössische Werbeanzeigen in Indien untersucht hat, stellte fest, daß bekannte religiöse Bilder von Göttern auf Produktanzeigen oder Verpackungen angebracht zu einer „Sakralisierung des Konsums" führten, indem der Käufer durch Übertragung der mit den Bildern verbundenen Ideale und Werte das Gefühl bekomme, sich auch mit seinem Kauf innerhalb einer religiösen Sphäre zu bewegen.[2] Hier stellt sich die Frage, ob diese Beobachtung auf andere Religionen, beispielsweise den Islam, übertragbar ist.

Darüber hinaus ist Werbung ein Bereich, in dem sich sehr gut Grenzbereiche zwischen religiöser und säkularer Lebenswelt ausloten lassen. Die religionswissenschaftliche Grundsatzfrage nach der Begrenzbarkeit von Religion in eine eigene Sphäre erhält neue Nahrung. Die Auseinandersetzung mit dieser Fragestellung ist anhand des Islam besonders reizvoll, herrscht doch hier traditionell mit Bezug auf Politik und Recht die Auffassung vor, im Islam bestehe keinerlei Trennung zwischen ‚Religion' und ‚Welt'.[3]

Auch innerislamisch ist das Thema näherer Betrachtung wert. Traditionell ist es theologisch umstritten, Lebewesen abzubilden, was zumindest für öffentliche und sakrale Bauwerke und andere Medien zu einer gewissen Norm und dem Ausweichen in andere Bildbestände geführt hat.[44] Die Betrachtung eines Bereichs, in dem in anderen Kulturen in höchstem Maße mit der Abbildung von Lebewesen gearbeitet wird, wirft besondere Fragestellungen auf, grundsätzlich die nach der Beschaffenheit islamischer Werbung bezüglich der Abbildung von Lebewesen sowie diejenige nach der Art der Rezeption klassischer islamischer Bilder und Symbole und ihrer Funktion.

Schwerpunktartig sollen Produkte mit ihrem eigentümlichen Design, Verpackungen sowie Werbeanzeigen aus Nordeuropa betrachtet werden. Diese Auswahl kann nicht beanspruchen, repräsentativ für *den* Islam zu sein, sie spiegelt allerdings die Verwurzelung islamischer Gemeinschaften in Europa wider, für die sich längst auch eine eigene Konsumwelt etabliert hat. Zum Teil sind die dort vertriebenen Produkte international und könnten somit auch für andere Regionen stellvertretend betrachtet werden, zum Teil sind sie spezifisch auf die Bedürfnisse und Wünsche von Muslimen in der Diaspora zugeschnitten. Dies muß bei der Betrachtung der Objekte im Einzelnen berücksichtigt werden. Grundsätzlich erstreckte sich der Untersuchungsrahmen besonders auf das Rhein-Main-Gebiet, wo sich in bestimmten Vierteln, beispielsweise dem Frankfurter Bahnhofsviertel, eine fast geschlossene orientalische Ladenwelt findet, die eine Vielzahl von Regionen spiegelt. So gibt es neben türkischen auch iranische, pakistanische und nordafrikanische Geschäfte, darunter solche für Gemischtwaren, Lebensmittel, Bekleidung und Musik bis hin zu Buchläden.

2. Das Material

Eine erste Aussage zur Verflechtung der Bereiche Islam und Werbung ist die Beobachtung, daß man nach Produkten mit eindeutig religiöser Symbolik im Äußeren oder der Verpackung suchen muß. Die Mehrzahl der Waren, die türkische oder andere Supermärkte oder Gemischtwarenläden führen, zeichnen sich durch keinerlei religiöse Bezüge aus. Man muß erst genauer hinschauen, um einige Artikel ausfindig zu machen, die auf den Islam oder die traditionelle Kultur verweisen.

Solche Artikel sind durch die Verwendung mehrerer gestaltender Elemente als ‚islamisch' gekennzeichnet: die Moschee (*masǧid*), u. U. reduziert auf ein Minarett (*minārd*), die Gebetsnische (*miḥrāb*), religiöse Termini als Produktnamen, Kalligraphie, die Farbe Grün, den Halbmond (*hilāl*) sowie eine Kopfbedeckung oder Verschleierung bei abgebildeten Frauen (*ḥiǧāb*) und nicht zuletzt die Hand der *Fāṭima* (*ḫamsa, yad Fāṭima*). Einige näher zu beschreibende Beispiele mögen die Verwendung dieser bildhaften Elemente zunächst illustrieren:

Betrachten wir zunächst die Verpackung von tiefgekühlten, in Burgern zu verwendenden Hühnerfleisch-Patties **(Abb. 1)**. Das Produkt kommt einerseits zeitgenössischen Wünschen nach amerikanisch geprägter Fastfood nach, insofern als die Hühnerteile auf der Verpackung als „Burger" klassifiziert werden und zum Firmenlogo auch die englische Zeile ‚The Best Quality' gehört. Andererseits weist die Verpackung zahlreiche Hinweise auf den Islam auf: Die das Fleisch anbietende Firma trägt den Namen ‚Mekkafood'. Die Verpackungsschachtel, nicht nur dieses Produktes, sondern der ganzen Produktlinie, ist grüngrundig, ebenso wie der grellgrün hervorstechende Schriftzug ‚Mekkafood'. Ferner ist auf der Vorderseite zweifach als eine Art Gütesiegel der Hinweis ‚halal'[5] angebracht. Die Tatsache, daß das zu erstehende Fleisch religiös korrekt geschlachtet wurde und der Käufer sich also im Rahmen der Vorschriften seiner Religion befindet, wird ferner durch einen Bogen oberhalb des Firmenlogos unterstrichen, der eine Gebetsnische oder Moscheekuppel assoziieren läßt. In diesem Fall ist es also eine ganze Reihe von Elementen, die in den islamischen Kulturraum verweisen.

Nach ähnlichen Prinzipien scheint die Verpackung der „Molla"-Minisalami gearbeitet **(Abb. 2)**, nur daß offenbar eine andere Zielgruppe, nämlich Kinder, angesprochen werden sollen. Auch hier wird ein halÁl-geschlachtetes Fleischprodukt vertrieben, das vom Äußeren her an vergleichbare Minisalamis aus Schweinefleisch angelehnt ist. Der islamische Bezug wird durch einen MullÁ am linken Rand erzeugt, dessen lachendes Gesicht als eine Comicfigur gestaltet ist. Er ist allein durch Turban und Bart als islamischer Würdenträger erkennbar, darüber hinaus soll er durch sein heiteres Gesicht eindeutig Sympathien auf sich ziehen. Auch bei dieser Verpackung fehlt nicht das HalÁl-Siegel. Davon abgesehen sind keine weiteren islamischen Symbole angebracht, die Farbgebung ist bunt, Goldumrandungen setzen Glanzlichter.

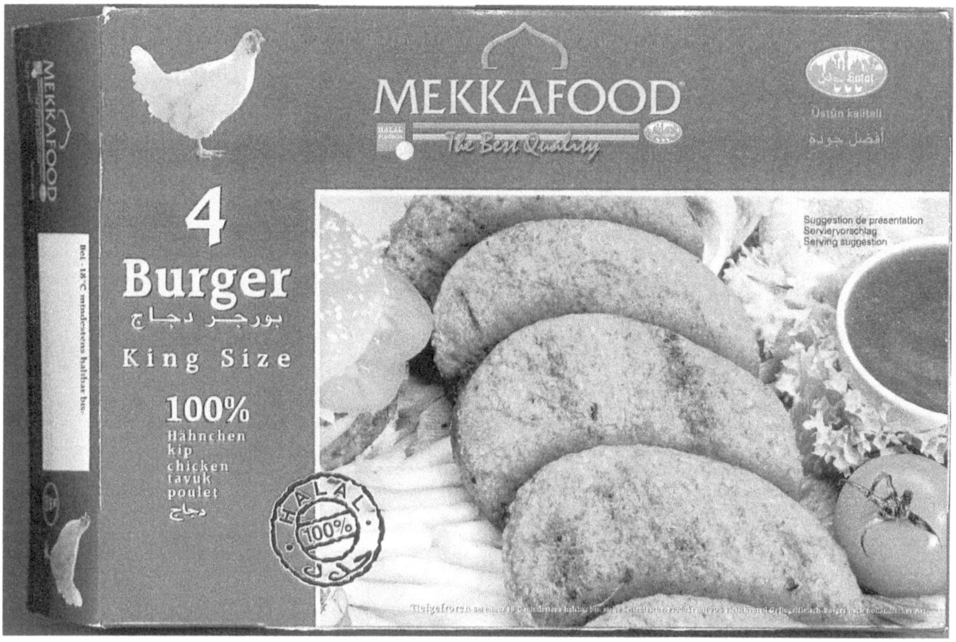

Abb. 1 ‚Mekkafood': Hühnerfleisch-Patties

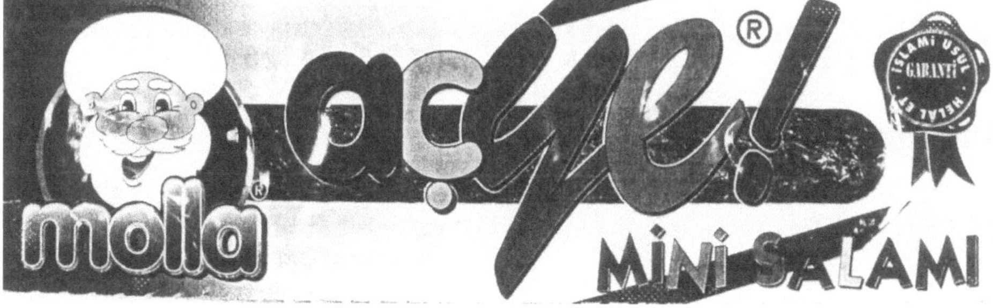

Abb. 2 ‚Molla' Minisalami

الهدى

للنشر والتوزيع

Alhoda

PUBLISHERS, BOOKSELLERS AND DISTRIBUTORS

AL HODA

MIDDLE EASTERN STUDIES,
ISLAM & MUSLIM WORLD

76-78, CHARING CROSS ROAD,
LONDON WC2H OBB

TEL: 0171-240 8381 FAX: 0171-497 0180
E-mail: alhoda@alhoda.com
URL:http://www.alhoda.com

Abb. 3 Buchladen „alhoda“

Ein Londoner Buchladen, der überwiegend originalsprachliche orientalische und besonders religiös-islamische Literatur vertreibt, trägt den Namen „alhoda“, „die Rechtleitung“. Hier ist der Name Programm, was sich auch in der Papiertüte ausdrückt (**Abb. 3**), die der Käufer mit seinem Kauf erhält. Auf ihr prangt der Name des Ladens in arabischen und lateinischen Buchstaben, jedoch in beiden Fällen in traditioneller kufischer Schrift, was ebenfalls religiöse Assoziationen weckt. Die gewählte Schriftfarbe ist ein Blauton.

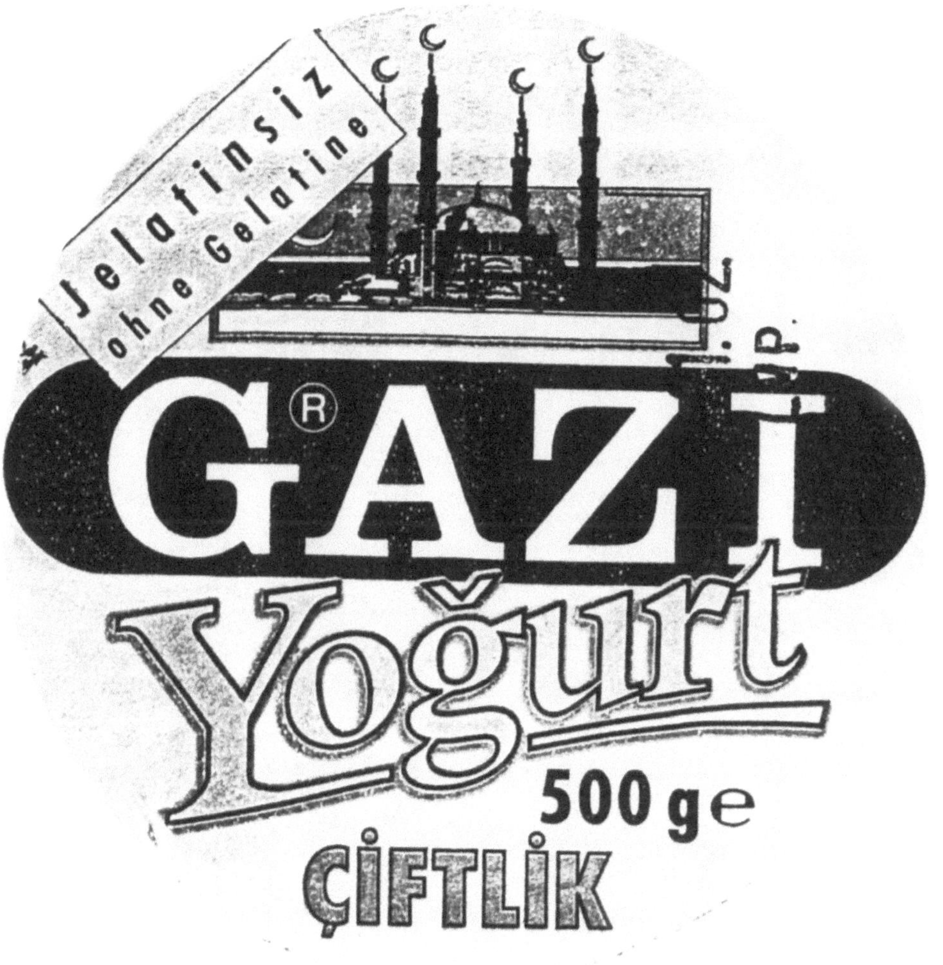

Abb. 4 Milchproduktelinie der Stuttgarter Garmo-GmbH trägt den Namen „Gazi“.

Eine Milchproduktelinie der Stuttgarter Garmo-GmbH trägt den Namen „Gazi“ (**Abb. 4**). Dies ist die alte osmanische Bezeichnung für Kämpfer gegen die Christen. Der Becher ist in den typischen Farben für Milchprodukte gehalten, er ist überwiegend weißgrundig und hellblau mit kleineren roten und gelben Bildelementen. Über dem zentralen Weiß auf roten Schriftzug prangt eine an die *Hagia Sophia* erinnernde Moschee mit vier Minaretten, die von Halbmonden gekrönt sind. Mond und Sterne am Firmament lassen zudem ein ‚orientalisches' Flair entstehen, ebenso wie das zweifach gegenüberliegende Medaillon, in dem die Information angebracht ist.

Eine Ansammlung religiöser Symbole verleihen der in Taiwan produzierten „Allah-Akbar Alarm Clock" nahezu eine eigene religiöse Aura, obwohl es sich um einen gewöhnlichen Wecker handelt **(Abb. 5)**. Er hat die Form einer grünen Moschee von 20 x 7 x 12,5 cm. Das Ziffernblatt ist von einer goldenen Kuppel gekrönt, links und rechts erheben sich kleine Minarette, die mit Halbmonden abschließen. Der Weckton ist der Gebetsruf des Muezzins mit dem Unterschied, daß dieser sich am Sonnenstand orientiert, der Wecker aber jeweils nur zu der manuell eingestellten Zeit weckt. Das Produkt ist durch seine äußere Form, seine Farbgebung und seinen Ton dem Islam zuzuordnen. Sein Verpackungskarton unterstützt diese Assoziation durch die Seitenflächen strukturierende Medaillons, die an Gebetsnischen erinnern, sowie durch ein florales Dekor des Hintergrundes.

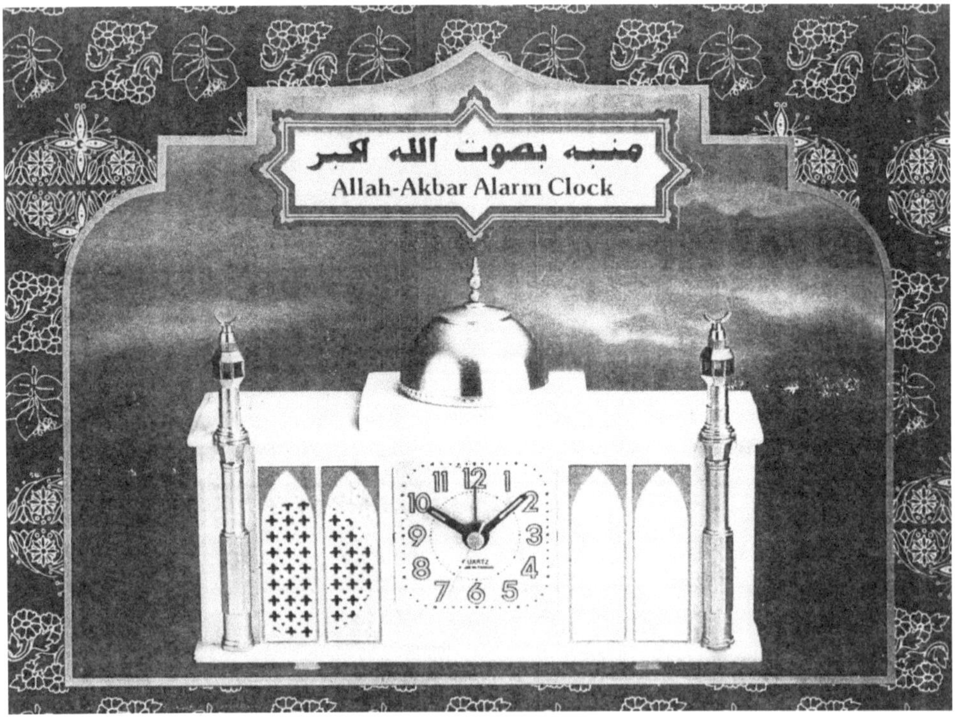

Abb. 5 Die in Taiwan produzierte „Allah-Akbar Alarm Clock"

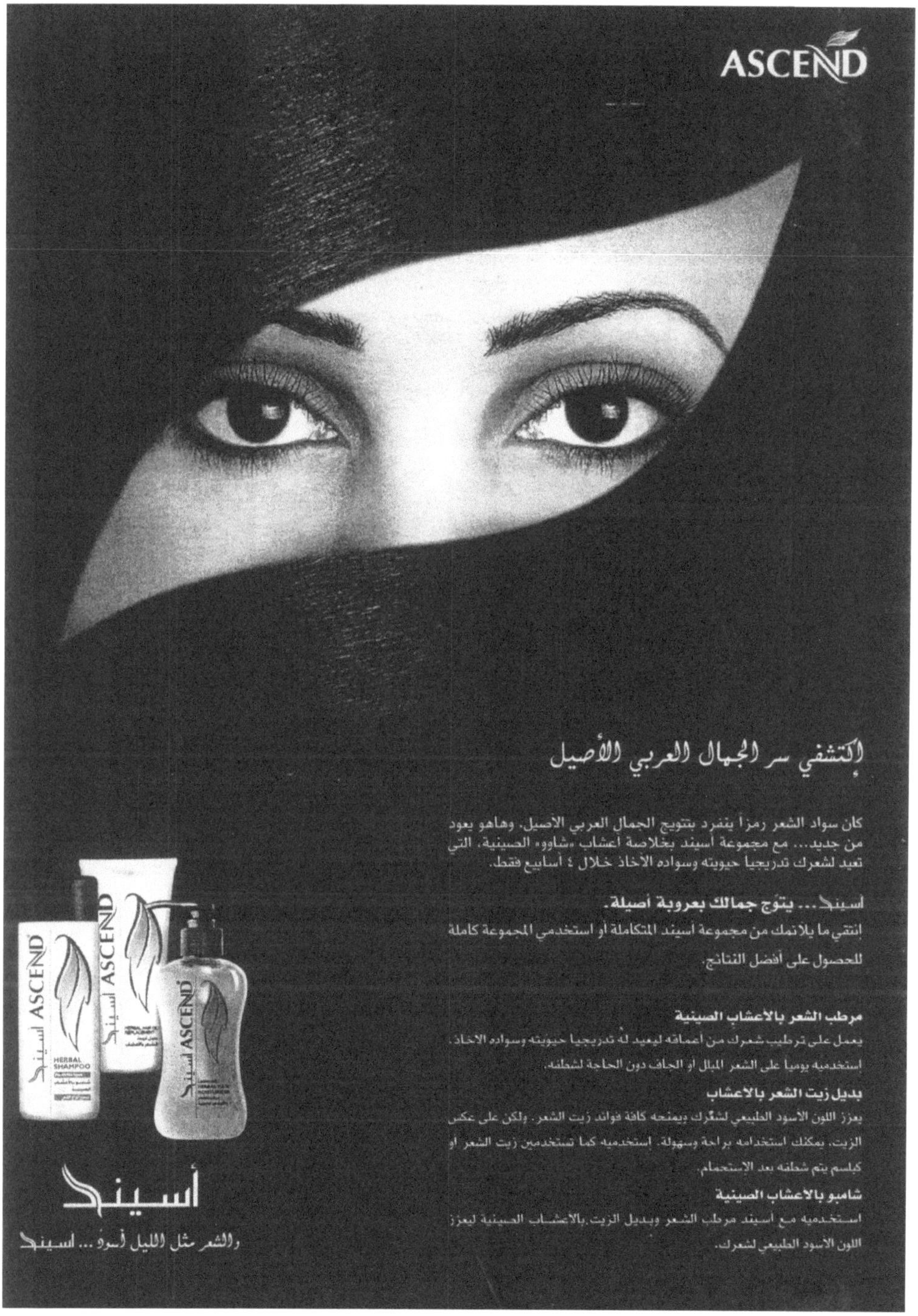

Abb. 6 Werbeanzeige für das Shampoo der Firma „Ascend" in der internationalen arabischen Frauenzeitschrift „Hia"

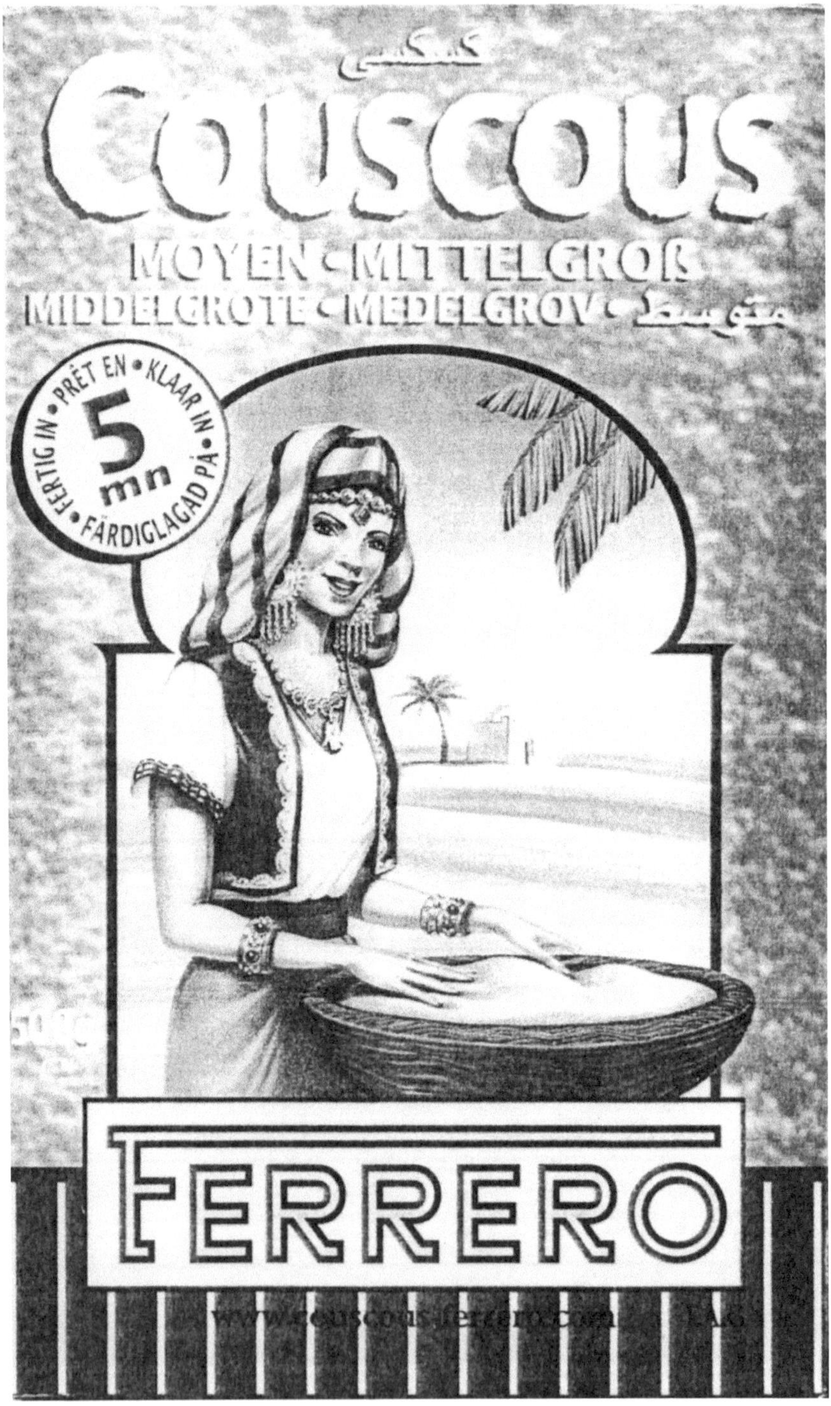

Abb. 7 Verpackung der Firma Ferrero, die ein Instant-Couscous enthält.

Auch im Orient oder für ein orientalisches Publikum wird mit Vorliebe durch das weibliche Geschlecht geworben. Zahlreiche Werbeanzeigen bilden Frauen ab, jedoch mit den unterschiedlichsten Lösungen, was die traditionellen Bekleidungsvorschriften betrifft. Eine originelle Lösung zeigt die Werbeanzeige für das Shampoo der Firma „Ascend“ in der internationalen arabischen Frauenzeitschrift *Hia* **(Abb. 6)**.[6] Der Betrachter nimmt auf den ersten Blick einen Frauenkopf wahr, dessen schwarze Bedeckung nur die elegant geschminkten Augen sowie die Augenbrauen sichtbar läßt. Auf den zweiten Blick erkennt man, daß es sich keineswegs um einen Schleier handelt, der Haar und Gesicht der Frau bedeckt, sondern um das tiefschwarze, kunstvoll drapierte, feine Lichtreflexe verursachende Haar selbst. Der Text lautet: „Enthülle (*iktašifī*)[7] das Geheimnis der ursprünglichen arabischen Schönheit.“ In diesem Fall wird spielerisch mit den traditionellen, mit dem Islam verbundenen Bekleidungsnormen umgegangen. Denn ganz offensichtlich scheinen sie für die Käuferinnen nicht mehr unbedingt zu gelten, wenn sie sich durch eine derartige Anzeige angesprochen fühlen sollen. Auf sie wirkt vielmehr der Hinweis auf regionale Schönheitsideale und vermutlich gerade der ironische Umgang mit gesellschaftlichen Normen. Dabei ist zu erwähnen, daß in der Frauenzeitschrift und anderen des gleichen Typs, die durch Preis und Inhalt eher für westlich orientierte Frauen gedacht sind, normalerweise auch unverschleierte Frauen abgebildet werden. Oftmals schalten internationale Firmen die gleichen Anzeigen, die sich auch in europäischen Frauenzeitschriften finden.[8]

Die „Hand der *Fāṭima*“ ist ein Bildmotiv, das keine wirkliche religiöse Botschaft transportiert, sondern zu dem Zweck angebracht wird, eine ‚orientalische‘ Atmosphäre zu erzeugen, ähnlich wie dies auch oft durch Mond und Sterne oder geschwungene Medaillons, etwa am Beispiel des Joghurtbechers, geschieht. Wir finden sie beispielsweise auf einer Verpackung der Firma *Ferrero*, die ein Instant-Couscous enthält **(Abb. 7)**. Die Grundfarbe ist Blau, in einem hufeisenförmigen Torbogen steht ein Mädchen mit einer Couscousschale. Um den Hals des Mädchens hängt ein Handamulett. Sie steht vor einer Wüstenlandschaft mit einem kleinen Kuppelbau und einer Palme in Hintergrund. Die ganze Motivik ist im ‚orientalistischen‘ Stil gehalten.[9]

3. Die Produkte und ihr Bezug zum Islam

Die ausgewählten Artikel unterscheiden sich in ihrem Bezug zur im engeren Sinne religiösen Sphäre. Einige sind bereits an sich Teil des religiösen Lebens, beispielsweise die halÁl-geschlachteten Fleischprodukte oder die Tüte des Londoner Buchladens, in dem islamische Literatur verkauft wird. Die äußere Gestalt der Verpackungen unterstützt diese innere Verbundenheit, indem der Käufer durch den Ladennamen „alhoda“ oder die vielschichtigen Hinweise auf dem „Mekkaburger“ den Eindruck gewinnt, mit dem Kauf Forderungen seiner Religion in besonderem Maße gerecht zu werden.

Eine zweite Gruppe von Artikeln werben ebenfalls mit islamischer Symbolik, ohne daß jedoch ein Produkt vorläge, das für die Ausübung des Islam eine Rolle spielte: Dies trifft für den beschriebenen Joghurtbecher der Marke *Gazi* zu, wie auch in besonderem Maße für Design und Verpackung des Weckers. Unabhängig vom Produktinhalt erhalten diese durch ihr Aussehen und die z. T. mehrfache Verwendung religiöser Symbolik einen Bedeutungsgehalt, der sie der religiösen Sphäre zuordnen läßt. Für fromme Muslime könnte dies durchaus einen Kaufanreiz bieten. Im Falle des *Gazi*-Joghurts spielt aber noch eine andere Motivation eine Rolle. Dort scheint auch der Patriotismus speziell in Deutschland lebender Türken angesprochen zu werden, wenn sie sich in positiver Weise mit dem ‚Eroberer' christlichen Territoriums identifizieren oder durch das Bild der *Hagia Sophia* angesprochen fühlen.

Eine ganz eigene Gruppe mit Deutungsvarianten bilden Verwendungen des *ḥiğāb*. Sie scheinen im Wesentlichen der Idee zu folgen, daß das Kopftuch ein charakteristisches Element des weiblichen Erscheinungsbildes darstellt. Demzufolge ist das Bild einer Frau mit Kopftuch ein Teil des common sense. In dieser Weise wird häufig eine Frau mit Kopfbedeckung zu Werbezwecken gezeigt, beispielsweise in einer Werbung für Schmuck.[10] In einem anderen Fall kommt dem Kopftuch eine politische Bedeutungsebene zu: In einer Anzeige für ein spezielles Bankenprogramm für Frauen der „National Commercial Bank" in der Zeitung *Asharq al-Awsat* sieht man eine elegante Frau mit Kopftuch im Halbprofil. Der Werbetext lautet. „Weil du eine moderne Frau mit speziell auf ihr Leben zugeschnittenen Lösungen bist, sei es, daß du berufstätig oder Hausfrau bist...".[11] Hier ist ganz offenbar ein Typ Frau angesprochen, die über einen gewissen Bildungsstandard sowie finanzielle Mittel verfügt und sich gleichermaßen in einem traditionsbewußten Äußeren wiederfindet. Dieser Frauentyp ist in der Gegenwart weit verbreitet, wo es einen Trend gerade unter gebildeten Frauen darstellt, wieder ein Kopftuch zu tragen und damit auch eine politische Einstellung auszudrücken. Unter den bisher geschilderten Varianten von Werbeanzeigen, die das Bild des *ḥiğāb* aufgreifen, ist die anfangs ausführlich beschriebene Shampoo-Werbung für die Marke *Ascend* eine besondere Form, und zwar eine, die Frauen anspricht, die ein traditionelles Frauenbild soweit transzendiert hat, daß sie in ironischer Weise damit umgehen kann oder daß sie ihr persönliches Aussehen höher wertet. Die Auseinandersetzung mit Anzeigen, die das Prinzip der weiblichen Bedeckung aufgreifen, zeigt in besonderer Weise, daß die in der Werbung verwendeten Symbole nicht nur eine Deutungsmöglichkeit transportieren, sondern je nach Rezipientenkreis und dessen Verortung im Islam vieldeutig sind.

Die Verpackungsschachtel des ‚Couscous' der Marke *Ferrero* läßt eine weiteres mögliches Verhältnis zwischen Produkt und Islam näher bestimmen: Weder das Produkt noch dessen Äußeres sind im engeren Sinne ‚islamisch'. Aber das Äußere weckt Assoziationen des Orients, mit dem sich Käufer ebenfalls identifizieren sollen, wobei dieser ‚orientalistische' Stil, der in der westlichen Kunst so häufig als westliche Projektion eines nichtexistenten Orients kritisiert wurde, nun ganz offensichtlich geeignet ist, um primär muslimische Käufer anzusprechen.

4. Produkte und Produzenten

Es muß keinesfalls gegeben sein, daß ein Produkt, selbst wenn es primär für muslimische Käufer gedacht ist, auch aus einem religiösen Kontext stammt. Zum Teil mag dies der Fall sein, beispielsweise bei dem Londoner Buchladen „alhoda“ und seinem Personal. Hier bewegen sich Käufer, Verkäufer und Produkt mehrheitlich innerhalb der sozialen Gruppe von Migranten aus dem Orient. Andere Produkte geben sich den Anschein, rundum ‚islamisch‘ zu sein, was besonders in den Internetseiten des niederländischen Fleischproduzenten *Mekkafood* der Fall ist.[12] In anderen Fällen ist erkennbar, daß das Produkt keineswegs tatsächlich von Muslimen für Muslime hergestellt wurde, wie die der Milchproduktelinie *Gazi* der Stuttgarter Firma *Garmo*. Diese versteht sich als ein Milchproduktespezialist, der den Bedürfnissen und Wünschen von Migranten aus den Mittelmeerländern nachkommt und sich in der Produktgestaltung wahlweise türkisch oder griechisch gibt.[13]

Diese Beispiele lassen ahnen, daß es sich bei der Werbung für ein bestimmtes Produkt um einen komplizierten Prozeß handelt, der durch verschiedene Faktoren bestimmt ist: den Produzenten, die Produktidee, die Zielgruppe und nicht zuletzt die Werbeagentur, die eine Mittlerstellung einnimmt. Auch hier gibt es inzwischen islamische Agenturen, die bevorzugt Aufträge für muslimische Kunden übernehmen. Auch das Internet ist eine Plattform für Kunden und Händler, die sich innerhalb eines religiös geprägten sozialen Kontextes bewegen wollen.[14] Wichtig ist jedoch zu realisieren, daß dieses System keineswegs geschlossen ist. Immer wieder sind es auch westliche Firmen, die im Orient werben und ihre Werbestrategien an den kulturellen Hintergrund der Kundenkreise adaptieren; umgekehrt kaufen durchaus auch nichtmuslimische Kunden bevorzugt im türkischen Supermarkt. Nicht zuletzt greift für diese Kunden die Werbestrategie des ‚Orientalismus‘ mit Bildern einer attraktiven Projektion des Orients, wie er seit Jahrzehnten in der *Camel*-Werbung genutzt wird. Die Verpackungen der Couscous-Produkte von *Ferrero* fallen in die gleiche Kategorie.

5. Islamische Symbole in der Werbung

Verglichen mit Whites Beurteilung der indischen Verwendung religiöser Motive in der Werbung, scheint dessen These des ‚sacralizing consumerism‘ im Falle des Islam zu weit zu greifen. Es läßt sich – zumindest mittels der hier vorgenommenen Methodik der Bild- und Hintergrundanalyse von Werbematerial – nicht nachweisen, daß die islamischen Bezüge in Verpackungen oder Werbeanzeigen beim Käufer zu einem Gefühl der Ausdehnung des sakralen Bereichs auf den Konsum führen würden. Dies mag in Einzelfällen möglich sein, wenn ein Produkt durch die Anbringung verschiedener islamischer Symbole solch eine ‚Dichte‘ sakraler Bezüge aufweist, daß es selbst in die sakrale Sphäre eingeordnet werden könnte. Dies wäre im Falle des Moschee-Weckers denkbar.

In den meisten Fällen jedoch erscheint die Verwendung gängiger bildhafter Zeichen aus dem Bereich des Islam schlicht die Attraktivität eines Produktes bei entsprechend gläubigen Käuferschichten zu erhöhen. Die Vielfalt der Nuancen, etwa im Falle des *Mekka-Burgers* die islamischen, aber auch die amerikanischen Bezüge, deuten allerdings daraufhin, daß jeweils auf ganz spezifische Käuferschichten hin geworben wird, die sich in ihrer Frömmigkeit zwischen traditionell, modern, intellektuell oder politisch motiviert durchaus unterscheiden. Am auffälligsten erscheinen in dieser Hinsicht die Beispiele, die bei ihrer Zielgruppe eine gewisse Transzendierung eines traditionellen Weltbildes voraussetzen und diese ironisch oder humorvoll kindgerecht aufgreifen wie im Falle der *Molla*-Salami und dem ‚falschen' Schleier in der Shampoo-Werbung *Ascend*. Hier wird am deutlichsten, daß bei muslimischen Käufern nicht durchgängig von einem geschlossenen traditionellen religiösen Weltbild ausgegangen werden kann, sondern daß sich vielfältige Nuancen entwickeln, die mit Ausdrucksformen eines ‚modernen' Lebensstils kompatibel sind.

Insofern vermittelt das Thema Werbung auch Aufschlüsse über das Zusammenspiel von Religion und Welt im islamischen Kontext. Die vorliegenden Beobachtungen fügen sich ein in das Konzept *Jacques Waardenburgs*, der für islamisch geprägte Regionen das Vorhandensein einer ‚civil religion' konstatiert, eines Lebensbereiches und einer Ebene von Wahrnehmung, die primär durch soziale Gesichtspunkte geprägt sind, wo unter Umständen zur Legitimierung des Systems auf islamische Symbole und Zeichen zurückgegriffen wird, diese aber eher Mittel zum Zweck als prägender Hintergrund des Systems sind. *Waardenburg* denkt dabei an politische Systeme in islamischen Ländern und den Bereich dortigen öffentlichen Lebens.[15] Ähnliches scheint auch im Falle der Werbung für Artikel des alltäglichen Bedarfs vorzuliegen: Der Konsum ist kein unmittelbarer Teil des religiösen Lebens, der dort eine eigene Funktion besäße, es handelt sich also um eine eigenständige soziale Funktion mit eigenen Zielen und Mechanismen. Es gibt gewisse Überschneidungen der Bereiche im Falle religiös sanktionierter Speisevorschriften, die das Konsumverhalten prägen, sowie hinsichtlich des Erwerbs von Materialien, die für die Ausübung der Religion von Bedeutung sein können, z. B. religiöse Schriften. Aber auch in diesen Fällen bedient sich der Bereich der Werbung islamischer Anspielungen und Symbole aus pragmatischen Gründen zur Steigerung des Verkaufs eines bestimmten Produktes – was nicht ausschließt, daß dieses im Empfinden eines Käufers damit im weiteren Sinne Teil von ‚Religion' wird.

Bezüglich innerislamischer Entwicklungen läßt die Verwendung klassischer Zeichen und Symbole der Bildersprache verschiedene Schlüsse zu: Grundsätzlich ist zu beobachten, daß die klassische Maxime der Vermeidung der Abbildung von Lebewesen nicht beachtet wird und auch offenbar der Erzeugung einer sakralen Aura eines Produktes keinen Abbruch tut. So finden sich auf der Verpackung des Hühnerfleisches von *Mekkafood* sowohl Bilder von Hühnern als auch eine Photographie eines muslimischen Metzgers; eine Vielzahl von Produkten wird mit Frauen als Werbeträgerinnen beworben. Es scheint jedoch ein Zusammenhang zu bestehen zwischen der Art von Darstellungen und der Nähe eines Produktes zur im engeren Sinne religiösen Sphäre. Die Tüte des Buchladens namens „alhoda" kommt sicherlich bewußt ohne menschliche Abbildungen aus, ebenso wie die Verpackung des Moschee-Weckers architektonische und florale Elemente aufweist. In den Fällen der halÁl-geschlachteten Fleischprodukte, wo man entweder ein Bild eines Huhns oder die Comicfigur des MullÁ erblicken kann, werden als Zielgruppe zwar Käufer gesucht, die sich an die islamischen Speisevorschriften halten, die aber auch westlichen Kulturprodukten wie dem *Comic* oder dem *Burger* gegenüber aufgeschlossen sind und diese Offenheit ebenfalls auf die Frage der Abbildung von Lebewesen ausdehnen.

Hinsichtlich der spezifischen Zeichen und Symbole, die verwendet werden, läßt sich grundsätzlich überhaupt einmal der oben benannte Bestand ausmachen, der von modernen Betrachtern als ‚islamisch' gedeutet wird und sich daher dazu eignet, um religiöse Bezüge herzustellen. Insofern ist die Werbung eine ideale Quelle, um ein islamisches visuelles Alltagsbewußtsein überhaupt zu erfassen. Ein solcher Bestand an Symbolen ist außerhalb der Kunstgeschichte und speziell innerhalb der Religionswissenschaft als solcher selten näher untersucht worden,[16] wenn es auch seit etwa drei Jahrzehnten religionswissenschaftlicher Standard ist, Religionen als Symbolsysteme aufzufassen, als Gemeinschaften von Menschen, die ihre Welt aufgrund eines gemeinsamen Bestandes an sinnlich erfahrbaren Zeichen deuten.[17] *Jacques Waardenburg*, der sich in wegweisender Form mit dem Islam aus religionswissenschaftlicher Perspektive befaßt hat, hat derartige Symbole benannt, ist aber weniger von visuellen Zeichen ausgegangen als von größeren bedeutungsgeladenen funktionalen Zusammenhängen (z. B. der Koran, die Gattung ¼adÍÔ, die fünf ArkÁn etc.).[18] *Annemarie Schimmel* hat ihr Werk „Die Zeichen Gottes" auf Symbole und Zeichen hin ausgerichtet, geht dabei jedoch von einem islamischen Grundverständnis der *Áya* als Wunderzeichen Gottes (auch „Koranvers"), verknüpft mit einem an *Friedrich Heiler* orientierten religionsphänomenologischen Ansatz, aus. Ihre Zeichen und Symbole sind somit eine Vielzahl von ‚Phänomenen', wobei ihre Materialsammlung diverse Ebenen des sinnlich Wahrnehmbaren, sowohl schriftliche als auch z. B. visuelle Quellen, umfaßt.[19] Der vorliegende Ansatz zielt auf noch etwas anderes: Er vermag innerhalb eines spezifischen innerislamischen Symbolsystems, nämlich dem Umfeld europäischer Muslime, einen ihnen gemeinsamen visuellen Symbolbestand zu erfassen, wie er sich im Bereich der Werbung spiegelt.

Anmerkungen

1 Holger Tremel (Hrsg.): *Das Paradies im Angebot*. Religiöse Elemente in der Werbung, Frankfurt 1986; Jeppe S. Jensen / Noman Kanafani / Thomas Moller Kristensen (Hrsg.): *Reklame i Mellemasten: medier og sprog*, Odense 1987; Horst Albrecht: *Die Religion der Massenmedien*, Stuttgart 1993; Markus Saborowski, „*Werbung*", in: Metzler Lexikon Religion 3, Stuttgart / Weimar 2000, S. 657-660; Günther Schweiger, Gertrud Schrattenecker: *Werbung*. Eine Einführung, Stuttgart ^{2}1988; J. Daniel White: „*Sacralizing consumerism. Advertising in modern India*", in: Visible Religion. Annual for Religious Iconography 7 (1990), S. 295-307.

2 Vgl. White, S. 300.

3 Siehe implizit bei Johann Christoph Bürgel: *Allmacht und Mächtigkeit*. Religion und Welt im Islam, München 1991, S. 14, 21ff.; eine Gegenposition bei Jacques Waardenburg: *Der Islam*. Historical, Social and Political Perspectives. (Religion and Reason 40), Berlin / New York 2002, S. 216f.

4 Sir Thomas W. Arnold: *Painting in Islam*. A Study of the Place of Pictorial Art in Muslim Culture, New York 1965, S. 1-40; Robert Irwin: *Islamische Kunst*, Köln 1998, S. 14f., 36, 79-82; Dominique Clevenot, Gerard Degeorge: *Das Ornament in der Baukunst des Islam*, München 2000, S. 125-133.

5 Auf orientalistische Transkription wird immer dann verzichtet, wenn die Originalbeschriftungen eines Objektes wiedergegeben werden.

6 *„Ascend"*, in: *Hia 105*, November 2001, S. 153.

7 Verwendet wird der Imperativ in der 2. Pers. fem. Sg. Angesprochen sind also Frauen.

8 So „Roc"-Hautpflege, in: *Hia 105*, November 2001, S. 85.

9 An der University of California, Los Angeles, werden z. Z. am Center for Near Eastern Studies durch Jonathan Friedlander derartige ‚Orientalismen' in der Kultur (d. h. Werbung, Architektur etc.) speziell der USA untersucht. Beispiele waren in einer Ausstellung des WOCMES-Kongresses im September 2002 in Main zu sehen. Zum Bild der Hand siehe Bärbel Beinhauer-Köhler: *Fātima bint Muhammad*. Metamorphosen einer frühislamischen Frauengestalt, Wiesbaden 2002, S. 323-327.

10 Werbeanzeige für Schmuck der Firma „Taiba" in: *Hia 105*, November 2001, S. 24; siehe auch Anzeige „Al Moallim Jewellery", in: *Hia 105*, November 2001, S. 5, wo durch eine Zweiteilung des Blattes ein Effekt einer Verschleierung entsteht, oder „Roc"-Hautpflege, in: *Hia 105*, November 2001, S. 85, wo ein Gemälde das Photo einer Frau ersetzt, oder „Sunsilk"-Shampoo, in: *Sayidati 1002*, 20.-26. Mai 2000, S. 52, wo nur das Haar von hinten abgebildeter Frauen zu sehen ist, die so keine Individualität besitzen. Immer scheint auf verschiedene Art dem Prinzip der Verschleierung weiblicher individueller Schönheit Folge geleistet worden zu sein.

11 Werbeanzeige „The National Commercial Bank", in: *Asharq al-Awsat 8324*, 12. 9. 2001, S. 17.

12 www.mekkafood.com

13 Entsprechend äußert sich der Geschäftsführer Eduardo Garcia auf der Homepage der Firma *Garmo-GmbH*: „Zu einer Zeit, zu der in Deutschland Feta und Schafskäse für die meisten Menschen noch kein Begriff waren, hat Garmo bereits damit begonnen, ausländische Mitbürger mit ihren traditionellen Käsespezialitäten zu versorgen." (www.garmo.de/wir.html)

14 www.islam.tc/ad/ oder www.muslim-markt.de bzw. www.temiztuerk.de

15 Jacques Waardenburg, *Der Islam* (Anm. 3), S. 261.

16 Immerhin finden sich als wichtige grundlegende Studien Rudi Paret: *Symbolik des Islam*. Textband. (Symbolik der Religionen 2), Stuttgart 1958; Johann Christoph Bürgel: *Symbolik des Islam*. Tafelband. (Symbolik der Religionen 20), Stuttgart 1975; Annemarie Schimmel, Art. *„Iconography. Islamic"*, in: ER 7, hrsg. v. Mircea Eliade, New York 1987, S. 64-67.

17 U. a. Burkhard Gladigow: *„Gegenstände und wissenschaftlicher Kontext von Religionswissenschaft"*, in: *Handbuch der religionswissenschaftlichen Grundbegriffe*, Bd. I, hrsg. v. H. Cancik u. a., Stuttgart u. a. 1988, S. 26-40.

18 Jacques Waardenburg, *„Islam studied as a Symbol and Significations System"*, in: Humaniora Islamica 2 (1974), S. 267-285; ders., *Der Islam* (Anm. 3), Kapitel 3 und 4.

19 Annemarie Schimmel: *Die Zeichen Gottes*. Die religiöse Welt des Islam, München 1995; siehe auch dies.: *„Iconography. Islamic"*(Anm. 16), S. 64-67.

BUCHBESPRECHUNGEN

Rappenglück, Michael A.: Eine Himmelskarte aus der Eiszeit ? *Ein Beitrag zur Urgeschichte der Himmelskunde und zur paläoastronomischen Methodik, aufgezeigt am Beispiel der Szene in Le Puits, Grotte de Lascaux. Frankfurt a.M. 1999: Peter Lang. Europäischer Verlag der Wissenschaften. 532 S., 284 Abb. in Schwarz/Weiß, 23 Karten.*

Der besondere Charakter dieser Arbeit verdankt sich ihrem interdisziplinären Ansatz, der natürlich eine entsprechende Kompetenz auf Seiten ihres Autors voraussetzt. Ein geistes- und – nachfolgend – ein naturwissenschaftlich ausgerichtetes Studium vermittelten ihm die Grundlagen für seine „integrale Methode" (s. dazu 29-36). „Archäologie, Astronomie, Biologie, Ethnologie, Ethologie, Kartographie, Linguistik, Kunst, Mathematik, Mythologie, Paläontologie, Symbolik, Religionswissenschaft, Technik, Vermessungswesen. Es ist nötig, die Fachgebiete in Methodik und Theoriebildung sich wechselseitig ergänzend, kritisch gewürdigt zusammenzuführen" (36). – Glücklicherweise hat der Autor übrigens ein recht ausführliches Glossar für weniger universal gelehrte Leser beigefügt (465-481). – Versehen mit diesem methodischen Rüstzeug geht er nun daran, eine Inkunabel vorgeschichtlicher Bildkunst zu interpretieren: die Bilder des sogenannten Schachtes der Höhle von Lascaux. Georges Bataille plädierte einst dafür, „der Szene ihren rätselhaften Charakter zu belassen" (in: *Die Höhlenbilder von Lascaux oder die Geburt der Kunst*, Stuttgart 1983, 110). Denis Vialou (in: *Frühzeit des Menschen*, München 1992, 318f.) sprach sich für „paläolithische Belege, die aller Wahrscheinlichkeit nach mit unter der Erdoberfläche ausgeführten magischen Praktiken verbunden sind," aus und pries die Darstellung der „Lebendigkeit des mythischen Dramas von Leben und Tod" geradezu als eine Vorwegnahme der antiken Mythen. Mit derartig vagen Umschreibungen gibt Rappenglück sich nicht zufrieden. Er interpretiert die Szene im Schacht als „eine ins Bild gesetzte Himmelskunde" (81 ff.) und bleibt dem erstaunten Leser die Erklärung keineswegs schuldig. Allerdings führt er ihn auf einer tour de force durch die Archäoastronomie, wobei er in Text und Bild praktisch keine Kultur als Vergleichsphänomen ausläßt – ob Ägypter, Maya oder Chinesen. Da verwundert es denn auch nicht, daß allein dieses Kapitel 7 der Arbeit 1233 Anmerkungen aufbietet. Sicherlich wird nicht jeder Leser bereit – oder in der Lage ? – sein, der Argumentation Schritt für Schritt zu folgen; unstrittig ist jedoch die symbolkundliche Relevanz der umfangreichen Studie, die nicht zuletzt aufgrund des reichen Abbildungsmaterials eine Fundgrube zu manch wichtigem kulturwissenschaftlichen Thema darstellt (z. B. zum Schamanismus (Kap. 10: „Schamanistische Kosmographie") oder zur „Höhle als Abbild des Kosmos" (Kap. 11)). Der Autor versteht sein Werk als „einen kleinen Beitrag zur Urgeschichte der Wissenschaften" (289). Die Szene in Lascaux sieht er – vor diesem Hintergrund deduktiv argumentierend – als „eine komplette uralte Kosmographie" (ebd.). Der Rezensent bleibt beim skeptischen Altmeister der Vor- und Frühgeschichte, André Leroi-

Gourhan: „Die Menschen der Vorzeit haben uns nur verstümmelte Nachrichten hinterlassen“ (in: *Die Religionen der Vorgeschichte* [[1]1964], Frankfurt a. M. 1981, 9). Rappenglücks epistemologischer Bildanalyse folgen die Anmerkungen zum Text (291-377), das Literaturverzeichnis (379-464), das bereits erwähnte Glossar, Sachregister (483-512), ein Register der Völker (513-517) und der Kartenteil.

PETER ESCHWEILER

Ribi, Alfred: Der normal kranke Mensch. *Neurose und Lebenssinn. Die Neurosen aus der Sicht C. G. Jungs. Hrsg. von der Stiftung für Jung'sche Psychologie. (= Jungiana / B; 8), Küsnacht ZH 2002: Verlag Stiftung für Jung'sche Psychologie. 168 S., Ill.*

Der auffällige Widerspruch im Thema dieser Betrachtung bringt die Absicht des Autors bereits klar zum Ausdruck: Ganz im Sinne C. G. Jungs versucht er zu vermitteln, daß die krankmachende Konfliktsituation, in der sich der neurosekranke Mensch befindet, geradezu Motivierung zur Suche einer neuen, individuell gemäßeren Lebensführung sein kann. In einer reichen Auswahl von Beispielen, auch aus der Literatur (Wilhelm Hauff, *Die Seherin von Prevost*), versucht der Autor dies zu verdeutlichen. Schon das ‚normale‘ Leben ist ein Entwicklungsweg über verschiedene Anpassungsstadien, so wie von der Stufe der subjektiven Beurteilung – „das, was mir gleicht, ist gut, richtig, alles Fremde ist schlecht, falsch“ – zur objektiven und weitaus differenzierten Stufe fortgeschritten werden kann, so kann auch auf jeder Stufe ein Stillstand eintreten, der keine Weiterentwicklung zuläßt. Oft führe ein solcher Stillstand zur Verzweiflung des betroffenen Menschen, eventuell sogar zum Selbstmord, weil keine Lösung des Lebenskonfliktes möglich erscheint.

Als Mittel der Wahl schildert der Autor, auf C. G. Jung basierend, daß hier die Anwesenheit des psychologisch ausgebildeten Arztes heilsam sein kann. Was der Therapeut vermitteln kann, ist die Bedeutung und Hilfe durch Symbole, die der Patient selbst zwar anführt, aber deren Wichtigkeit ihm verschlossen ist. Weil eine Heilung im Sinne C. G. Jungs aus einer Vereinigung der Gegensätze der Seele besteht, ist das Symbol die Möglichkeit, das Bewußtsein des Patienten mit seinem Unbewußten wieder in Gleichklang oder wenigstens zum Verständnis zu bringen.

Im Abschnitt der „speziellen Neurosenlehre“ bemüht sich Alfred Ribi, neurotische und psychosomatische Krankheiten zu definieren. Dabei kritisiert er die oft unzureichenden Diagnostikschlüssel der heute gebräuchlichen ICD-I0-Begriffe. Diese sind für die Bezeichnung neurotischer Krankheiten nicht spezifisch genug. Dieses Buch kann Mut machen, die Krise einer neurotischen Erkrankung vom Odium des ‚Verrückt-Seins‘ zu befreien.

EVA UND PETER GERLITZ

Gerber-Münch, Irene: Goethes Faust. *Eine tiefenpsychologische Studie über den Mythos des modernen Menschen. Mit einem Vortrag von C. G. Jung: Faust und die Alchemie. (= Jungiana / B; 6), Küsnacht 1997. Verlag für Jung'sche Psychologie. 440 S.*

Wesentliche Bausteine für die tiefenpsychologische Lehre C. G. Jungs bilden Symbole, Mythen, Traumbilder und Archetypen. In Goethes *Faust* – speziell im zweiten Teil – sind diese Faktoren in vielfältiger Weise zu finden. C. G. Jung selbst hat Goethe als seinen „proavus" bezeichnet und den *Faust* als Goethes Vermächtnis an ihn angesehen.

In der Tradition der Jungschen Schule nähert sich Irene Gerber-Münch in ihrem Buch dem Kunstwerk aus tiefenpsychologischer Sicht und faßt die Jungschen Erkenntnisse zusammen. In einzelnen Szenen des ersten Teils der Dichtung nimmt die Autorin eine psychologische Deutung der Charaktere oder Ereignisse vor: Da die unendliche Natur nach Jungscher Nomenklatur der Wirklichkeit archetypischen Lebens entspricht, sieht sie in dem lebensmüden Faust, der die lebendige Natur nicht spüren kann, und dessen eigentliche Lebensfrage in der Äußerung „wo faß ich dich, unendliche Natur?" besteht, keinen mittelalterlichen Alchemisten, sondern einen modernen Menschen, der aus dem Meer des Irrtums auftauchen möchte und *verstehen* will. Äußere Begebenheiten wie auf dem Osterspaziergang („vom Eise befreit sind Strom und Bäche") werden in Beziehung gesetzt zu Fausts Ausbruch aus der psychischen Erstarrung.

In der *Hexenküche*, die durch dunkle und magische, archaische und tierische, aber auch schöpferische Elemente charakterisiert ist, eröffnet sich Faust durch die Einnahme des Zaubertranks (mit dem er Helena in jedem Weibe sieht), ein neues Leben, das ihm bislang als „Kopfmensch" verschlossen war. Seine *anima* erwacht, und erst jetzt wird es ihm möglich, sich in Gretchen zu verlieben.

Durch ein Irrlicht wird Faust zur *Walpurgisnacht* geleitet – der eigentlichen Traum- und Zaubersphäre, wo eine unbewußte Macht Faust dazu verfuhren will, die Sexualität ins Zentrum seines Strebens zu stellen.

Als Resümee faßt die Autorin zusammen: Der von seiner Naturseite überwältigte faustische Mensch ist charakterisiert durch ein verhextes Verhältnis zur materiellen Welt, eine unerlöste Sexualität, menschliche Kälte trotz scheinbarer Leidenschaftlichkeit, eine kollektive Beurteilung und Geringschätzung des Einzelnen und eine gefährliche Unterschätzung des Bösen.

Die psychoanalytische Interpretation der Ereignisse und Figuren von Faust II eröffnet eine Möglichkeit, sich dem oft schwer verständlichen Stoff zu nähern. Einige Beispiele mögen dieses im folgenden veranschaulichen:

Helena und die unteren Mütter in der Geisterwelt werden als *reines Animabild* dargestellt, das, vom Einfluß des Mephisto befreit, die allgemeine kollektive Wirkungsweise des Weiblichen darstellen kann und numinose Züge trägt. Die Mütter sollen unbewußt-heilende Kräfte in Fausts Seele darstellen, zu denen er hinabsteigen muß. *Homunculus* wird als ein Gegensätze verbindendes Symbol der Alchemisten gedeutet. Er ist mit Mephisto verwandt (nennt ihn Vetter) und stellt einen unzuverlässigen, verführenden Aspekt des Mercurius dar. *Euphorion* entspringt Helenas Schoß und wird als eine dritte

Variante des *Puer aeternus* nach dem Knaben Wagenlenker und Homunculus angesehen. Als Sohn der halbgöttlichen Helena stellt er eine ‚ewige Figur' dar. Kaum geboren, ist er schon erwachsen und zeugungsfähig, eine *belebende Inspiration aus dem Unbewußten.*

Fausts Verbrechen an Philemon und Baucis ist ein Höhepunkt des faustischen Größenwahns. Es wird eine Wirklichkeit konkretisiert, die sich im Unterbewussten vorbereitet hat. Da die Zahl ‚vier' in der Jungschen Psychologie die Ganzheit symbolisiert, sei der Ausspruch „Vier sah ich kommen, drei nur gehen, den Sinn der Rede könnt ich nicht verstehen", ein Hinweis, daß Faust trotz seiner Abkehr von Magie und Teufel immer noch nicht die Ganzheit wahrnehmen kann. Der dreimalige Versuch ist mißlungen, die Ganzheit, bzw. das Gegensatz verbindende *Erosprinzip* im bewußten Leben zu integrieren.

Das Ewigweibliche in Gestalt Gretchens als Büßerin, ist die *Anima,* die zu einer Führerin in höhere Sphären wird.

Die Autorin ist sich der Tatsache bewußt, daß psychoanalytische Deutungen von Kunstwerken problematisch sein können, und nennt ihren Versuch selbst ein „Wagnis". Wie weit das 400 Seiten starke Buch zum Verständnis beiträgt, muß jeder Leser für sich selbst entscheiden, ein Überblick über die Vorstellungen und die Nomenklatur der Jungschen Psychologie wäre für den Nicht-Analytiker in jedem Fall hilfreich.

ULRICH BECK

Steiger, Renate: Gnadengegenwart. *Johann Sebastian Bach im Kontext lutherischer Orthodoxie und Frömmigkeit. (= Doctrina et Pietas. Zwischen Reformation und Aufklärung. Texte und Untersuchungen, hrsg. von Johann Anselm Steiger, Abt. II, Varia, Bd. 2. Stuttgart-Bad Cannstatt 2002: frommann-holzboog. 397 S., Abb., Notenbeisp., 2 CDs.*

Johann Sebastian Bach zählt in seiner Epoche zu den Musikern und Komponisten, die theologisch interessiert und gebildet sind, ohne Theologen zu sein. Die Erforschung insbesondere seines vokalen Œuvres seit Beginn des 19. Jahrhunderts bis heute, die Wege, die zum Erfahren, Erklären, Verstehen und Deuten seiner Musik eingeschlagen wurden, sind von den Spannungen zwischen der ästhetischen Autonomie des Erklingenden und der Funktionalität des kirchlichen Ritus wie der theologischen Botschaft geprägt. Theologie und Musikwissenschaft in ihren historischen wie systematischen Spezialisierungen verfolgen dabei das gleiche Ziel: dem Phänomen Bach in Geschichte und Gegenwart näher zu kommen und es zu ergründen versuchen.

Die vorliegende Arbeit von Renate Steiger ist das beeindruckende, bewundernswerte Ergebnis einer lebenslangen Beschäftigung mit dieser Spannung, wobei die theologische Seite der Bachforschung dominiert. Sie hat bei ihrem Mentor Walter Blankenburg die Zusammenführung von Theologie und Musik im Zeichen Bachs erlebt und die von ihm

1976 gegründete *Arbeitsgemeinschaft für theologische Bachforschung* aktiv mitgetragen, deren Leitung Renate Steiger dann 14 Jahre lang von 1986 bis 1999 übernahm. Ihre in diesem Band versammelten Studien zum Vokalwerk Bachs sind „von der Frage geleitet, wie der Komponist im Großen und im Detail die theologischen Inhalte und die rhetorischen Sprachmittel der Texte übersetzt, seine Hörer in die meditierende Betrachtung mitnimmt, Präsenzerfahrung vermittelt und seinerseits ‚die Herzen bezwingend' predigt. Die fächerübergreifende Fragestellung und Methode meiner Forschung bringt es mit sich, daß die Mehrzahl der Beiträge in zwei Arbeitsgängen verläuft: eine Erläuterung der jeweils vertonten Texte aus ihrem historischen Kontext heraus, der Predigt- und Andachtsliteratur des 17. und beginnenden 18. Jahrhunderts, sowie einer beschreibenden Analyse der Komposition, letzteres unter Berücksichtigung ihrer ursprünglichen liturgischen Bestimmung, in welcher beide Werk- und Betrachtungsebenen wieder zusammentreffen. Diese abschließende Frage nach der ästhetischen Realisierung des predigenden Textes in einer ‚predigenden', zueignenden Musik enthält die Frage danach, in welchem Maße der Komponist geistliches Hören eröffnet." (XX)

Die Abfolge der sieben Großkapitel, bei denen jeweils ein oder mehrere Kantaten oder Oratorien- bzw. Passionsausschnitte als Exempla dienen, beginnt mit der „Kantate in der Tradition der Schriftsauslegung und als Predigt sui generis". Im Verlauf dieser Kapitelbesprechungen werden vom Rezensenten insbesondere die symbolischen und hermeneutischen Aspekte herausgestellt. So geht es hier in der „musikalischen Predigt" um „das hermeneutische Plus der Musik" (7-11), eine Betrachtungsweise, die über Bach und seine Zeit hinausweist und an jede textgebundene Komposition in unterschiedlichen Gattungen und Epochen zu stellen ist, will sich die Musik nicht mit einer Verdoppelung der Textaussage in einem anderen Medium zufrieden geben. Bei Bach sind es die musikalisch-kompositorisch weiterdenkenden und weiterführenden Deutungselemente, zu denen beispielsweise auch „die Symbolik von Satzart und Besetzung" (70-72) zählt. In der Alt-Arie „Mit allem, was ich hab und bin" aus der Kantate BWV 72 „Alles nur nach Gottes Willen" deutet „die streng gearbeitete imitatorische Setzweise [...] auf den ‚neuen Lebenslauf', das Leben im neuen Wandel" hin. Der Alt „entspricht einer traditionellen Symbolik der Singstimmen, die den Altus dem aus der Höhe herab die Herzen regierenden Heiligen Geist zuordnet", wie Steiger mit einem Sinnbild aus Johann Sauberts *Emblemate sacra* belegt. Auch das zweite Kapitel „Angewandte Emblematik" mit den Sinnbildern der Kantate BWV 56 „Ich will den Kreuzstab gerne tragen" schöpft aus Sauberts Schriften und nimmt erneut Bezug auf die Symbolik der Singstimmen. In der „Mystikrezeption reformatorisch" kommt der „Actus crux" der *Matthäus-Passion* BWV 244 ins Blickfeld, in dem wie in der Kantate BWV 49 „Ich geh und suche mit Verlangen" die Bräutigam-Braut-Metapher und die Brautmystik eine besondere Rolle spielen. Musikalisch geht es dabei u. a. um die Bedeutung der Tonarten (142/143), um die ‚stehende' Zeit (150/151) und die „musikalische Symbolik der Exinantio" (158/159), den auf die Gottheit Jesu verweisende Nimbus der Streicherbegleitung der Christusworte, der parallel zur Bildenden Kunst das Haupt oder die ganze Gestalt umstrahlt und von den Bach-Exegeten des 19. Jahrhunderts in dieser Weise gedeutet wurde.

Die theologisch ausführlich mit Textbelegen begründete Thematik des vierten Kapitels „Versöhnung durch das Blut Christi" wird bei Bach an einer ganzen Reihe von Kantatenausschnitten exemplifiziert. Sie ist etwa im *Weihnachtsoratorium* BWV 248 „nicht nur litteraliter gegenwärtig [...], sondern der Artikel von der Sündenvergebung durch Jesu Blut ist als theologische Voraussetzung gleichsam spiritualiter gegenwärtig in der Gewißheit des Glaubens, vom ewigen Tod der Verdammnis befreit zu sein (Rez. 38, Arie 39). Die *remissio peccatorum* ist auch die Voraussetzung des freudig-tätigen neuen Wandels, der sich in Arie 41 ‚Ich will nur dir zu Ehren leben' ausspricht." (185) Die „Ars moriendi" zeigt Renate Steiger an der Kantate BWV 106 „Gottes Zeit ist die allerbeste Zeit", deren eindringliche musikalische Symbolik Alfred Dürr aufgedeckt und die Kantate als ein Stück musikalische „Weltliteratur" bezeichnet hat. Steiger legt mit der Untersuchung des Kantatentextes und seiner Hauptquelle, der *Christlichen Bet=Schule* von Johann Olearius, dazu gleichsam das Fundament und verknüpft es mit Bachs kompositorischen Intentionen.

Die beiden letzten Kapitel bilden zugleich das Zentrum der vorliegenden Studien. „Zur lutherischen Musikanschauung" bringt die Autorin Bachs „Umgang mit seiner Bibliothek" ins Spiel, von der entscheidende Impulse für eine theologische Betrachtungs- und Deutungsweise der Musik ausgehen. Es sind die „Bilder des Heils", Braut und Bräutigam, das Bild des Hirten, das Echo als Bild der verläßlichen Zusage (in der Rezeption von Motiven antiker Mythologie), die hier als zeitgemäße Parodie aus theologischer und musikalischer Sicht gezeigt und gedeutet werden. „Hermeneutica sacra und musikalische Struktur" als siebtes Kapitel bringt eine Vielzahl von Belegen, die biblische und emblematische Sinnbilder sowie die Symbolik der Texte mit der kompositorischen Erfindungskraft Bachs in Beziehung setzen, so in der Melodik (Die Quart als „musikalische Vokabel" und als rhetorisches Stilmittel), in der Harmonik (Progression von Dur und Moll, Simultanschichtung von Moll und Dur-Parallele), in der Rhythmik und der Disposition eines Satzes (Die Symbolik der vokalen Stimmlagen, trinitarische Strukturen, Die Tonartenfolge als Mittel der Textdeutung).

Der Autorin ist es mit ihrem Lebenswerk und den vorliegenden Studien gelungen, einen Dialog zwischen den Wissenschaften anzustoßen, Akzente zu setzen und bei jeder musikalischen Bach-Exegese die aus der lutherischen Orthodoxie erwachsene theologische Herkunft seines Denkens und Schaffen anzusprechen und zu belegen versuchen. Die von ihr als Musikhistorikerin überzeugend vertretene theologische Sehweise Bachs steht „zwischen Wissenschaft und frommer Gelehrsamkeit" (Martin Geck), sucht freilich die Grenzziehungen und Vereinnahmungen der einzelnen Disziplinen aufzubrechen. Daß dies ihr und der *Arbeitsgemeinschaft für theologische Bachforschung* letztlich nicht gelungen ist, zeigt die Auseinandersetzung mit einem jüngeren Kollegen aus der Musikwissenschaft, den Renate Steiger zu einem Vortrag eingeladen hatte, – eine Auseinandersetzung, die sich an einem Kantatentext und deren Deutung entzündete. Ob man einen solchen wissenschaftlichen Streit in diesem Band austragen soll, war und ist die Entscheidung der Autorin. Ob man dies freilich in Form einer einseitigen Belehrung oder nicht besser als Diskurs mit überzeugenden Argumenten von beiden Seiten hätte bewerkstelligen können und damit dem wissenschaftlichen Erkenntnisgewinn wie dem fortschreitenden Dialog hätte dienen können, – eine solche Frage muß am Schluß erlaubt sein. Dies tut freilich dem von Renate Steiger vorgelegten Bach-Kompendium keinen Abbruch. Die Erschließung des Bandes durch zahlreiche Register, Druck- und Quellenachweise machen ihn zu einem unentbehrlichen Helfer für jeden Bachforscher, -kenner und -liebhaber zwischen Musikwissenschaft und Theologie. Und nicht zuletzt seien die beiden beiliegenden CDs genannt, die Hörbeispiele aus den Gesamteinspielungen u. a. von Helmuth Rilling, Nikolaus Harnoncourt und Gustav Leonhardt bringen und zugleich „moderne“ wie „historische“ Aufführungspraktiken der Vokalwerke Bachs dokumentieren.

HERMANN JUNG

BIOGRAPHISCHES UND BIBLIOGRAPHISCHES

Paul Barié, geb. 1932 in Ludwigshafen am Rhein. Studium der Klassischen Philologie, Philosophie und Indogermanistik in Heidelberg und Mainz; Studiendirektor und Lehrer für Latein, Griechisch, Philosophie und Ethik in Landau; Fachleiter und Fachberater für die Alten Sprachen in Rheinland-Pfalz; seit 1994 im Ruhestand; Lehrbeauftragter für Hebräisch an der Universität Landau-Koblenz.

Zahlreiche Veröffentlichungen, besonders zur antiken Dichtung, Philosophie und Religion, u. a.: „Am Anfang war das Wasser. Die Bedeutung des Wassers in den Weltschöpfungsmythen“, in: SYMBOLON 13, 1997, S. 19-34; „Die sogenannten ‚Engelehen'. Ein mythisches Relikt in der Bibel (Gen. 6, 1-4)“, in: SYMBOLON 14, 1999, S. 169-183; *Was ist Religion?* Zur Wirkungsgeschichte eines römischen Begriffs. (= Kulturgeschichtliche Reihe, Bd. 1), Annweiler 2001; *Martial. Epigramme*, lateinisch und deutsch, hrsg. u. übers. von Paul Barie und Winfried Schindler. (= Sammlung Tusculum), 2., verbesserte Auflage, Düsseldorf und Zürich 2002; *Heimweh nach Ithaka.* Homers Odyssee. (= Exemplarische Reihe Literatur und Philosophie, Bd. 12), Annweiler 2002; *Martial.* Gespiegelte Wirklichkeit im römischen Epigramm. (= Exemplarische Reihe Literatur und Philosophie, Bd. 17), Annweiler 2004; Antike Texte im Horizont der Moderne. (= Kulturgeschichtliche Reihe, Bd. 6), Annweiler 2005 [alle Bände im Verlag Sonnenberg]; „Das Kunstideal der klassischen Antike und das Menschen-Bild Alberto Giacomettis“, in: SYMBOLON 15, 2002, S. 75-86.

Anschrift: Krämerstr. 26, 76855 Annweiler am Trifels.
E-mail: paul.barie@web.de

Bärbel Beinhauer-Köhler, Prof. Dr. phil., geb. 1967. Studium an der Georg August-Universität Göttingen; 1994 Promotion in Arabistik und Islamwissenschaft; 2000 Habilitation im Fach Religionswissenschaft, 1991-2001 Beschäftigung am Lehrstuhl für Religionswissenschaft der Universität Göttingen; 2001-2006 Lehraufträge, freiberufliche Referentin Religionswissenschaft; seit 2006 Professur für Religionswissenschaft an der Johann Wolfgang Goethe-Universität Frankfurt/Main.

Publikationen (Auswahl): *Die Wissenschaft unter den ägyptischen Fatimiden.* (= Arabistische Texte und Studien 6), Hildesheim 1994; (Hrsg.): *Religion und Wahrheit.* Religionsgeschichtliche Studien. Festschrift für Gernot Wießner zum 65. Geburtstag, Wiesbaden 1998 (darin: „Wahrheit als religiöses Symbol am Beispiel Islam“, S. 89-100); „Religionswissenschaft und Theologie. Ein Beispiel aus Ägypten“, in: Die Identität der Religionswissenschaft, hrsg. von Gebhard Löhr, Frankfurt a. M. 2000, S. 191-199; „Inspiration. I. Religionsgeschichtlich“, in: RGG (im Druck); *Fatima bint Muham-*

mad. Metamorphosen einer frühchristlichen Frauengestalt. Habilitationsschrift (im Druck).

Anschrift: Universität Frankfurt, Fachbereich Ev. Theologie. Religionswissenschaft, Grünebergplatz 1, 60323 Frankfurt/Main.
E-mail: Beinhauer-Koehler@em.uni-frankfurt.de

Marianne Beuchert, Gärtnerin und Floristin. Langjährige Beschäftigung mit der Beziehung Mensch – Pflanze, Philosophie und Symbolik; seit 1975 als freie Mitarbeiterin publizistisch tätig, u.a. bei der Frankfurter Allgemeinen Zeitung (Magazin), bei Hörfunk und Fernsehen.

Veröffentlichungen u. a.: *Symbolik der Pflanzen*, 5. Auflage, Frankfurt am Main 1995; *Gärten am Reiseweg*, Frankfurt am Main 1997; *Die Gärten Chinas*, Frankfurt am Main 1998; „Symbolik des Gartens“, in: SYMBOLON 15, 2002, S. 121-129; gärtnerische Fachbücher.

Anschrift: Marbachweg 55, 60486 Frankfurt am Main.

Hans-Werner Boresch, Dr. phil., geb. 1956 in Herne. Studium der Musikwissenschaft und Germanistik an der Ruhr-Universität Bochum; 1981 Erstes Staatsexamen, 1990 Promotion (*Besetzung und Instrumentation.* Studien zur kompositorischen Praxis Johann Sebastian Bachs, Kassel und Basel 1993); 1986 Wissenschaftlicher Angestellter im Fach Musikpädagogik an der Bergischen Universität Wuppertal; seit 1997 Akademischer Oberrat. Mitherausgeber des Symposionberichts *Die dunkle Last.* Musik und Nationalsozialismus, Köln 1999.

Anschrift: Bergische Universität Wuppertal, Fachbereich A, Musikpädagogik, S-17.11, 42097 Wuppertal.
E-mail: boresch@uni-wuppertal.de

Gerhard Deny, geb. 1953. Studium der Philosophie und Germanistik an den Universitäten in Heidelberg und Berlin; Schuldienst; seit langem als Dozent in der Erwachsenenbildung tätig, insbesondere Deutsch für Ausländer; öffentliche Vorträge.

Anschrift: Homburgerstraße 16, 60486 Frankfurt/M.

Kurt Egger, Prof. em. Dr. rer. nat. Studium der Biologie, Chemie und Physik in Tübingen und Innsbruck; Promotion Tübingen 1957; Habilitation für Botanik in Heidelberg

1964, Fachgebiet: Biochemie der Pflanzen; Gastprofessur an der Universität Grenoble 1968/69; ab 1970 Arbeitsgebiet Agrarökologie der Tropen; ökologische Projektberatung für die GTZ, die Schweizer Intercooperation, die Weltbank und Brot für die Welt; Leitung des Ökolandbauprojektes des Landes Baden-Württemberg in Rwanda.

Publikationen zu Naturstoffanalytik, Ökolandbau in den Tropen, theoretische Humanökologie.
Mitglied der Deutschen Gesellschaft für Humanökologie DGH.

Anschrift: Pleikartsförster Hof 2, 69124 Heidelberg.
E-mail: kegger@mail.bot.uni-heidelberg.de

Ernst Emrich, Dr. phil., geb. 1930 in Mainz. 1955 Leiter des Kulturreferats des Bundes der Deutschen Katholischen Jugend (BDKJ); verantwortlicher Redakteur zweier Jugendzeitschriften; seit 1959 Redakteur, später Abteilungsleiter beim Fernsehen des Bayerischen Rundfunks; 1973 Leiter der Hauptabteilung „Erziehung und Gesellschaft" im Hörfunk des Bayerischen Rundfunks; 1991 Hörfunkdirektor des BR, 1972-1990 Generalsekretär der Stiftung PRIX JEUNESSE des Freistaats Bayern, der Stadt München, des BR und des ZDF zur Förderung des internationalen Kinder- und Jugendfernsehens.

Vorträge, Zeitschriftenbeiträge und Bücher zu den Themenbereichen Pädagogik und Medienerziehung, Religion und Religionspädagogik sowie Erwachsenenbildung, u. a.: *Vergessene Wege zu Glauben und Kult*, München 1962; *„Wir schalten um"*. Fernsehen, wer es macht und wie es gemacht wird, Ravensburg 1965; *Priesterbildung in der Diskussion* (mit Paul Picard), Mainz 1967; *Über Gott und die Welt.* Glaubensfragen der Gegenwart (mit Heinrich Fries), München 1970; *Musisch-kulturelle Bildung zwischen Tradition und Futurologie*, Düsseldorf 1971; *Die entscheidenden Jahre.* Vorschulerziehung in der Familie, München 1977 (Hrsg.); *Leben wir, was wir glauben?* Christsein im Alltag, Mainz 1985; *Styria Namensbücher* (105 Titel), Graz/Wien/Köln 1997 (Hrsg. und Autor); *Gedanken zur Zeit.* Reden aus drei Jahrzehnten, Gilching 2004.

Anschrift: St. Egidistraße 7, 82205 Gilching

Botho Herrmann, Dr. phil. h.c., geb. 1929 in Rathenow/Havel. Studium der Theologie in Marburg, Tübingen und Göttingen; theologische Examina 1956 in Göttingen und 1958 in Kassel; von 1958 bis 1966 Pfarrer in Herleshausen; bis 1972 Studienleiter in Bad Hersfeld; bis 1992 Direktor des Erziehungswissenschaftlichen Fort- und Weiterbildungsinstituts der Kirchen in Rheinland-Pfalz. 1992 Ehrenpromotion der Universität Landau – Koblenz.

Veröffentlichungen seit 1995: *Der Kreisauer Kreis und der demokratische Neubeginn*, Bad Kreuznach 1995; „Die Lichtmetapher in biblischen Schriften", in:

SYMBOLON 12, 1995, S. 149-163; „Symbole der neuen Schöpfung. Zur Bildsprache der biblischen Eschatologie", in: SYMBOLON 14, 1999, S. 29-44; *In der Stille tanzt das Licht.* Meditationen zu biblischen Bildworten, Münster 2002; *Weisheit und Mystik der Chassidim.* Mythisches Erzählen, Annweiler 2005.

Anschrift: Wilhelm-Roser-Straße 50, 35037 Marburg
E-mail: botho_herrmann@web.de

Dirk Hülst, Prof. Dr. phil., geb. 1943 in Magdeburg. Studium der Soziologie, Psychoanalyse, Politikwissenschaft und Ökonomie an der Universität Frankfurt/M.; 1969 Diplomsoziologe, 1969-1976 Assistent am Soziologischen Institut der Universität Gießen; 1973 mit dem Universitätspreis ausgezeichnete Dissertation (*Erfahrung – Gültigkeit – Erkenntnis.* Zum Verhältnis von soziologischer Empirie und Theorie. Frankfurt/New York 1975) und Promotion 1973 in Gießen; verschiedene Lehraufträge an den Universitäten Marburg, Dortmund und Bremen; 1976 bis 1979 Hochschulassistent an der Freien Universität in Berlin; 1975 bis 1979 Vertretung verschiedener Professuren für Soziologie in Gießen; seit 1979 Studienrat i. H., 1985 Oberstudienrat an der Universität Marburg; 1998 Habilitation; 1999 Aufnahme in die Gruppe der Professoren; 2001 bis 2003 Direktor des Instituts für Soziologie der Universität Marburg.

Neuere Veröffentlichungen: *Symbol und soziologische Symboltheorie.* Untersuchungen zum Symbolbegriff in Geschichte, Sprachphilosophie, Psychoanalyse und Soziologie, Opladen 1999; „‚Nicht bei sich selber zu Hause sein'. Horkheimer und Adorno über Macht und Herrschaft", in: Imbusch, Peter (Hrsg): *Macht und Herrschaft.* Sozialwissenschaftliche Konzeptionen und Theorien, Opladen 1998, S. 109-130; „Ist das wissenschaftlich kontrollierte Verstehen von Kindern möglich?", in: Heinzel, Friederike (Hrsg): *Qualitative Methoden der Forschung mit Kindern.* (= Reihe: ‚Kindheiten'), Weinheim und München 1999, S. 25-45; „Der Symbolbegriff in der neueren soziologischen Kunsttheorie", in: SYMBOLON 15, 2002, S. 11-27; „Kann es ‚schiefe' Sinnbilder, Mißgriffe im Symbolgebrauch geben? Überlegungen zum Problem der Kanonisierung und Dekomposition von Deutungsgewohnheiten aus der Sicht der Soziologie", in: Schriften zur Symbolforschung, Bd. 13, Bern / Berlin / Frankfurt am Main 2002, S. 151-181; „Kultur und Gesellschaft - wie die Menschen in Form kommen und Form in die Gesellschaft", in: Zoll, Ralf (Hrsg.): *Gesellschaft in literarischen Texten.* Ein Lese- und Arbeitsbuch. Bd. 2, Wiesbaden 2005, S. 223-313.

Anschrift: Institut für Soziologie der Philipps-Universität Marburg, Ketzerbach 11, D-35032 Marburg.
E-mail: huelst@staff.uni-marburg.de

Katharina Liebsch, Prof. Dr. phil., geboren 1962 in Hamburg. Lehramtsstudium an der Universität Hamburg bis 1988; 1993 Promotion im Fach Erziehungswissenschaften an der Universität Osnabrück; 2000 Habilitation im Fach Soziologie an der Universität Hamburg; ab 2002 Professorin für Soziologie an der Pädagogischen Hochschule Weingarten; zur Zeit Professorin für Soziologie an der Johann Wolfgang Goethe Universität Frankfurt am Main.

Ausgewählte Veröffentlichungen: *Panik und Puritanismus.* Über die Herstellung traditionalen und religiösen Sinns, Opladen 2001; „Wie ist argumentative Entscheidungsfindung möglich? Zur Mikroanalyse von Deliberation in Versammlungen", in: Leviathan 4/2002, S. 544-564 (zus. mit Frank Nullmeier und Achim Hurrelmann); „Klare Verhältnisse. Konstruktion von Geschlechterdifferenz als politische Strategie", in: Marx, Daniela u.a. (Hrsg.): *Under construction.* Konstruktivistische Ansätze in der Frauen- und Geschlechterforschung, Frankfurt/New York 2004, S. 150-161; „Rationalität als Rationalisierung. Überlegungen im Anschluss an Max Weber", in: Elm, Ralf (Hrsg.): *Vernunft und Freiheit in der Kultur Europas.* Ursprünge, Wandel, Herausforderungen, Freiburg, 2006, S. 338-360.

Anschrift: JWG Universität Frankfurt, Fachbereich Gesellschaftswissenschaften, Robert Mayer-Str. 5, 60054 Frankfurt/M.
E-mail: k.liebsch@soz.uni-frankfurt.de

Michael Rappenglück, Dr. rer. nat. und M.A., geb. 1957 in Karlsruhe. Studium der Philosophie, Logik und Wissenschaftstheorie, Christlichen Philosophie und Theologischen Propädeutik an der Ludwig-Maximilians-Universität München; 1984 Magister Artium; Studium der Geschichte der Naturwissenschaften mit den Nebenfächern Astronomie und Systematischer Theologie an der Ludwig-Maximilians-Universität München; 1998 Promotion zum Dr. rer. nat. im Fach Geschichte der Naturwissenschaften; seit 1974 bis heute in der Erwachsenenbildung engagiert; ab 1990 Dozent, Vorstandstätigkeit, Geschäftsführung der Volkshochschule Gilching bei München; 1989 Mitglied in der Fachgruppe Geschichte des Vermessungswesens innerhalb des Verbandes Deutscher Vermessungsingenieure; seit 2001 2. Vorsitzender der Gesellschaft für wissenschaftliche Symbolforschung e.V.; 2005 Sekretär der „Société Européene pour l'Astronomie dans la Culture" (SEAC); Leiter der Volkssternwarten der vhs Fürstenfeldbruck (1989) und vhs Gilching (2005).

Neuere Veröffentlichungen: „Seefahrer des Eiszeitalters", in: Deutsches Schifffahrtsarchiv 2, 1998, S. 439-452, 1998; *Eine Himmelskarte aus der Eiszeit?* Ein Beitrag zur Urgeschichte der Himmelskunde und zur paläoastronomischen Methodik, aufgezeigt am Beispiel der Szene in Le Puits, Grotte de Lascaux [Diss.], Frankfurt a. M. 1999; „The Whole Cosmos is Turning Around the Polar Point: One-legged Polar Beings and their Meaning", in: Esteban, César / Belmonte, Juan A. (Hrsg.): *Astronomy and Cultural Diversity*, Santa Cruz de Tenrife 2000, S. 169-175; „Ice Age People Find their Ways by the Stars: A Rock Picture in the Cueva de El Castillo (Spain) May Represent the Circumpolar Constellation of the Northern Crown (CrB)", in: Migration & Diffusion 1 (2), 2000, S. 15-28; „Palaeolithic Timekeepers Looking at the Golden Gate of the Ecliptic: The Lunar Cycle and the Pleiades in the Cave of La Tête-du-Lion (Ardéche, France) – 21,000 BP", in: Barbieri, Cesare / Rampazzi, Francesca (Hrsg.): *Earth-Moon Relationships*, Dordrecht/Boston/London 2000, S. 391-404; „The Milky Way, its Concept, Function and Meaning in Ancient Cultures", in: Potyomkina, T.M. / Obridko, V. N. (Hrsg.): *Astronomy of Ancient Sciences*, Moskau 2003, S. 270-279; „The anthropoid in the sky: Does a 32.000 years old ivory plate show the constellation Orion combined with a pregnancy calendar?", in: Blomberg, Mary und Peter E. / Hendriksson, Goran: *Symbols, calendars and orientations: legacies of astronomy in culture*, Uppsala Astronomical Observatory Report No. 59, 2002, S. 51-55; „The Claviform P-Sign a Time Unit? – Interpreting a Palaeolithic Symbol", in: Alkin, S. V.: *Istorija i kultura vostoka Asii* [*Geschichte und Kultur des alten Asien*], Novosbirisk 2004, Bd. I, S. 220-230; „A Palaeolithic Planetarium Underground - The Cave of Lascaux (Part 1), in: Migration & Diffusion. An international Journal 5 (18), 2004, S. 93-119; „A Palaeolithic Planetarium Underground - The Cave of Lascaux (Part 2)", in: Migration & Diffusion. An international Journal 5 (19), 2004; „The Cave as a Cosmos: Cave Art, Cosmography and Shamanism in the Upper Paleolithic", in: Vetrov, Viktor (Hrsg.): *Iskusstvo i ritual lednikovoi epochi* [*Kunst und Ritual im Eiszeitalter*], Lugansk 2005, S. 126-144; „The Pivot of the Cosmos: The Concepts of the World Axis Across Cultures", in: Kõiva, Mare / Pustylnik, Izold / Vesik, Liisa (Hrsg.): *Cosmic Catastrophes*. A Collection of Articles, Tartu 2005, S. 157-165.

Zahlreiche Vorträge, Seminare, Führungen, Projekte innerhalb der Erwachsenenbildung zu Themen der Astronomie, Archäoastronomie, Philosophie, Religionswissenschaften, Wissenschafts- und Technikgeschichte, Mythologie, Symbolik. Mitwirkung in nationalen und internationalen Rundfunk- und TV-Sendungen zu diesen Themenbereichen.

Anschrift: Bahnhofstr. 1, 82205 Gilching.
E-mail: mr@infis.org

Franz Josef Röll, Prof. Dr., geb. 1949. Mehrjährige Tätigkeit als Buchhalter; zweiter Bildungsweg: Diplomstudium in den Fächern Pädagogik (Schwerpunkt: außerschulische Bildung und Erwachsenenbildung) und Soziologie an der Johann Wolfgang Goethe-Universität Frankfurt/M.; Promotion (*Mythen und Symbole in populären Medien*. Der wahrnehmungsorientierte Ansatz in der Medienpädagogik, Frankfurt am Main 1998); mehrjährige ehrenamtliche Tätigkeit im Jugendverbandsbereich; drei Jahre Arbeit als Jugendbildungsreferent in einem Jugendverband; sechzehn Jahre Tätigkeit als Bildungsreferent beim Institut für Medienpädagogik und Kommunikation in Frankfurt/M.; seit 1999 Professur an der Fachhochschule Darmstadt, Fachbereich Sozialpädagogik, mit dem Schwerpunkt Neue Medien und Medienpädagogik; seit März 2005 Dekan des Fachbereichs Sozialpädagogik (FH Darmstadt). Produzent von Dia-Multivisionsschauen zu fremden Kulturen, Organisation von Studienreisen.

Aktuelle Veröffentlichungen (Auswahl): „Zum Wandel religiöser Sinnkonstrukte in populären Medien", in: Felsmann, Klaus-Dieter (Hrsg.): *9. Buckower Mediengespräche – Die Medien und die Gretchenfrage*, München 2006, S. 31-40; „Die Bedeutung von Medien in frühkindlichen Bildungskonzepten", in: merz, 1/2006, S. 11-18; *Kooperative Medienbildung – Offene Kanäle in Verbundsystemen*, München 2006.

Anschrift: Fachhochschule Darmstadt, Fachbereich Sozialpädagogik, Adelungstrasse 51, 64283 Darmstadt.
E-mail: fjroell@fh-darmstadt.de

Stefan Wieczorek, Dr. des. phil., geb. 1971 in Koblenz. Literaturwissenschaftler an der RWTH Aachen; Lehrtätigkeit an der Universität Utrecht; Mitte der neunziger Jahre freier Mitarbeiter des Deutschen Spiele-Archivs und Redaktionsmitglied der Zeitschrift *fachdienst spiel*.

Publikationen u. a.: *Erich Arendt und Peter Huchel*, Marburg 2001; zus. Mit H. Thill und I. Wilhelm als Hrsg.: *Im Fremdwort zuhaus*. Eine Anthologie für Gregor Laschen zum 60. Geburtstag, Heidelberg 2001; *Ein Fest zu feiern und sich zu berauschen*, München 2004 [eine Sammlung mit Widmungsgedichten zum 100. Geburtstag von Pablo Neruda].

Aufsätze zum Verhältnis von Literatur und Fotografie, zu Hans/Jean Arp, W. G. Sebald, J. van Hoddis, A. V. Thelen, W. Heldt und Jürgen Becker.

Anschrift: Kleinkölnstr. 17, 52062 Aachen
E-mail: stefan_wieczorek@web.de

Kolibri 360 GmbH
Ferdinand-Jühlke-Straße 7
99095 Erfurt, Deutschland
produktsicherheit@kolibri360.de

Druck:
CPI Druckdienstleistungen GmbH
im Auftrag der
Kolibri 360 GmbH
Ferdinand-Jühlke-Str. 7
99095 Erfurt